全国中级注册安全工程师职业资格考试精品教材

U0846609

安全生产专业实务

金属非金属矿山安全

全国中级注册安全工程师职业资格考试用书编写组 **组编**

哈尔滨工程大学出版社
Harbin Engineering University Press

内容简介

本书主要根据考试大纲要求，以核心考点为基础，结合经典习题对金属非金属矿山安全技术、相关法规和标准进行专业的讲解，并从实践出发，把控考试趋势。本书通过对历年真题考点分布进行分析，总结性解读了核心考点；并精心筛选了具有代表性的典型习题进一步加强和巩固考生对相应知识考点的掌握，为考生点明考试的命题趋势和备考重点；使考生能在较短的时间内科学、有效地掌握金属非金属矿山安全生产专业知识并综合运用安全生产法律、法规、标准和政策、安全生产理论和方法，分析和解决安全生产实际问题。

图书在版编目(CIP)数据

安全生产专业实务. 金属非金属矿山安全 / 全国中级注册安全工程师职业资格考试用书编写组组编. — 哈尔滨 : 哈尔滨工程大学出版社, 2021.7(2023.8 重印)
全国中级注册安全工程师职业资格考试精品教材
ISBN 978-7-5661-3077-8

Ⅰ. ①安… Ⅱ. ①全… Ⅲ. ①金属矿 - 矿山安全 - 资格考试 - 自学参考资料 ②非金属矿 - 矿山安全 - 资格考试 - 自学参考资料 Ⅳ. ①X931②TD7

中国版本图书馆 CIP 数据核字(2021)第 112686 号

安全生产专业实务——金属非金属矿山安全
ANQUAN SHENGCHAN ZHUANYE SHIWU——JINSHU FEIJINSHU KUANGSHAN ANQUAN

选题策划 李惊宇
责任编辑 张 彦
封面设计 天 一

出版发行 哈尔滨工程大学出版社
社　　址 哈尔滨市南岗区南通大街 145 号
邮政编码 150001
发行电话 0451-82519328
传　　真 0451-82519699
经　　销 新华书店
印　　刷 河南黎阳印务有限公司
开　　本 787 mm×1 092 mm 1/16
印　　张 16.5
字　　数 422 千字
版　　次 2021 年 7 月第 1 版
印　　次 2023 年 8 月第 3 次印刷
定　　价 70.00 元
http://www.hrbeupress.com
E-mail:heupress@hrbeu.edu.cn

前言

安全生产是与人民群众生命财产安全息息相关的大事,是经济社会协调健康发展的标志。《注册安全工程师分类管理办法》指出,相关企业必须配备相应数量和级别的安全工程师。为了贯彻落实习近平新时代中国特色社会主义思想,适应我国经济社会安全发展需要,提高安全生产专业技术人员素质,根据2019年1月25日应急管理部与人力资源和社会保障部发布的《注册安全工程师职业资格制度规定》和《注册安全工程师职业资格考试实施办法》,以及2021年12月2日人力资源和社会保障部公布的2021年版《国家职业资格目录》,注册安全工程纳入国家职业资格目录,属于专业技术人员职业资格准入类。注册安全工程师级别设置为:高级、中级、初级。由此可知,注册安全工程师的地位已进一步得到提升,重视安全生产已成为政府和社会各领域的基本共识。

中级注册安全工程师职业资格考试是应相关政策要求,客观评价中级安全生产专业技术人员的知识水平和业务能力的考试。中级注册安全工程师职业资格考试设安全生产法律法规、安全生产管理、安全生产技术基础、安全生产专业实务四个科目。其中,安全生产法律法规、安全生产管理、安全生产技术基础为公共科目,安全生产专业实务为专业科目。安全生产专业实务科目分为:煤矿安全、金属非金属矿山安全、化工安全、金属冶炼安全、建筑施工安全、道路运输安全和其他安全(不包括消防安全),考生在报名时可根据实际工作需要选择其一。

为满足广大考生应试复习的需要,帮助考生在短时间内科学、有效地掌握中级注册安全工程师考试的相关知识,全国中级注册安全工程师职业资格考试用书编写组的专家们认真研读现行考试要求,并结合现行法律法规及行业规范,倾力打造了本系列图书。

本系列图书具有以下特点:

(1)紧扣考试大纲,突出重点难点。本系列图书紧扣现行考试大纲,将现行国家规范、标准的内容进行提炼,删繁就简,总结出重难点和常考点,帮助考生归纳精华知识点,使其在短时间内消化吸收,提高备考效率。

(2)多种形式复习,强化知识记忆。在讲解知识点时,本系列图书配以丰富的图形、表格等,使各知识点清晰明了,简明扼要。在安全生产专业实务科目中,单独设置“案例分析”模块,并通过“提示”“链接”“记忆技巧”等方式使考生轻松理解、掌握知识点。

(3)把握试题难易,注重强化练习。依据历年真题中知识点的考查分布,在内文中穿插“典型例题”,帮助考生在巩固知识点的同时进一步提升自己的应试能力。

此外，我们特向购买本系列图书的考生提供三大特色服务，考生可在学习本系列图书的同时通过观看视频、线上做题（天一网校 APP）、获取实时备考资讯等方式，实现线上、线下有效备考。

因图书出版具有特定的时效性，为保障考生利益以及做好后续产品维护，编写组将持续关注新颁布或修订的考试大纲、相关法律法规、标准规范等，如有调整将实时更新相应电子版文件至天一网校，并向购买本系列图书的考生免费提供。具体获取途径如下：注册登录 www. tianyiwangxiao. com→选择首页中的“资料”→选择“建筑工程”下的“注册安全工程师”，可获取图书增值服务。

本系列图书如有不足之处，恳请广大读者予以指正。

如有与本系列图书相关的问题或建议，欢迎您致电 4006597013 或者通过 QQ：1400594158 与我们联系，我们将以更加优质、便捷的方式为您提供多方位、多层次的服务。

扫描二维码
获取天一网校APP

全国中级注册安全工程师职业资格考试用书编写组

目 录

第一章　金属非金属矿山开采技术基础

考情解读

考·纲·要·求

了解矿山工程地质、水文地质的主要特征，了解金属非金属矿山的主要开采方式。

命·题·分·析

本章内容主要介绍金属非金属矿山施工相关的基础知识，包括工程地质、水文地质、地质调查、矿床及矿床的开采等内容，是后续章节学习的基础。本章内容较为简单，介绍的专业术语居多，常出现在案例背景或者选择题的题干当中，要求考生在阅读题干时能够准确识别并联想到其他知识，正确理解题意。专业术语较多也是《金属与非金属矿山安全》科目考试的特点，后续章节也应注意这方面的学习。本章内容考查以选择题为主。

考点解读

考点一　矿山工程地质

1. 矿山工程地质概述

工程地质一般是指建筑区域周围环境各项条件的总和，包括地层岩土的性质、地层岩体结构、水文地质条件、地表地质作用、地形地貌等内容。矿山开采前，进行必要的工程地质勘察工作对于安全生产有相当重要的意义。

工程地质勘察的主要任务如下：

(1)查明并分析研究建筑地区的工程地质条件，指出有利和不利因素。

(2)查明工程范围内岩土体的分布、性状和地下水活动条件，提供地质资料和岩土技术参数。

(3)分析存在的工程地质问题，做出定性和定量分析，为设计和施工提供地质结论。

(4)根据场地工程地质条件，对建筑总平面布置及不良地质现象治理的方案提出建议。

(5)预测工程施工和运行过程中对地质环境和周围建筑物的影响，提出保护措施的建议。

2. 岩土的工程地质性质

岩土是矿山工程主要的工作环境，岩土的工程地质性质则直接影响到相关工作的正常进行。因此，在工程地质勘察中，应首先对岩土的工程地质性质进行检测。

矿山的地层可分为岩质地层和土质地层，代表其工程地质性质的特征有所不同，调查时应区别对待。

对于岩质（半岩质）地层，调查的主要内容应包括岩石的石学特征（成分、构造、结构等）、力学特征（抗压强度、抗剪强度、弹性模量等）、物理化学性质（密度、孔隙率、溶解性等）、水理性质（吸水性、透水性等）以及风化程度等。

对于土质地层，调查的主要内容应包括土的一般特征（成分、粒度等）、力学特征（抗剪强度、压缩性等）、物理特征（密度、含水率等）以及水作用下的一些特征。

提示

风化程度大致可分为未风化、微风化、中等风化、强风化和全风化。

3. 岩体的结构特征

岩体具有一定的结构特征，它由岩体中含有的不同类型的结构面及其在空间的分布和组合状况所确定，通常岩体的结构特征可通过结构面的特性、结构体的坚固性、岩体的完整性等角度进行分析。

岩体内存在的不同成因、不同特性的各种地质界面统称为结构面。如层面、节理、断层、裂隙等。结构面往往是具有一定张开度的裂缝，或被一定物质充填，具有一定厚度的层或带。按成因，结构面可分为：沉积或成岩过程中产生的层面、夹层、冷凝节理等原生结构面；构造作用下形成的断层、节理等构造结构面；变质作用下所产生的片理、片麻理等变质结构面；还有在外引力作用下形成的风化裂隙、卸荷裂隙等次生结构面。

岩体受结构面切割而成的块体或岩块称为结构体。随着结构面的分级，相应地结构体也可分级。由于不同级别、不同性质、不同产状以及不同发育程度的结构面的组合，结构体几何形态、单体大小可迥然不同。岩性的变化，也均关系着岩体的完整性、坚固性，从而决定着岩体的所属介质类型。

考点二　矿山工程水文地质的工作内容

矿山在未调查核实矿区内及周边的小矿井、老空区、现有生产矿坑的积水区、含水层、岩溶带、导水构造及周边区域水文地质条件前，严禁进行采矿活动，应先采取物探、钻探、水文试验等手段查清水文地质条件。发现有透（突）水征兆时，应立即停止受水害威胁区域的作业，并立即采取相应紧急处置措施，撤出所有可能受水威胁区域的人员，分析查找可能透水原因，采取有效安全措施，防止发生透水事故。

水文地质条件发生变化的生产及改扩建矿山，应重新核实水文地质类型，委托相应资质机构研究矿区水文地质条件，编制相应的勘探或专项研究报告。矿区水文地质勘探或专项研究报告应包括下列主要内容：

（1）矿区所在位置、范围及四邻关系，自然地理等情况。

（2）矿区含水层分布规律和特征，补、迳、排条件。

（3）矿区隔水层分布规律特征。

(4)矿坑充水因素分析，矿坑及周边老空区分布及积水状况。

(5)矿坑涌水量构成及其变化规律分析。

(6)大气降雨对矿坑涌水量的关系及变化规律。

(7)矿区地表水体分布、汇水面积、地表水体与地下水的联系程度及联系通道。

(8)地表采矿冒落沉陷、岩溶塌陷分布、特征及对矿坑涌水的影响分析。

(9)矿坑开采受水害影响程度和防治水工作难易程度。

(10)矿坑涌水量预测。

(11)水文地质实测平剖面图。

(12)水文地质类型划分及防治水工作建议。

水文地质调查与勘探具体要求按规范规定执行。但除留作观测孔外，其他所有钻孔都应全孔段水泥封孔密实。在地质勘探报告中应提交封孔孔径、孔深及水泥用量。对穿越含水地段的钻孔封孔应采取压水试验进行质量检查，应有5%～10%的取芯质量检查。

矿坑涌水量计算主要方法有水文地质比拟法、数理统计法、水文分析法、水均衡法、解析法、数值模拟法等。矿井涌水量计算宜根据矿区水文地质条件，选择两种以上计算方法对比后确定。水文地质边界条件复杂、涌水量较大的矿区，宜选择矿区地下水位降深较大，影响半径扩展较广的抽、放水试验资料，并应用经验公式法进行计算。

生产期间的矿坑涌水量计算宜采用水均衡法、数值模拟法。在进行矿坑涌水量计算时，应充分考虑矿床不同开采方式、不同排水方式，以及同一地下水系统中其他矿坑和相邻矿区排水量的影响。改建、扩建矿山宜采用水文地质比拟法。

考点三　矿山地下水的分类

广义地下水是指赋存于地面以下岩石空隙中的水(包气带、饱水带中的水)；狭义地下水是指地表以下饱水带岩层空隙中的水。

地下水的具体分类方式如表1-1所示。

表1-1　地下水分类

分类方式	种类	特征
按含水介质分类	孔隙水	储存于松散层中的地下水
	裂隙水	储存于基岩裂隙中的地下水
	岩溶水	储存于可溶性岩石溶穴中的地下水
按埋藏条件分类	上层滞水	存在于包气带中局部隔水层或弱透水层上具有自由水面的重力水
	潜水	饱水带中第一个稳定的隔水层之上具有自由水面的重力水
	承压水	充满于两个稳定隔水层之间的含水层中的水
按物理力学性质分类	毛细水	靠毛细管力保持在土壤毛细管孔隙中的水
	重力水	在重力作用下，自由向下渗透入土壤中的水

考点四　矿井充水水源分析

矿床充水水源分为自然条件和人为条件两大类。

1. 自然充水水源

(1)大气降水。

大气降水是地下水的主要补给来源,所有矿床充水都直接或间接地与大气降水有关。

(2)地表水水源。

在有大型地表水体分布(海、湖、大河流、水库、水池)的矿床地区,查清天然条件下和矿床开采后的地表水对矿床开采的影响,是矿区水文地质勘探和矿井水文地质工作的重要大事,是评价矿床开采价值的重要内容。

(3)围岩地下水水源。

围岩地下水充水类型划分:

①根据矿床与充水岩层接触关系不同可分为:直接充水矿床,间接充水矿床。

②根据矿床与充水岩层相对位置不同可分为:顶板水充水矿床,底板水充水矿床,周边水充水矿床。

③根据矿床充水主要含水层不同可分为:以孔隙含水层为主的充水矿床,以裂隙含水层为主的充水矿床,以岩溶水含水层为主的充水矿床。

链接

以孔隙含水层为主的充水矿床特点是充水岩层为半胶结或松散的砂、砂砾石层,涌水量介于100 ~ 500 m^3/h。以裂隙含水层为主的充水矿床包括构造含水带型(涌水量介于500 ~ 1 000 m^3/h)、构造裂隙含水层型(涌水量介于80 ~ 500 m^3/h)、风化裂隙含水型(涌水量每小时排水量数十立方米)。以岩溶水含水层为主的充水矿床包括裸露型(涌水量每小时10 m^3 至数万立方米)、覆盖型(涌水量$(1 \sim 5) \times 10^4$ m^3/h)、埋藏型(涌水量每小时几万至几十万立方米)。

2. 人为充水水源

(1)老窑水。

老窑水是指古代和近期的采空区及废弃巷道,长期停止排水而积存的地下水;老窑水一般分布在老矿山的浅部,它具有下列充水特点:

①老窖水以静储量为主,静储量与采空区分布范围有关。

②老窑积水一旦巷道揭露或巷道与老窑之间的煤岩柱强度小于它的静水压力时,积水倾出,瞬时涌水量大,来势凶猛,具有很大的破坏性,可造成严重事故。

③老窑积水与其他水源无联系时,短期突出,易于疏干;老窑一般位于浅部,若与地表水有水力联系,则造成稳定的充水水源危害较大。

④老窑一般深度不大,但查清位置较困难,准确位置无法查清,又无人敢下去查。

⑤老窑积水长期处于停滞,水循环条件差,水中含有大量硫化氢气体,硫化氢气体危害性大。

提示

老窑水是指老窑、采空区和废弃井巷的积水。

(2)袭夺水。

由于矿井开采,降落漏斗不断扩展,人工流场强烈改造矿区天然地下水流场,人工地下水流场获得新的补给水源称为袭夺水源。袭夺水源存在下列几种情况:位于矿井地下水排泄区的泉水;位于矿井地下水排泄区的地表水体(湖、河、水库);位于矿井地下水迳流带内的排泄区一侧相邻含水层;相邻水文地质单元地下水。

考点五　矿山水文地质调查的基本内容

1. 裸露型岩溶地区水文地质调查

裸露型岩溶地区水文地质调查的主要内容包括:

(1)地下水的分布、补给范围、水位、流量和水质特征及其与区域地质构造、岩性、地貌条件的关系。

(2)调查全部天然水点,详细研究岩溶大泉的出露条件、控制因素,根据泉水出露的地形地质条件,圈定汇水区,实测访问或根据洪水痕迹推断其水位与流量的变幅。在初步调查的基础上安排地下水动态观测工作。

(3)调查地下河系统发育特征,控制地下河发育的断裂构造、褶皱轴及各主导裂隙的分布和岩溶层呈条带展布的规律,圈定地下河系统的补给面积。

(4)调查地表水与地下水在不同水文地质单元的相互转化关系。

(5)在地下水排泄不畅,易洪涝的地区,注意调查历史受涝情况,以确定排涝方案与水文地质条件的关系。

(6)在水质污染地区,注意污染源和污染方式与途径的调查。

2. 覆盖型地区水文地质调查

覆盖型地区水文地质调查的主要内容包括:

(1)调查覆盖层的岩性、厚度、成因、含水层的分布、水质、水量特征及其与下伏岩溶含水层之间的接触关系与水力联系。

(2)根据外围基岩的地层构造条件,推断覆盖层下的岩溶层或非岩溶层的分布、地质构造及岩溶水的汇水条件。

(3)调查岩溶含水层的埋藏深度和岩溶含水层富水地段或主要通道的分布规律及其水质、水量特征。

(4)调查浅覆盖地区地表各种岩溶形态的展布方向、排列形式与地层、地质构造的关系,并判断下伏岩溶通道的情况。

(5)调查浅覆盖地区地表水与地下水的水力联系,在覆盖层为透水层的地区,注意地表污水对地下水的影响。

3. 埋藏型地区水文地质调查

埋藏型地区水文地质调查主要内容包括:

(1)调查各岩溶含水层的埋藏深度、岩性、厚度及水位、水量、水质特征,地层层位和地质构造对岩溶水的控制作用。

（2）调查同一水文地质单元各岩溶含水层出露地表地段的地层岩性、构造、岩溶形态、天然水点的分布和特征，以及其对埋藏岩溶层分布规律的影响，并确定补给范围及补给方式，估算补给量。

（3）调查古岩溶形态、规模、充填情况及其对现代地下水循环所起的作用。

（4）注意调查和收集已有的生产井、矿井的岩溶水文地质资料。

链接

矿井水文地质调查主要是对出水点、断层破碎带、巷道水文地质、废坑及老窑进行调查及工程地质现象的编录。其主要任务是调查矿区主要充水水源和主要隔水层防突水性能，并查清特殊隐伏导水构造，最后预测矿井涌水量。

考点六　矿山的开采方法

矿山的开采受到多种因素的共同影响，选择科学合理的开采方法可以在实现安全开采的基础上提高经济效益。根据矿山开采过程中采场管理方法的不同，非煤矿山采矿方法可分为充填采矿法、空场采矿法、崩落采矿法。

（1）充填采矿法。充填采矿法是用充填料对采空区进行充填的采矿方法，可以采用碎石、矿渣、黄土、水泥等特定的充填材料进行充填，借助充填料、支柱配合形成支承采空区，主要用于回收率高、陷落和特殊复杂地质条件下的矿体，达到防止地表下沉的目的，研制充填材料、配套设备应用均会提高开采成本，因此多用于贵重稀缺金属或地表不允许下沉的矿体。

（2）空场采矿法。空场采矿法是在我国矿山地下开采中应用最早、技术也最成熟的技术方法，实际应用中可借助围岩自身的稳定性维护采空区稳定，该方法技术工艺简单，可实现机械化生产，生产效率高，适用于地质条件简单、围岩结构稳定的矿体。采空区主要由暂留或永久残留的矿柱进行支撑，根据矿块或矿壁的结构不同与回采作业的特点，以及采矿要求合理选择。

（3）崩落采矿法。崩落采矿法是以崩落围岩来实现地压管理的采矿方法，通过控制和管理地压有计划地用崩落矿体充填采空区。如果开采中出现矿石塌落，需要对采空区进行充填，通过充填保持围岩稳定、控制地压，在具体开采过程中需结合地应力、工程地质条件等因素选择，控制采空区地压和处理采空区，主要包括单层崩落法、分层崩落法、分段崩落法、阶段崩落法、自然崩落法。

链接

空场采矿法包括分段矿房法、全面采矿法、房柱采矿法等；充填采矿法包括单层充填采矿法、分层充填采矿法等；崩落采矿法包括单层崩落法、分层崩落法、无底柱分段崩落法等，选择合适的采矿方法至关重要。如矿体倾角为3°～30°的中厚矿体，在围岩不稳固，矿石稳固的条件下可采用的采矿方法有：分层充填法、分层崩落法、有底柱分段崩落法、分段法等。

提示

矿山地下采空区地压管理的相关内容可参考第五章进行学习。下面以典型例题的形式对地下矿山地压管理与采矿方法关系进行讲解。

典型例题

【单选题】地下矿山地压显现不仅与岩体的应力状态、物理力学性质、结构等因素有关,还与采矿方法有关。关于地下矿山地压管理与采矿方法关系的说法,错误的是(　　)

A. 空场法利用围岩本身的稳固性和矿柱的支撑作用,被动管理地压

B. 充填法利用充填体的直接支撑作用,主动管理地压

C. 崩落法通过强制崩落围岩或围岩自然冒落,主动管理地压

D. 充填法使矿柱由单轴受压变为三轴受压,被动管理低压

B。【解析】充填法用充填料对采空区进行充填的采矿方法,借助充填料、支柱配合形成支承采空区,被动管理地压。故选项 B 错误。

考点七　矿床的概念、分类及性质

1. 概念

矿床是指在地质作用下形成的,在一定的经济技术条件下能被开采利用的具有一定数量和质量矿物资源的综合地质体。一个矿床至少由一个矿体组成,也可以由两个或多个,甚至十几个乃至上百个矿体组成。矿床是由地质作用形成的、有开采利用价值的有用矿物的聚集地,包括地质的和经济的双重含义。

同生矿床是指矿体与围岩在同一地质作用过程中同时或近于同时形成的矿床。沉积作用形成的沉积矿床以及岩浆结晶分异作用形成的岩浆矿床等都属于同生矿床。

后生矿床是指矿体与围岩分别在不同的地质作用过程中形成,且矿体的形成明显晚于围岩的矿床。如穿切岩浆岩、沉积岩、变质岩的含黑钨矿石英脉,其是在这些围岩形成后,在另一地质作用下,含矿热液沿断裂、裂隙充填结晶而成的,故属于后生矿床。热液沿裂隙充填、交代形成的矿床均为后生矿床。

提示

矿体和围岩共同构成了矿床的空间范围。

2. 分类

金属矿床的矿体成因、形状、厚度和倾角对采矿方法的选择有直接的影响,具体分类方式如表 1-2 所示。

表 1-2　矿床分类方式

分类方式	名称及特征
按矿体成因分类	内生矿床、外生矿床、变质矿床
按矿体形状分类	层状矿床、脉状矿床、块状矿床
按矿体厚度分类	极薄矿体； 薄矿体； 中厚矿体； 厚矿体； 极厚矿体
按矿体倾角分类	水平和微倾斜矿床(倾角小于 5°)； 缓倾斜矿床(倾角为 5°～30°)； 倾斜矿床(倾角为 30°～55°)； 急倾斜矿床(倾角大于 55°)

链接

层状矿床主要是黑色金属矿床，其矿床规模大、有用矿物成分含量均匀且稳定；脉状矿床多为有色金属、稀有金属和贵重金属矿床，其与围岩交接的矿床会蚀变，赋存不稳定，有用矿物成分含量不均匀且不稳定；块状矿床主要是铜、铅、锌等矿床，其矿体形状不规则，大小不一，与围岩之间没有明显界线。

3. 矿石和围岩的物理力学性质

矿石和围岩的物理力学性质中，对矿床开采影响较大的包括：

(1)坚固性。矿岩的坚固性是一种抵抗外力(综合外力，即在锹、镐、机械破碎、炸药爆破等作用力下的力)的性能。坚固性的大小，常用坚固性系数 f 表示。国内常用矿岩的极限抗压强度表示：$f=R/100$，式中，R 为矿岩的极限抗压强度，通常取 98.1 kPa。

(2)稳固性。稳固性是指矿石或岩石在空间允许暴露面积的大小和暴露时间长短的性能。稳固性和坚固性既有联系又有区别。矿岩的稳固性对选择采矿方法及地压管理方法均有很大的影响。

(3)结块性。结块性是指采下的矿石遇水和受压并经过一段时间后又黏结成整块的性质。

(4)氧化性和自燃性。氧化性是指高硫矿石在水和空气作用下，变为氧化矿石的性质。氧化后的矿石，选矿回收率降低。自燃性是指含硫矿石(含硫量在 18%～20%以上)具有自燃性。

(5)含水性。矿石或岩石吸附和保持水分的特性叫含水性。

(6)碎胀性。岩石破碎后碎块之间有较大的空隙，其体积比原岩体积增大的性质称为碎胀性。

考点八　矿床的露天开采

露天采场的构造如图 1-1 所示。矿场露天采场主要由以下三个要素构成。

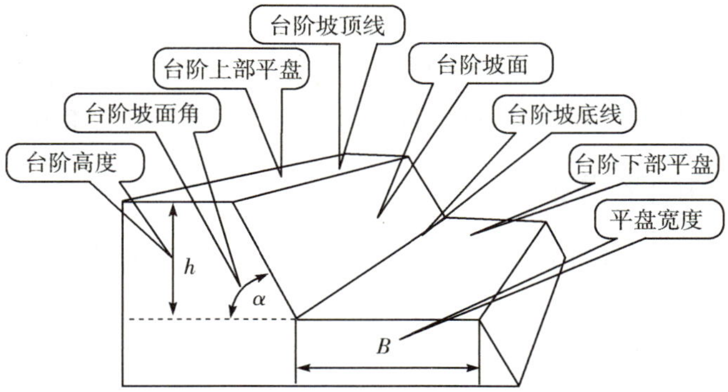

图 1-1 露天采场的构造

台阶：把矿岩划分成一定厚度的水平分层，在开采过程中各工作水平在空间上构成了阶梯状。每个阶梯称为台阶，其高度称为台阶高度。

台阶坡面：台阶朝向采空区一侧的倾斜面。倾斜面与水平面所夹角称为台阶坡面角。

平台（平盘）：台阶的坡底线与坡顶线之间水平面上的空间。坡底线与坡顶线之间的宽度称为平台宽度，处在爆破、铲装和运输作业的平台称为工作平台；爆堆边沿至坡顶线之间的宽度称为工作平台高度；用于阻截滑落的岩石的平台称为安全（清扫）平台。

矿床露天开采一般要经过以下 4 道生产工序：穿孔、爆破、采装与运输、排岩，以上各工序相互衔接、相互影响、相互制约，组成了露天开采的基本生产工艺流程。

1. 穿孔作业

穿孔作业是指在计划开采的台阶区域上利用穿孔设备为后续的爆破作业开辟装药空间。进行穿孔作业的设备可选用潜孔钻机、牙轮钻机、凿岩台车等。穿孔作业的质量对后续爆破作业的质量有着直接的影响。

2. 爆破作业

爆破工作是露天开采中的又一重要工序。通过爆破作业，原本坚硬的整体矿岩被破碎和松动，形成块度适宜采装的爆堆，方便后续工作。常见的爆破方式包括浅孔爆破、深孔爆破、硐室爆破、多排孔微差爆破、多排孔微差挤压爆破等。爆破工作的质量对后续工作的效率和成本都会有显著的影响。

3. 采装与运输作业

采装与运输作业是密不可分的，两者相互影响、相互制约。如何选择采运设备，采运设备的规格与数量匹配是否合理、采装工作与运输工作的衔接是否流畅都将大大地影响矿山企业的投资规模、生产效率与生产成本。目前，采装运输工艺的发展趋势主要体现在采运设备的大型化、采装与运输环节的一体化与连续化。常见的运输方式包括汽车（公路）运输、铁路运输、胶带运输、斜坡箕斗提升运输以及联合运输方式，其中汽车运输最普遍，对开采地形复杂的露天矿适应性强。

提示

岩石的可挖性直接影响采装作业，而岩石的挖掘阻力主要来源于被爆岩石的松散程度、块度大小、岩块的强度和容重、采装作业所使用的机械设备类型等。

4. 排岩作业

排岩作业是整个露天矿山开采的最后一道工序，其主要的内容是把经爆破后产生的原覆盖在金属矿床表面的土体和废石进行排弃，运至指定的废弃物堆放场地（排土场）。

考点九　矿床的地下开采

矿床地下开采一般应经过开拓、采准、切割和回采4道工序，按照这样的程序进行，可以保证矿井正常生产。

1. 开拓

开拓是指在地表和矿体之间开掘一系列的巷道，同时建立矿井生产所必不可少的行人、通风、提升、运输、排水、供电、供风、供水等系统，以便将矿石、废石、废气、污水运（排）到地面，并将设备、材料、人员、动力及新鲜空气输送到井下。矿床开拓是矿山的地下基本建设工程，为进行矿床开拓而开掘的巷道，称为开拓巷道，例如竖井、斜井、平硐、风井、主溜井、充堵井、石门、井底车场及硐室、阶段运输平巷等，这些开拓巷道都是为全矿或整个阶段开采服务的。

2. 采准

采准是在已完成开拓工作的矿体中掘进巷道，将阶段划分为矿块（采区），并在矿块中形成回采所必需的行人、凿岩、通风、出矿等系统。为进行采准工作而掘进的巷道，称为采准巷道。一般主要的采准巷道有阶段运输平巷、穿脉巷道、通风行人天井、电耙巷道、漏斗颈、斗穿、放矿溜井、凿岩巷道、凿岩天井、凿岩硐室等。

3. 切割

切割是指在采准完毕的矿块内，为大规模回采矿石开辟自由面和补偿空间。矿块回采前，必须先切割出自由面和补偿空间。凡是为形成自由面和补偿空间而开掘的巷道，称为切割巷道。

4. 回采

在矿块中做好采准切割工作后，进行大量采矿的工作，称为回采。回采工作开始前，根据采矿方法的不同，一般还要扩漏（将漏斗颈上部扩大成喇叭口），或者开掘堑沟；有的要将拉底巷道扩大成拉底空间，有的要把切割天井或切割上山扩大成切割槽。这类将切割巷道扩大成自由空间的工作，称为切割采矿（简称切采）或称补充切割。切割采矿工作是在两个自由面的情况下以回采的方式进行的，其效率比掘进切割巷道高得多，甚至接近采矿效率。这部分矿量常计入回采工作中。回采工作一般包括落矿、采场运搬、地压管理3项主要作业。如果矿块划分为矿房和矿柱进行两步骤开采，回采工作还应包括矿柱回采。同样，矿柱回采时所需开掘的巷道，也应计入采准切割巷道中。

考点十　矿床的露天与地下联合开采

露天与地下联合开采指矿山从开始生产并在以后相当长的时期内，采用露天与地下方法联合进行开采。

采用露天与地下联合开采的优点包括：

(1)能最大限度地强化矿床开采,露天与地下的开拓基建工程能相互结合,减少投资和生产费用。

(2)投产与达产的时间短。

(3)有利于露天矿的废石排放和环境保护。

采用露天与地下联合开采的缺点包括:

(1)由于在露天边坡下面进行地下开采并形成采空区,降低了边坡岩体的稳定性。

(2)由于地下采矿使露天矿岩体内产生裂缝,给露天凿岩爆破工作带来困难,降低了露天生产效率。

(3)要采取措施防止露天重型设备陷落到地下采空区,使地下生产和露天的采矿工作复杂化。

(4)地下采用崩落采矿法时,应随时用废石充填采空区,以保证露天工作的安全。

(5)在露天坑底保留大量保安矿柱或采用胶结材料充填,增加了矿石损失和采矿成本,降低了技术经济指标。

提示

露天与地下联合开采的方式主要采用露天转地下开采、全面的联合开采和地下转露天开采 3 种方式。

考点十一　海洋开采

海底矿产资源种类繁多,石油和天然气的开发产值占首位,其次是煤矿,另外还有砂、砾石和重砂矿等。海底矿产资源开采方法如表 1-3 所示。

表 1-3　海底矿产资源开采方法

海底矿产资源	可采用的开采方法	使用现状	最终产品
石油、天然气	石油钻井平台、钻探装置、海底采油系统	早已进入工业化生产,是非常成熟的开采技术,我国自主开发研制的一批技术装置已达到或接近国际先进水平	提取石油、天然气
多金属结核矿	连续铲斗提升采矿系统、管道提升采矿系统、穿梭潜水集矿机系统、海底自动采矿系统	基本完成小试,进入中试阶段。管道提升采矿系统被认为是非常有前途的开采方法。国内首先对这种方法进行研究并取得了初步成果	提炼出具有战略意义的多种金属
其他矿产	各种采掘装置和大深度挖泥机	基本成熟的方法,进入工业化生产。但我国以土法采选为主,技术落后、生产效率低	提取铁砂、金砂、锡砂及其他矿物

考点十二　矿床的其他开采方式

常规的矿床一般采用的都是人力与机械相结合的方式进行开采,但在一些特殊的情形下,可采用特殊的矿床开采方式,如溶浸开采、水力开采等。

1. 溶浸开采

溶浸开采是根据某些矿物的物理化学特性,将工作剂注入矿层(堆),通过化学浸出、质量传递、热力和水动力等作用,将地下矿床或地表矿石中某些有用矿物,从固态转化为液态或气态，然后回收，以达到以低成本开采矿床的目的。溶浸开采方法包括地表堆浸法、原地浸出法和细菌化学采矿法等。

堆浸是指将溶浸液喷淋在矿石或边界品位以下的含矿岩石(废石)堆上，在其渗滤过程中，有选择地溶解和浸出矿石或废石堆中的有用成分，使之转入产品溶液(称浸出富液)中，以便进一步提取或回收。按浸出地点和方式的不同，堆浸可分为露天堆浸和地下堆浸2类，前者用于处理已采至地面的低品位矿石、废石和其他废料；后者用于处理地下残留矿石或矿体。

2. 水力开采

露天矿水力开采是指用水枪射流冲采土岩，将形成的固液混合浆体，用水力输送到选矿厂或排土场的露天开采作业。水力开采是供水、冲采、水力输送、水力排土组成的连续生产工艺系统。水力开采主要用于开采砂矿床、枯土矿床和其他露天矿的表面剥离。由于水力开采的适用条件比较严格，特别是水力排土场占用的面积比其他机械开采要大，而且从排土场泄出的澄清水中固体含量仍较高，有害于农渔业生产，对水系有污染，采空区的复垦周期较长，复垦的成本也较高，因此，世界各国水力开采所占的比重日益下降。

案例分析

案例场景

某采石厂开采地点距国道大桥16.7 m，2016年采石厂由村办企业转为乡镇企业，王某承包经营该厂，破碎车间由李某承包作为负责人兼安全员。2020年7月，由于该采石厂在出事地点的开采处已经形成明显伞檐，王某发现李某在原开采点和出事地点两处之间进行开采，就通知李某停采，李某拒不执行，王某认为李某已承包，没有强行制止。2020年8月中旬，在出事地点发生过1次坍塌事故(没有伤人)，出现了明显的事故预兆，王某再次指出出事地点不安全，让李某转移到别处按规定顺序进行露天开采，但李某不听指挥继续开采。2020年8月29日下午上班后，李某将18名生产人员安排在此处从下部掏采，16时15分进行爆破后，在未检查清理爆破现场的情况下，李某就令工人开始生产作业，此时工地左上方伞锦岩中一块弧长22.5 m，约50 m^3 的岩石突然脱落，造成10人死亡，重伤4人，轻伤4人，直接经济损失高达10万余元。事后，事故调查组成员按“四不放过”原则进行事故调查处理。

知识点讲解

考点一　直接经济损失的统计范围

(1)人身伤亡后所支出的费用：包括医疗费用(含护理费用)、丧葬及抚恤费用、补助及救济费用、歇工工资。

(2)善后处理费用：包括处理事故的事务性费用、现场抢救费用、清理现场费用、事故罚款和赔偿费用。

(3)财产损失价值：包括固定资产损失价值、流动资产损失价值。

提示

直接经济损失是指因事故造成人身伤亡及善后处理支出的费用和损坏财产的价值。

考点二　事故调查处理的“四不放过”原则

事故调查处理的“四不放过”原则即事故原因没有查清楚不放过，事故责任者没有受到处理不放过，群众没有受到教育不放过，防范措施没有落实不放过。

提示

以上 4 条原则互相联系，相辅相成，成为一个预防事故再次发生的防范系统。

考点三　事故调查组成员的基本条件

事故调查组成员应当具备的基本条件包括：

(1)具有事故调查所需要的知识和专长，包括专业技术知识、法律知识等。

(2)与所调查的事故没有利害关系，主要是为了保证事故调查的公正性。

(3)事故调查组组长由负责事故调查的人民政府指定。事故调查组组长主持事故调查组的工作。

链接

特别重大事故由国务院或者国务院授权有关部门组织事故调查组进行调查。重大事故、较大事故、一般事故分别由事故发生地省级人民政府、设区的市级人民政府、县级人民政府负责调查。省级人民政府、设区的市级人民政府、县级人民政府可以直接组织事故调查组进行调查，也可以授权或者委托有关部门组织事故调查组进行调查。未造成人员伤亡的一般事故，县级人民政府也可以委托事故发生单位组织事故调查组进行调查。

考点四　矿山露天开采的顺序

露天开采应遵循自上而下的开采顺序，分台阶开采。

提示

本考点常以选择题的形式考查。

考点五　矿山露天开采安全技术措施

露天矿边界应设可靠的围栏或醒目的警示标志，防止无关人员误入。露天矿边界上 2 m范围内，可能危及人员安全的树木及其他植物、不稳固材料和岩石等，应予清除。

爆破作业现场应设置坚固的人员避炮设施，其设置地点、结构及拆移时间，应在采掘计划中规定，并经主管矿山批准。爆破前，应将钻机、挖掘机等移动设备开到安全地点，并切断电源。

爆破后应检查清理爆破现场，确认现场环境符合要求后，方可安排人员进入现场进行作业。

同步自测

一、单项选择题(每题的备选项中,只有1个最符合题意)

1. 按含水介质分类,通常把地下水分为(　　)。
A. 孔隙水、裂隙水、岩溶水　　B. 上层滞水、潜水、承压水
C. 淡水、半咸水、咸水　　D. 渗入水、凝结水、埋藏水

2. 矿床的基本组成单位是(　　)。
A. 围岩　　B. 矿体
C. 矿物质　　D. 岩层

3. 地表以下充满于两个稳定隔水层之间的含水层中的水称为(　　)。
A. 潜水　　B. 承压水
C. 裂隙水　　D. 上层滞水

4. 地下水的主要补给来源是(　　)。
A. 大气降水　　B. 大气凝结水
C. 地表水　　D. 深层地下水

二、案例分析题

A企业主要进行地下矿山中铁矿的开采。在进行开采作业时,该企业采用矿用电梯运送作业人员,为保证矿井电梯运行安全,该铁矿企业提出了相应的安全技术措施,并要求电梯的生产、安装及使用完全按照《特种设备安全监察条例》有关要求进行。在矿用电梯投入使用前,A企业按照有关规定进行了备案登记。

A企业的安全生产管理机构按照规定定期对作业现场进行安全生产检查和隐患排查,定期组织对设施、设备进行安全检测和检验。在一次安全检查中发现如下情况:

(1)安全设施未执行“三同时”制度。

(2)矿井巷道通风系统不合格。

上述不合格情况说明该矿山企业存在重大安全隐患,因此,A企业及时进行了隐患报告,组织制定了重大事故隐患治理方案,并按方案要求迅速采取措施对事故隐患进行了处理。

根据以上场景,回答下列问题(1~2题为单选题,3~5题为多选题):

1. 关于矿用电梯技术要求的说法,错误的是(　　)。
A. 控制柜应采用密封结构　　B. 电气设备外壳防护等级不低于IP55
C. 曳引电机绝缘等级不低于E级　　D. 井底电气设备外壳防护等级不低于IP67
E. 控制柜内相对湿度不大于80%

2. 特种设备在投入使用前或者投入使用后(　　)日内,特种设备使用单位应当向直辖市或者设区的市的特种设备安全监督管理部门登记。
A. 10　　B. 15
C. 20　　D. 30
E. 60

3. 不能组织制定并实施生产经营单位重大事故隐患事故治理方案的有(　　)。
A. 主要负责人　　B. 安全管理人员
C. 车间负责人　　D. 专职安全员
E. 安全联络员

4. A 企业在进行矿床地下开采时,应遵循的主要步骤包括(　　)。

A. 开拓　　B. 采准
C. 爆破　　D. 排岩
E. 切割

5. 安全设施应与主体工程同时(　　)。

A. 设计　　B. 规划
C. 施工　　D. 验收
E. 投产使用

答案详解

一、单项选择题

1. A。**【解析】**广义地下水是指赋存于地面以下岩石空隙中的水。地下水按含水介质可分为孔隙水、裂隙水、岩溶水。

2. B。**【解析】**矿床在空间范围内包括矿体和围岩。其中,矿体是构成矿床的基本组成单位。

3. B。**【解析】**承压水是充满于两个稳定隔水层之间的含水层中的地下水。典型的承压含水层可分为补给区、承压区及排泄区 3 部分。

4. A。**【解析】**大气降水是地下水的主要补给来源,所有矿床充水都直接或间接地与大气降水有关。

二、案例分析题

1. C。**【解析】**矿用电梯应符合下列要求:(1)控制柜应采用密封结构,柜内相对湿度不大于 80%。(2)电气设备外壳防护等级不低于 IP55;开关、按钮及井底电气设备外壳的防护等级不低于 IP67。(3)曳引电机绝缘等级不低于 F 级。(4)钢丝绳和金属零件应满足防腐要求。(5)轿厢内应设紧急报警装置;轿厢顶不应漏水。

2. D。**【解析】**《特种设备安全监察条例》规定,特种设备在投入使用前或者投入使用后 30 日内,特种设备使用单位应当向直辖市或者设区的市的特种设备安全监督管理部门登记。登记标志应当置于或者附着于该特种设备的显著位置。

3. BCDE。**【解析】**对于一般事故隐患,由生产经营单位(车间、分厂、区队等)负责人或者有关人员立即组织整改。对于重大事故隐患,由生产经营单位主要负责人组织制定并实施事故隐患治理方案。重大事故隐患治理方案应当包括以下内容:(1)治理的目标和任务。(2)采取的方法和措施。(3)经费和物资的落实。(4)负责治理的机构和人员。(5)治理的时限和要求。(6)安全措施和应急预案。

4. ABE。**【解析】**矿床地下开采的主要步骤包括开拓、采准、切割、回采。矿床露天开采的主要步骤包括穿孔、爆破、采装与运输、排岩。

5. ACE。**【解析】**《中华人民共和国安全生产法》规定,生产经营单位新建、改建、扩建工程项目的安全设施,必须与主体工程同时设计、同时施工、同时投入生产和使用。安全设施投资应当纳入建设项目概算。

第二章　矿山自然与地质灾害防治

考情解读

考·纲·要·求

运用矿山自然与地质灾害防治相关技术与标准，辨识和分析矿山开采过程中的暴雨、洪水、泥石流、地震、台风、海啸、暴风雪、雷电、山体崩塌、滑坡、滚石等危险、有害因素，制定相应的安全技术措施。

命·题·分·析

本章内容主要介绍金属非金属矿山生产过程中遇到的常见自然与地质灾害的特点和防治措施。自然与地质灾害在实际生活当中，属于不可控制因素，难以采取有效的措施来彻底根除此类威胁。历年考试中侧重于考查各类灾害的预防措施，但同时对各类灾害的产生机制、分类、特点也有一定的考查要求。备考时，本章内容考查以选择题为主，历年考试中出现频率较高，但分值占比不大。

考点解读

考点一　矿山自然灾害与地质灾害基本概述

我国地质条件复杂，构造活动频繁，崩塌、滑坡、泥石流、地面塌陷、地面沉降、地裂缝等灾害隐患多、分布广，且隐蔽性、突发性和破坏性强，地质灾害防范难度大。特别是近年来受极端天气、地震、工程建设等因素影响，地质灾害多发频发，给人民群众生命财产造成严重损失。

1. 矿山自然灾害的定义

自然灾害是指由自然因素造成人类生命、财产、生态环境和社会功能等损害的事件或现象，包括干旱、高温、低温、寒潮、洪涝、山洪、台风、龙卷风、火焰龙卷风、冰雹、风暴、霜冻、暴雨、暴雪、冻雨、大雾、大风、结冰、霾、雾霾、地震、海啸、滑坡、泥石流、浮尘、扬沙、沙尘暴、雷电、雷暴、球状闪电、火山喷发等。灾类是指根据自然灾害本身的属性和特点而分成的大类。灾种是在灾类下，对自然灾害继续划分的类别。

2. 矿山地质灾害的定义

地质灾害是指由自然因素或者人为活动引发的危害人民生命和财产安全的山体崩塌、滑坡、泥石流、地面塌陷、地裂缝、地面沉降等与地质作用有关的灾害。矿山地质灾害是地球演化过程中，相应的地质过程所引起的灾难性地质事件。灾害的分布具有时空规律性，大多受人为和自然因素的影响。一般的自然地质变化和运动，及人类生产地质的变化，都会使矿区的地质环境发生变化。地质灾害往往是不可抗拒的结果，在实践中难以预测和预防。

3. 矿山自然灾害的形成原因

灾害的发生原因主要有 2 个:一是自然变异,二是人为影响。因此,通常把以自然变异为主因的灾害称之为自然灾害,如地震、风暴、海啸;将以人为影响为主因的灾害称之为人为灾害,如人为引起的火灾、交通事故和酸雨等。

影响自然灾害灾情大小的因素有 3 个:一是孕育灾害的环境(孕灾环境),二是导致灾害发生的因子(致灾因子),三是承受灾害的客体(受灾体)。

4. 基础预防工作

根据《国家矿山安全监察局 关于预防暴雨洪水等自然灾害引发矿山事故灾难的通知》,矿山企业应做好以下基础预防工作:

(1)矿山必须查清矿区、井田及其周边对开采有影响的水文情况,建立疏水、防水和排水系统。按规定采取修筑堤坝、开挖沟渠等防洪措施,并加强与当地水利(水文)部门的沟通联系,及时掌握附近河流、水库的超警戒水位、泄洪等情况。

(2)矿山应当将采、掘(剥)工程准确、及时地填绘到采掘(剥)工程平面图等图纸上。地下矿山应当定期收集相邻矿井和废弃老窑的采掘情况,并在图纸上标注安全生产有关情况,准确掌握受水患威胁的情况。

(3)露天矿山应当实时监测高度超过 200 m 的边坡岩移变化情况,定期巡视采场及排土场边坡,发现滑坡征兆,立即组织撤人。雨季前必须全面检查防排水设施并制定防排水措施。

(4)地下矿山必须按规定留设各类防隔水煤(岩)柱、安全矿(岩)柱,严禁在设计确定的各类防隔水煤(岩)柱、安全矿(岩)柱中进行采掘活动。

(5)地下矿山对地表因采动形成的裂缝应当及时填塞;对采矿后形成的塌陷坑应当及时治理;对报废的井筒应当按规定封堵,并设置栅栏和标志;煤系地层露头部位有漏水时,应当及时注浆加固处理。

(6)地下矿山应当储备必要的应急水泵(潜水泵)、管路等防洪抢险救灾设备和物资,井下主要泵房应当具备地面远程控制功能,在自然灾害期间严禁安排人员入井。

(7)矿山必须经常检查和维护水泵、水管、闸阀、配电设备和线路,并对全部工作水泵、备用水泵及潜水泵进行 1 次联合排水试验。

(8)地下矿山应当建立完善供水管路、通讯线路、压风管路“三条生命线”并确保工作正常、可靠。

考点二 暴雨灾害及其防治措施

1. 概念

暴雨是指 24 h 降雨量大于等于 50 mm 的降水。根据《降水量等级》,暴雨可按不同时段降水量划分为暴雨、大暴雨、特大暴雨:

(1)暴雨:12 h 降雨量为 30.0 ~69.9 mm;或 24 h 降雨量为 50 ~99.9 mm。

(2)大暴雨:12 h 降雨量为 70.0 ~139.9 mm;24 h 降雨量为 100 ~249.9 mm。

(3)特大暴雨:12 h 降雨量在 140 mm 以上;或 24 h 降雨量在 250 mm 以上者。

暴雨灾害是指暴雨导致江河泛滥淹没农田和城乡,造成农业或其他财产损失和人员伤亡的灾害。暴雨灾害是我国主要气象灾害之一。

2. 危害

暴雨灾害对人类社会产生的影响通常表现在经济损失、人员伤亡、农作物受损，以及水利、供电、通信等基础设施受到不同程度破坏等几个方面。其中，暴雨对矿山的危害体现在以下几个方面：

(1)对采场边坡和废石场的稳定性影响较大，威胁生产安全。

(2)降低采掘设备的工作效率，增加损耗，影响其使用寿命，并增加成本。

(3)增加劳动强度，使得经济成本提高。

(4)雨量过多降低穿孔爆破效率，导致成本增加。

(5)造成人员伤亡或者设备损坏。

3. 防治措施

应对暴雨的威胁，矿山企业需要未雨绸缪，与气象部门保持积极联系，尤其是在多雨季节及时做好预报预防工作，这样才能防患于未然。发生暴雨时立即停止开采工作，禁止逗留，及时到室内避雨，并关好门窗，同时不要接触室内的电线、水管等金属物体，防止发生触电事故，等到雨停后才可继续作业。

矿山企业相关人员应密切关注当地气象情况，及时作出判断并通知相关作业平台做好防范措施，方可减少生产事故的发生。

考点三　洪水灾害及其防治措施

1. 概念

洪水是指江河湖海水量迅速增加或水位迅猛上涨并威胁人类正常生活的水流现象。当流域内发生暴雨或融雪产生径流时，都依其远近先后汇集于河道的出口断面处。当近处的径流到达时，河水流量开始增加，水位相应上涨，这时称洪水起涨。及至大部分高强度的地表径流汇集到出口断面时，河水流量增至最大值称为洪峰流量，其相应的最高水位，称为洪峰水位。到暴雨停止以后的一定时间，流域地表径流及存蓄在地面、表土及河网中的水量均已流出出口断面时，河水流量及水位回落至原来状态。洪水从起涨至峰顶到回落的整个过程连续的曲线，称为洪水过程线，其流出的总水量称为洪水总量。

2. 成因

洪水灾害频繁发生的原因包括：

(1)上游及中游地区连降暴雨。

(2)河流旁边水土流失严重。

(3)河水浑浊，河床加厚导致河的水位变浅。

(4)自然原因：水系特征，如水系支流多(扇形水系、树枝状水系)；河道弯曲；缺少天然的入海河道；地势低洼。水文特征，如夏季多暴雨，河水陡涨。气候特征，如降水持续时间长，降水集中；夏季风的强弱变化；台风的影响；厄尔尼诺现象等。

(5)人为原因：滥砍滥伐，造成水土流失加剧，河床抬升；围湖造田，湖泊调节能力减弱；不合理水利工程建设等。

3. 防治措施

矿区应根据实际情况，采取以下洪水灾害防治措施：

(1)在降雨量较大的雨季应设专人检查矿区的防洪情况。

(2)容易积水的地区应修筑泄水沟,不方便修筑泄水沟的地区,可用泥土填平并压实,必要时采用水泵排水。

(3)容易受河流和洪水威胁的矿区,应修筑防水堤坝。

(4)矿区中如存在地面塌陷和裂缝区,应在其周围设置截水沟或者围堤。

(5)管理方面,提高灾害监测与预测预报水平,建立健全防灾减灾法规,加强宣传教育,推进灾害保险,实现社会化减灾。

4. 矿山企业的防护等级和防洪标准

冶金、煤炭、石油、化工、电子、建材、机械、轻工、纺织、医药等工矿企业应根据规模分为四个防护等级,其防护等级和防洪标准应按表 2-1 确定。对于有特殊要求的工矿企业,还应根据行业相关规定,结合自身特点经分析论证确定防洪标准。

表 2-1　工矿企业的防护等级和防洪标准

防护等级	工矿企业规模	防洪标准(重现期/年)
Ⅰ	特大型	200～100
Ⅱ	大型	100～50
Ⅲ	中型	50～20
Ⅳ	小型	20～10

滨海区中型及以上的工矿企业,当按表 2-1 的防洪标准确定的设计高潮位低于当地历史最高潮位时,还应采用当地历史最高潮位进行校核。

工矿企业还应根据遭受洪灾后的损失和影响程度,按下列规定确定防洪标准:

(1)当工矿企业遭受洪水淹没后,损失巨大,影响严重,恢复生产所需时间较长时,其防洪标准可取表 2-1 规定的上限或提高一个等级。

(2)当工矿企业遭受洪灾后,其损失和影响较小,很快可恢复生产时,其防洪标准可按表 2-1 规定的下限确定。

(3)地下采矿业的坑口、井口等重要部位,应按表 2-1 规定的防洪标准提高一个等级进行校核,或采取专门的防护措施。

当工矿企业遭受洪水淹没后,可能爆炸或导致毒液、毒气、放射性等有害物质大量泄漏、扩散时,其防洪标准应符合下列规定:

(1)对于中、小型工矿企业,应采用表 2-1 中Ⅰ等的防洪标准。

(2)对于特大、大型工矿企业,除采用表 2-1 中Ⅰ等的上限防洪标准外,尚应采取专门的防护措施。

(3)对于核工业和与核安全有关的厂区、车间及专门设施,应采用高于 200 年一遇的防洪标准。

提示

对于矿山企业,应根据不同的设计规模制定不同的防洪标准。

考点四　泥石流灾害及其防治措施

1. 概念

泥石流是山区特有的一种突发性的地质灾害现象。它常发生于山区小流域，是一种饱含大量泥沙石块和巨砾的固液两相流体，呈黏性层流或稀性紊流等运动状态，是地质、地貌、水文、气象、植被等自然因素和人为因素综合作用的结果。

泥石流在暴发过程中，有时山谷雷鸣、地面震动，有时浓烟腾空、巨石翻滚；浑浊的泥石流沿着陡峭的山涧峡谷冲出山外，堆积在山口。泥石流含有大量的泥沙块石，具有发生突然、来势凶猛、历时短暂、大范围冲淤、破坏性极强的特点，常给人民生命财产造成巨大的损失。

2. 基本特征

泥石流具有如下 3 个基本性质，并以此与挟沙水流和滑坡相区分：

(1)泥石流具有土体的结构性，即具有一定的抗剪强度，而挟沙水流的抗剪强度等于零或者接近于零。

(2)泥石流具有水体的流动性，即泥石流与沟床面之间没有截然的破裂面，只有泥浆润滑面，从润滑面向上有一层流速逐渐增加的梯度层；而滑坡体与滑床之间有一破裂面，流速梯度等于零或者趋近于零。

(3)泥石流一般发生在山地沟谷区，具有较大的流动坡降。

灾害性泥石流是指造成较严重经济损失和人员伤亡的泥石流，其主要特征表现为暴发突然、来势凶猛、冲击强烈、冲淤变幅大、沟道摆动速度和幅度大等几个方面。

3. 形成条件

泥石流的形成必须同时具备地质、气象水文、地形地貌 3 个基本条件。

(1)地质条件(物源条件)。

地质条件决定了地表大量的松散固体物质的分布、类型、结构、性状、储备方量和补给的方式、距离、速度等。

(2)气象水文条件(水源条件)。

水不仅是泥石流的组成部分，也是松散固体物质的搬运介质。形成泥石流的水源主要有大气降水、冰雪融水、水库溃决水、地表水等。我国泥石流的水源主要由暴雨形成，由于降雨过程及降雨量的差异，形成明显的区域性或地带性差异。如北方雨量小，泥石流暴发的数量也较少；南方雨量大，泥石流暴发的数量也较多。

(3)地形地貌条件(能量条件)。

地形地貌对泥石流的发生、发展主要有 2 方面的作用：一是通过沟床地势条件为泥石流提供位能，赋予泥石流一定的侵蚀、搬运和堆积的能量；二是在坡地或沟槽的一定演变阶段内，提供足够数量的水体和土石体。沟谷的流域面积、沟床平均比降、流域内山坡平均坡度以及植被覆盖情况等都对泥石流的形成和发展起着重要的作用。

记忆技巧

泥石流形成的条件：可以简称为“无水地”，即物源条件、水源条件和地形地貌条件。

4. 危害

泥石流的危害方式多种多样，主要有冲刷、冲击、腐蚀和淤埋等。

泥石流可对其影响区内的城镇、道路交通、厂矿企业和农田等造成危害，除了上述的直接危害以外，泥石流还会引发次生灾害。如果泥石流体汇入河道，可能导致泥石流堵断河水，形成临时堤坝和堰塞湖，湖水位迅速上涨，造成大面积的淹没灾害，而临时堤坝溃决后又造成下游的洪涝灾害。由于支沟泥石流的汇入，主沟槽迅速淤积上涨，导致航道废弃和引水工程、水库工程报废等。有些河段甚至成为地上河，时常出现溃决与河道改道。泥石流活动还使流域中上游的森林植被破坏，流域水土流失，下游和干流江河河床淤浅，泄洪能力锐减，导致洪、旱灾害加剧。

5. 防治措施

泥石流的防治原则包括全面规划，突出重点；工程措施与生物措施相结合；分清类别，因害设防；因地制宜，合理设计。

泥石流防治措施一般归纳为 2 大类，即工程措施和生物措施。也有学者将保护森林植被、合理布局建筑物和进行预警预报等方法归为预防措施。泥石流具体的防治措施分类如表 2-2 所示。

表 2-2　泥石流具体的防治措施分类

防治措施	工程	主要作用
跨越措施	桥梁、涵洞工程	跨越泥石流沟，使泥石流下泄
穿越措施	隧道、明洞和渡槽工程	穿越泥石流沟道，使泥石流从线路上方排泄
防护措施	护堤、挡墙、拦坝等工程	抵御或消除泥石流的冲刷、冲击、侧蚀或淤埋等危害
排导措施	导流堤、排导沟、急流槽	改变泥石流的走势，增大排泄泥石流能力
拦挡措施	拦沙坝等工程	控制泥石流的土源和水源，削弱泥石流下泄总量
生物措施	营造森林、保护草坡	稳定山区坡面，保持水土，制止泥石流发育

考点五　地震灾害及其防治措施

1. 概念

地震是一种常见的地质现象。岩石圈物质在地球内动力作用下产生构造活动而发生弹性应变，当应变能量超过岩体强度极限时，就会发生破裂或沿原有的破裂面发生错动滑移，应变能以弹性波的形式突然释放并使地壳振动而发生地震。

2. 成因

地震成因的研究直接关系到地震监测、地震预报以及防震抗震设计等问题。最为人们广泛接受的地震成因的解释是弹性回跳理论，即断层说。这一理论基于岩石的弹性变形机制：岩石体积或形状受力后发生的可逆变化，即当应力消失后，已发生弹性变形的物质将恢复其原来的大小和形状。当我们用力使弹簧或使直尺变弯时，物质经受弹性变形并储存了应变能；突然放开弹簧或直尺时它们又回弹到原始形状并释放产生的能量。同样，弹性回跳理论认为地应力使断层两侧岩石发生弹性变形并储存能量；当储存的能量超过断层两盘之间的摩擦阻力时，能量以地震的形式突然释放；同时，发生弹性变形的岩石恢复其原来的形状。

3. 类型

地震成因类型归纳起来有构造地震、火山地震、塌陷地震和诱发地震 4 种类型。

4. 特点

强烈地震发生可引起严重的地震灾害，其中最普遍的地震灾害仍然是各类建筑物的破坏，人员伤亡也主要是房倒屋塌造成的。特别是大城市、大工矿区等人烟稠密、房屋集中的地区，地震的破坏性及其灾害严重性往往表现得更加突出。地震灾害的特点表现为瞬间发生、灾害严重、预报困难等几个方面。

5. 破坏形式

地震灾害按其与地振动关系的密切程度和地震灾害要素的组成可分为原生灾害、次生灾害和间接灾害 3 种。

6. 防治措施

地震灾害的防治原则包括预防为主、全面规划与重点防治相结合、地质灾害防治与社会经济活动相结合、防治工程最优化等。

地震灾害的防治，可从以下几个方面进行：

(1)建立和完善矿山开采前的风险评估与环境评估，应根据矿山地震的特点、破坏特征等，结合实际地形和地貌建立矿山地表建筑。避免在溶洞、坑道、采空区上建立大型建筑物。

(2)加强宣传，普及矿山地震灾害知识，提高矿山开采人员素质，增强其对地震灾害的危机感与警觉性。提高矿山生产过程中全员防灾、减灾技能与手段，强化矿山地震灾害的防险、避险、抢险培训。

(3)开发与应用先进的信息化手段、地球物理勘查手段、地球化学勘查手段，对矿山地质进行严密监视，对可能发生的地震灾害施行实时监测、动态监测，建立矿山地质灾害监测系统，实现矿山地质与环境生态动态跟踪与管理体系，避免重大人员财产损失。

(4)提高工程的施工质量，加强其综合抗震能力。对于重要的旧建筑物，应进行加固，同时应对全矿性动力设施、通信等新建工程进行设防。合理选择井巷工程的支护形式可以提高矿山的抗震性能。

考点六　台风灾害及其防治措施

1. 概念

台风是热带气旋的一种。热带气旋是发生在热带或副热带洋面上的低压涡旋，是一种强大而深厚的热带天气系统。我国把西北太平洋和南海的热带气旋按其底层中心附近最大平均风力(风速)大小划分为 6 个等级，其中风力为 12 级或以上的，统称为台风。台风常带来狂风、暴雨和风暴潮，给我国沿海地区造成严重灾害。

2. 分类

台风，按照其强度，可分为 6 个等级，具体分类如表 2-3 所示。

表 2-3　台风的强度分级

热带气旋等级名称	底层中心附近最大平均风速/(m/s)	蒲福风力等级/级
热带低压	10.8～17.1	6～7
热带风暴	17.2～24.4	8～9
强热带风暴	24.5～32.6	10～11
台风	32.7～41.4	12～13
强台风	41.5～50.9	14～15
超强台风	≥51.0	≥16

3. 危害

台风灾害主要是在台风登陆前和登陆之后引起的。台风引起的直接灾害通常由以下3方面造成：

(1)狂风。台风风速大都在17 m/s以上，甚至在60 m/s以上。据测，当风力达到12级时，垂直于风向平面上每平方米风压可达230 kg。因此台风大风及其引起的海浪可把万吨巨轮抛向半空拦腰折断，也可把巨轮推入内陆；飓风级的风力足以损坏甚至摧毁陆地上的建筑、桥梁、车辆等。特别是在建筑物没有被加固的地区，造成的破坏更大。大风亦可以把杂物吹到半空，使户外环境变得非常危险。

(2)暴雨。一次台风登陆，降雨中心一天中可降下100～300 mm，甚至500～800 mm的大暴雨。台风暴雨造成的洪涝灾害，来势凶猛，破坏性极大，是最具危险性的灾害。

(3)风暴潮。当台风移向陆地时，由于台风的强风和低气压的作用，使海水向海岸方向强力堆积，潮位猛涨，水浪排山倒海般向海岸压去。强台风的风暴潮能使沿海水位上升5～6 m。如果风暴潮与天文大潮高潮位相遇，能产生高频率的潮位，导致潮水漫溢，海堤溃决，冲毁房屋和各类建筑设施，淹没城镇和农田，造成大量人员伤亡和财产损失。

许多自然灾害，特别是像台风这样等级高、强度大的自然灾害发生以后，破坏了人类生存的和谐条件，常常诱发出一连串的其他灾害。这些次生灾害和衍生灾害常常容易被人们忽视，从而造成重大人员伤亡和财产损失。

台风的次生灾害包括暴雨引起的山体滑坡、泥石流等。另外，房屋、桥梁、山体等在台风中受到洪水长时间的冲刷、浸泡，即便当时没有发生坍塌，待台风、洪水退去后，由于上述原因容易出现房屋、桥梁坍塌等，也要引起高度的警惕。

4. 防治措施

政府及相关部门按照职责做好防台风抢险应急工作。相关水域水上作业和过往船舶应当回港避风，加固港口设施，防止船舶走锚、搁浅和碰撞。停止室内外大型集会和高空等户外危险作业。加固或者拆除易被风吹动的搭建物，人员切勿随意外出，应尽可能待在防风安全的地方，确保老人小孩留在家中最安全的地方，危房人员及时转移。当台风中心经过时风力会减小或者静止一段时间，切记强风将会突然吹袭，应当继续留在安全处避风，危房人员及时转移。相关地区应当注意防范强降水可能引发的山洪、地质灾害。

考点七　海啸灾害及其防治措施

1. 概念

海啸是由海底地震、海底火山爆发、海底山体滑坡等产生的拥有 100 km 以上超长波长和短则几分钟长至 1 h 或者更长周期的大洋行波，是一种具有极大破坏力的海洋灾害。据统计，绝大部分海啸产生源是海底地震，因此，全球的海啸发生区与地震带大致相同。海啸来临时，淹没陆地，往往会危及财产和生命，毁坏港口设施与沿海建筑；海啸过后，城市一片狼藉，给沿海居民带来极大灾难。

2. 分类

海啸按成因可分为 3 类：地震海啸、火山海啸、滑坡海啸。地震海啸是海底发生地震时，海底地形急剧升降变动引起海水强烈扰动。其机制有两种形式："下降型"海啸和"隆起型"海啸。

（1）"下降型"海啸：某些构造地震引起海底地壳大范围的急剧下降，海水首先向突然错动下陷的空间涌去，并在其上方出现海水大规模积聚，当涌进的海水在海底遇到阻力后，即翻回海面产生压缩波，形成长波大浪，并向四周传播与扩散，这种下降型的海底地壳运动形成的海啸在海岸首先表现为异常的退潮现象。1960 年智利地震海啸就属于此种类型。

（2）"隆起型"海啸：某些构造地震引起海底地壳大范围的急剧上升，海水也随着隆起区一起抬升，并在隆起区域上方出现大规模的海水积聚，在重力作用下，海水必须保持一个等势面以达到相对平衡，于是海水从波源区向四周扩散，形成汹涌巨浪。这种隆起型的海底地壳运动形成的海啸在海岸首先表现为异常的涨潮现象。1983 年 5 月 26 日，中日本海 7.7 级地震引起的海啸属于此种类型。

3. 危害

海啸发生时，震荡波在海面上以不断扩大的圆圈，传播到很远的地方。它以每小时 600 ~ 1 000 km 的高速，在毫无阻拦的洋面上驰骋 1 万 ~ 2 万 km 的路程，掀起 10 ~ 40 m 高的拍岸巨浪，吞没所波及的一切，有时最先到达的海岸的海啸可能是波谷，水位下落，暴露出浅滩海底；几分钟后波峰到来，一退一进，造成毁灭性的破坏。

海啸也能迅猛地袭击城市和村庄，瞬间可以把人和建筑物吞噬，被震塌的建筑物通常也在狂涛的席卷一空。海啸可以造成大量的人畜死亡，尸体不及时清理还会引发病菌，容易产生瘟疫，对人类和生命财产造成严重危害。

4. 防治措施

做好海啸的监测预报工作，当海啸来临时，矿山立即停工停产，并立即撤出所有的工作人员。当前，我国已建立了完善的海啸预警系统，国家海洋环境预报中心可以在海底地震发生后 10 min 之内发布并启动海啸应急响应，30 min 之内可以发布海啸袭击信息并启动海啸预警警报，让容易受海啸影响的群众尽早避难。另外，海啸过后，及时对可能产生的次生灾害如地震等，提高防范意识，做好相应的防护措施。

考点八　暴风雪灾害及其防治措施

1. 概念

暴风雪是因降雪、大风造成的灾害性天气，严重影响人们的生产、生活，能造成较大经济损失，还会对生态和环境等造成不利影响。

制定暴风雪天气等级，为预防暴风雪对交通、生产等人类活动造成的危害，采取有力措施避免暴风雪带来的损失提供科学依据，同时为政府部门启动灾害应急预案提供指导。

暴风雪天气是指大量的雪被强风挟着随风运动的天气现象。通常表现为降雪量大，风速大，低能见度等恶劣天气现象。

2. 防治措施

关注气象部门关于暴风雪的最新预报、预警信息；做好道路清扫和积雪融化准备工作；暴风雪来临前要减少外出活动，特别是尽可能减少车辆外出，并躲避到安全地方；机场、高速公路、轮渡码头可能会停航或封闭，要及时取消或调整出行计划；做好防寒保暖准备，储备足够的食物和水；不要待在不结实、不安全的建筑物内；农牧区要备好粮草，将野外牲畜赶到圈里喂养；对农作物要采取防冻措施，防止作物受冻害。

提示

金属非金属矿山开采过程中，若遇到暴风雪天气时，露天采场和排土场的运输车辆应立即停止运行，待暴风雪过后，应及时清除积雪。

考点九　雷电灾害及其防治措施

1. 概念

雷电是雷云层接近大地时，地面感应出相反电荷，当电荷积聚到一定程度，产生云和云间以及云和大地间放电，迸发出光和声的现象。

根据雷电的不同形状，雷电大致可分为片状、线状和球状 3 种形式；从危害角度考虑，雷电可分为直击雷、感应雷（包括静电感应雷和电磁感应雷）和球形雷；从雷云发生的机理考虑，雷电可分为热雷、界雷和低气压性雷。

直击雷主要是指雷云对大地某点发生的强烈放电，是产生电效应、热效应和机械力者。

2. 危害

根据破坏作用，雷电的危害可分为 3 类：

(1) 电性质的破坏作用：高电压、强电流引起电气设备绝缘失效、绝缘设备受损并进一步引发火灾、爆炸和电击事故，包括直击雷和二次放电。

(2) 热性质的破坏作用：巨大的雷电流在短时间内转化成大量热能，引发火灾和爆炸。

(3) 机械性质的破坏作用：瞬间高温使被击物缝隙中的气体急剧膨胀引发爆炸。

根据对人的伤害，雷电的危害可包括：

(1) 直接雷击：闪电直接袭击到人体，人因此而遭到雷电的击伤，严重的甚至死亡。

(2) 接触电压：人不小心触碰到被雷电击中的高大物体，强大的雷电流，会在高大导体上产生高达几万到几十万伏的电压，进而致使人体遭受电击。

(3)旁侧闪击：当雷电击中一个物体时，强大的雷电电流，通过物体泄放到大地。如果人就在这雷击中的物体附近，雷电电流就会在人头顶高度附近，将空气击穿，再经过人体泄放下来，使人遭受袭击。

(4)跨步电压：当雷电从云中泄放到大地时，就会产生一个电位场。电位的分布是越靠近地面雷击点的地方电位越高；远离雷击点的电位就低。如果在雷击时，人的两脚站的地点电位不同，这种电位差在人的两脚间就产生电压，也就有电流通过人的下肢。两腿之间的距离越大，跨步电压也就越大。

一般而言，雷电灾害的特征包括突发性、多样性、复杂性、选择性和破坏性等特点。

提示

矿山生产中，直击雷或感应雷产生的过电压很大概率上会对电气控制系统中的微电子控制装置造成损害。

典型例题

【单选题】雷电对露天矿山机械设备的电气控制系统，特别是微电子控制装置损害的概率很大。关于雷电破坏作用的说法，错误的是(　　)。

A. 雷电直击或雷电感应过电压损害概率大

B. 天空无雨云又不下雨，无感应雷会损坏微电子装置

C. 天空无雨云又不下雨，有感应雷会损坏微电子装置

D. 大雨来临时雷雨往往会对机械设备正面袭击

B。【解析】天空中没有雨云又不下雨的情况下，有时也会产生感应雷，感应雷所产生的浪涌电压会对微电子控制装置造成损害。

3. 防治措施

防范雷电危害应坚持贯彻“安全第一、预防为主、综合治理”的方针。现代防雷技术原则强调全方位防护，综合治理、层层设防，把防雷看作一个系统工程。主要有以下 5 项防雷措施：

(1)搭接，或称为均衡连接、等电位连接。就是把各种金属物用粗的铜导线焊接起来，或者把它们直接焊接起来，以保证等电位。等电位连接是防雷措施中极为关键的一项。完善的等电位连接，还可以消除因地电压骤然升高而产生的“反击”现象，这在微波站天线塔遭遇到雷击后是常常遇到的。

(2)传导，即避雷针装置。避雷针就是一个接地的金属装置，高端比建筑物顶端更高，吸引闪电，把闪电的强大电流传导到大地中去，从而防止闪电电流经过建筑物。避雷针虽然能保护建筑物，但引导入地的导线流有巨大电流，会产生电磁场，也可以损害设备，所以该措施必须与其他防雷措施连接起来，才是万全之策。

(3)分流。把凡是从室外来的导线(包括电力电源线、电话线、信号或者这类电缆的金属外套等)都要并联一种避雷器至接地线。不仅入户处，在每个需要作防雷保护的仪器设备的机壳处都要装。作用是把沿着导线传入的雷电波在避雷器处经避雷器分流入地，也

就是类似把雷击电流的所有入侵道路堵截，而且不是一级堵截，可以多节堵截。

(4)接地。前3项措施，都涉及闪电能量泄放入地，所以接地是前3项措施的基础，接地的妥当与否，成为历来防雷技术中特别受重视的项目。它又是最费工、费钱、费力的防雷措施，是防雷工程的重点和难点。

(5)屏蔽。就是用金属网、箔、壳、管等导体把需要保护的对象包围起来，从物理上说，就是把闪电的脉冲电磁场从空间入侵的通道阻隔起来，力求无缝隙可钻。各种屏蔽都必须妥善接地。

以上这5项措施是一个有机联系的整体防卫体系，全面措施才能达到万无一失的效果。

考点十 山体崩塌灾害及其防治措施

1. 特点

崩塌的过程表现为岩块(或土体)顺坡猛烈地翻滚、跳跃，并相互撞击，最后堆积于坡脚，形成倒石堆。崩塌的主要特征为：下落速度快、发生突然；崩塌体脱离母岩而运动；下落过程中崩塌体自身的整体性遭到破坏；崩塌物的垂直位移大于水平位移。具有崩塌前兆的不稳定岩土体称为危岩体。岩坡的崩塌常发生于高、陡边坡的前缘地段，具有使斜坡逐次后退、规模逐渐减小的趋势。

2. 形成条件

崩塌是在特定自然条件下形成的。地形地貌、地层岩性和地质构造是崩塌的物质基础；降雨、地下水作用、振动力、风化作用以及人类活动对崩塌的形成和发展起着重要的作用。

3. 力学机制

崩塌是岩体长期蠕变和不稳定因素不断积累的结果。崩塌体的大小、物质组成、结构构造、活动方式、运动途径、堆积情况、破坏能量等虽然千差万别，但崩塌的产生都是按照一定的模式孕育和发展的。按崩塌发生时受力状况的不同，可将其形成的力学机制分为倾倒、滑移、鼓胀、拉裂和错断5种。

4. 分类

矿区内崩塌按成因类型可分为切蚀型、降雨型、构造剥蚀卸荷型及人工采掘型4种。切蚀型由人工开挖切坡引发；降雨诱发型主要在原生的地形、地质条件下由降雨所诱发；构造剥蚀卸荷型由自然的剥蚀作用、岩体卸荷而产生；人工采掘型是指在陡崖下人工采石或开矿引发的崩塌。

根据边坡失稳破坏的具体部位，可将崩塌划分为3种类型：坡体崩塌、边坡崩塌和坡面崩塌。

5. 危害

崩塌常使斜坡下的农田、厂房、水利水电设施及其他建筑物受到损害，有时还造成人员伤亡。铁路、公路沿线的崩塌则阻塞交通、毁坏车辆，造成行车事故和人身伤亡。

6. 防治措施

崩塌整治过程中必须遵循标本兼治、分清主次综合治理、生物措施与工程措施相结合、治理危岩与保护自然生态环境相结合的原则。

崩塌防治措施可分为防止崩塌发生的主动防护和避免造成危害的被动防护 2 种类型。具体方法的选择取决于崩塌落石历史、潜在崩塌落石特征及其风险水平、地形地貌及场地条件、防治工程投资和维护费用等。崩塌落石防治措施如图 2-1 所示。

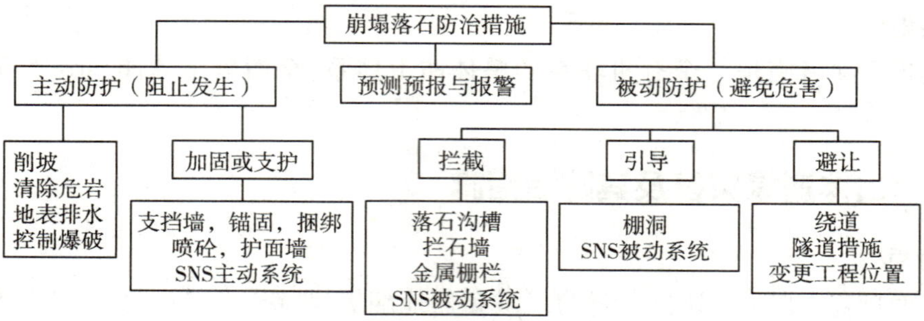

图 2-1　崩塌落石防治措施

考点十一　滑坡灾害及其防治措施

1. 概念

在自然地质作用和人类活动等因素的影响下，斜坡上的岩土体在重力作用下沿一定的软弱面“整体”或局部保持岩土体结构而向下滑动的过程和现象及其形成的地貌形态，称为滑坡。

2. 特征

滑坡的特征表现为：

(1)发生变形破坏的岩土体以水平位移为主，除滑动体边缘存在为数较少的崩离碎块和翻转现象外，滑体上各部分的相对位置在滑动前后变化不大。

(2)滑动体始终沿着一个或者几个软弱面(带)滑动，岩土体中各种成因的结构面均有可能成为滑动面，如古地形面、岩层层面、不整合面、断层面、贯通的节理裂隙面等。

(3)滑坡滑动过程可以在瞬间完成，也可能持续几年或者更长的时间。规模较大的“整体”滑动一般为缓慢、长期或者间歇的滑动。

3. 形成条件

滑坡的形成条件主要有地形地貌、地层岩性、地质构造、水文地质条件和人类活动等因素。

(1)地形地貌。斜坡的高度、坡度、形态和成因与斜坡的稳定性有着密切的关系。高陡斜坡通常比低缓斜坡更容易失稳而发生滑坡。斜坡的成因、形态反映了斜坡的形成历史、稳定程度和发展趋势，对斜坡的稳定性也会产生重要的影响。如山地的缓坡地段，由于地表水流动缓慢，易于渗入地下，因而有利于滑坡的形成和发展。山区河流的凹岸易被流水冲刷和淘蚀，当黄土地区高阶地前缘坡脚被地表水侵蚀和地下水浸润，这些地段也易发生滑坡。

(2)地层岩性。地层岩性是滑坡产生的物质基础。虽然不同地质时代、不同岩性的地层中都可能形成滑坡，但滑坡产生的数量和规模与岩性有密切关系。容易发生滑动的地层和岩层组合有第四系黏性土、黄土与下伏三趾马红土及各种成因的细粒沉积物，第三系、白垩系及侏罗系的砂岩与页岩、泥岩的互层，煤系地层，石炭系的石灰岩与页岩、泥岩互层，泥质岩的变质岩系，质软或易风化的凝灰岩等。这些地层岩性软弱，在水和其他外营力作用下因强度降低而易形成滑动带，从而具备了产生滑坡的基本条件。因此，这些地层往往称为易滑地层。

(3)地质构造。地质构造与滑坡的形成和发展的关系主要表现在2个方面：一是滑坡沿断裂破碎带往往成群成带分布；二是各种软弱结构面（如断层面、岩层面、节理面、片理面及不整合面等）控制了滑动面的空间展布及滑坡的范围。如常见的顺层滑坡的滑动面绝大部分是由岩层层面或泥化夹层等软弱结构面构成的。

(4)水文地质条件。各种软弱层、强风化带因组成物质中黏土成分多，容易阻隔、汇聚地下水，如果山坡上方或侧方有丰富的地下水补给，则这些软弱层或风化带就可能成为滑动带而诱发滑坡。地下水在滑坡的形成和发展中所起的作用表现为：地下水进入滑坡体增加了滑体的重力，滑带土在地下水的浸润下抗剪强度降低；地下水位上升产生的静水压力对上覆不透水岩层产生浮托力，降低了有效正应力和摩擦阻力；地下水与周围岩体长期作用改变岩土的性质和强度，从而引发滑坡；地下水运动产生的动水压力对滑坡的形成和发展起促进作用。

(5)人类活动。人工开挖边坡或在斜坡上部加载，改变了斜坡的外形和应力状态，增大了滑体的下滑力，减小了斜坡的支撑力，从而引发滑坡。铁路、公路沿线发生的滑坡多与人工开挖边坡有关。人为破坏斜坡表面的植被和覆盖层等人类活动均可诱发滑坡或加剧已有滑坡的发展。

4. 分类

滑坡按照滑动面特征可划分为顺层滑坡和切层滑坡；按照滑动性质可划分为牵引式滑坡、推动式滑坡和混合式滑坡。

滑坡形式还可分为平面剪切滑动和旋转剪切滑动。平面剪切滑动包括倾倒滑动、阶梯式滑坡、三维楔体滑坡等；旋转剪切滑动包括弧状滑动等。

5. 形成过程

通常将滑坡的发育过程划分为3个阶段，即：

(1)蠕动变形阶段。由于各种因素的影响，斜坡岩土体强度逐渐降低或斜坡内部剪切应力不断增加使斜坡的稳定状态受到破坏。斜坡内较软弱的岩土体首先因抗剪强度小于剪切应力而发生变形，当变形发展至坡面便形成断续的拉张裂缝。裂缝的出现使地表水的入渗作用加强，变形进一步发展，后缘裂缝加宽，并出现小的错断，滑体两侧的剪切裂缝也相继出现，坡脚附近的岩土被挤出。此时，滑动面基本形成，但尚未全部贯通。

(2)滑动破坏阶段。滑动破坏阶段是指滑动面贯通后，滑坡开始做整体向下滑动的阶段。此时滑坡后缘迅速下陷，滑壁明显出露；有时滑体分裂成数块，并在坡面上形成阶梯状地形。滑体上的树林倾斜形成“醉汉林”，水管、渠道等被剪断，各种建筑物严重变形以致倒塌。随着滑体向前滑动，滑坡体向前伸出形成滑坡舌，并使前方的道路、建筑物遭受破坏或被掩埋。发育在河谷岸坡的滑坡,或者堵塞河流,或者迫使河流弯曲转向。

(3)压密稳定阶段。滑坡体在滑动过程中具有一定的动能,可以滑到很远的地方。但在滑面摩擦阻力的作用下,滑体最终要停止下来。滑动停止后,除形成特殊的滑坡地形外,滑坡岩土体结构和水文地质条件等都发生了一系列变化。

提示

实际上,滑坡的滑动过程是非常复杂的,并不完全遵循上述3个发展阶段。如黄土或黏性土滑坡一般没有蠕动变形阶段,在强大震动力的作用下可突然发生滑坡灾害。

6. 危害

滑坡、崩塌灾害是我国地质灾害中的主要灾种,这些灾害给我国人民的生命财产和国民经济建设带来了严重的危害,极大地影响了社会经济的发展。

滑坡灾害的广泛发育和频繁发生使城镇建设、工矿企业、山区农村、交通运输、河运航道及水利水电工程等受到严重危害。

几乎所有矿山都不同程度地遭受到滑坡、崩塌、泥石流灾害的危害或威胁。这些山地地质灾害在某种程度上已经成为影响矿山建设和矿产开发的"公害"。在露天矿山,滑坡、崩塌灾害几乎影响着矿山生产的整个过程。

滑坡灾害不仅直接危害受灾地区,还常常引发一系列次生危害,如洪水、涌浪、淤积及有毒废石渣污染等,造成更大范围的影响和更严重的损失,次生灾害损失有时远远超过灾害本身的直接损失。

7. 防治措施

滑坡的防治措施可归纳为"拦、排、稳、固"四个字,其具体防治措施包括:

(1)排除地表水和地下水。滑坡滑动多与地表水或地下水活动有关。因此在滑坡防治中往往要设法排除地表水和地下水,避免地表水渗入滑体,减少地表水对滑坡岩土体的冲蚀和地下水对滑体的浮托,提高滑带土的抗剪强度和滑坡的整体稳定性。

(2)减重与加载。通过削方减载或填方加载方式来改变滑体的力学平衡条件,也可以达到治理滑坡的目的。但这种措施只有在滑坡的抗滑地段加载,主滑地段或牵引地段减重才有效果。

(3)抗滑挡土墙。抗滑挡土墙工程破坏山体平衡小,稳定滑坡收效快,是滑坡整治中经常采用的一种有效措施。对于中小型滑坡可以单独采用,对于大型复杂滑坡,抗滑挡土墙可作为综合措施的一部分。设置抗滑挡土墙时必须弄清滑坡滑动范围、滑动面层数及位置和推力方向及大小等,并要查清挡墙基底的情况,否则会造成挡墙变形,甚至挡墙随滑坡滑动,造成工程失效。

(4)抗滑桩。抗滑桩是以桩作为抵抗滑坡滑动的工程。抗滑桩是在滑体和滑床间打入若干大尺寸锚固桩并使两者成为一体,从而起到抗滑作用,所以又称锚固柱。桩的材料有木桩、钢板桩、钢筋混凝土桩等。近年来,抗滑桩已成为滑坡整治的一种关键工程措施,并取得了良好的效果。

(5)护坡工程。护坡工程主要是指对滑坡坡面的加固处理,目的是防止地表水冲刷和渗入坡体。对于黄土和膨胀土滑坡,坡面加固护理较为有效。具体方法有混凝土方格骨架护坡和浆砌片石护坡。在混凝土方格骨架护坡的方格内铺种草皮，不仅绿化，更可起到防冲刷作用。

(6)绕避。绕避属于预防措施而非治理措施。对于大型滑坡或滑坡群的防治，由于工程难度大，防治工程造价高，工期长，有时不得不采取绕避的方式来预防滑坡灾害。对于线路绕避，有时也要修建工程以便线路通过，或在滑床下以隧道通过，或在滑坡前缘外以旱桥通过，也可以跨河将线路移到对岸较稳定地段。

(7)其他措施。针对滑带土的不良工程性质，通过提高滑带土强度的方法防止滑坡滑动。这种方法包括钻孔爆破、焙烧、化学加固和电渗排水等。从理论上来说，这些方法是可行的，但由于技术和经济方面的原因，在实践中很少应用。

链接

崩塌和滑坡的相同点包括：

(1)滑坡和崩塌可以相互转化。

(2)滑坡和崩塌常在相同或近似的地质环境中伴生。

崩塌和滑坡的不同点包括：

(1)滑坡以水平运动为主，崩塌以垂直运动为主。

(2)滑坡的破坏作用有急促也有缓慢，崩塌的破坏作用都是急促和强烈的。

(3)滑坡多发生在坡度为 50°以下的斜坡，而崩塌多发生在坡度为 50°以上且高度大于 30 m 以上的陡坡。

考点十二　放射性灾害及其防治措施

1. 概念

矿物的放射性一般是指含有铀(U)、钍(Th)、镭(Ra)等放射性元素的矿物，这些核素具有能自发地从原子核内部放出粒子或射线，同时释放出能量的性质。

2. 危害

以铀矿为例，放射性危害主要分为 3 种类型，即吸入并残留在人体呼吸器官中的矿石粉尘危害、吸入氡气及其子体产物所产生的危害和直接辐射危害。

提示

放射性危害的 3 种类型中，吸入氡气及其子体产物所产生的危害性最大。

3. 防治措施

对于铀矿辐射防护，应采取以下措施：

(1)铀矿开采和水冶生产应按规定要求采取辐射防护分区。铀矿冶生产工作场所可分为监督区和控制区，监督区职业照射剂量限值宜为 1 ~ 5 mSv/a，控制区宜为 5 ~ 15 mSv/a。

(2)新建、改建和扩建铀矿冶工程，应按国家现行标准《铀矿冶辐射防护规定》的有关规定布置各类建(构)筑物，并应在其周围划定辐射防护距离。辐射防护距离宜符合表 2-4 的规定。

表 2-4　辐射防护距离(m)

污染源名称	距饮用水源	距居民点	距铀矿进风口
选矿、水冶厂	300	300	300
尾矿(渣)库	800	800	300
铀矿排风井	300	800	300
露天采场	800	800	300
废石场	800	300	300
矿石转运站	300	300	50

注:①辐射防护距离根据铀厂矿生产规模、当地气象、地形、人口分布等条件可适当调整,必要时应采取补救措施。

②辐射防护距离指建(构)筑物(含设施)边界之间的直线距离。

(3)凡产生氡及其子体、粉尘的场所,必须采取把有害物质浓度降到标准规定的限制浓度以下的防护措施,并符合相关要求。

(4)铀选冶厂集中排放的排气筒高度,应根据放射性物质的排放量,经过计算后,并结合当地气象、地形、人口分布等因素综合确定。

(5)铀矿冶工程的厂房(或车间)的地面、墙壁应采用易于去污耐磨的材料铺设。凡产生粉尘的厂房(或车间)内部结构宜减少积尘面积。

对于铀矿生产过程中的三废处理,采取以下措施:

(1)铀矿冶工程在生产过程产生的“三废”中有回收价值的物质,应充分回收利用;没有回收价值应采取妥善处理措施。

(2)铀矿冶工程生产过程中产生的固体废弃物,应采取处置措施。废石场、尾渣(矿)库应有防止废石、尾矿(渣)流失的措施;尾渣、尾砂堆放到一定的高度后应进行固砂(渣)处理;报废设备、器材等应回炉冶炼处置。

(3)铀矿冶生产中产生的废水,应做到清污分流,宜循环使用;废水中有害物质含量不符合排放要求时,应处理达到排放标准后,按生态环境主管部门认可的槽式方式和排放点排放。

(4)利用排气筒(或风帽)排放生产过程中各岗位、各节点产生的有害气体、粉尘等,应采取有效治理措施,使排出的气载流出物中有害物质含量,经过大区扩散稀释后,浓度符合国家有关规定。

(5)铀矿石或铀化合物运输应采用专用车辆运输,并应采取不撒漏、不滴水、不扬尘的措施。

(6)运输车辆装卸矿石后应冲洗车辆外部;清洗场地应该设在厂矿污染区;冲洗车辆废水应集中处理。

(7)铀化合物应采用专用的容器包装并严格密封,表面宜容易去污。

对于铀(钍)矿和伴生放射性矿开发利用的放射性污染防治,采取以下措施:

(1)开发利用或者关闭铀(钍)矿的单位,应当在申请领取采矿许可证或者办理退役审批手续前编制环境影响报告书,报国务院生态环境主管部门审查批准。

(2)开发利用伴生放射性矿的单位，应当在申请领取采矿许可证前编制环境影响报告书，报省级以上人民政府生态环境主管部门审查批准。

(3)与铀(钍)矿和伴生放射性矿开发利用建设项目相配套的放射性污染防治设施，应当与主体工程同时设计、同时施工、同时投入使用。

(4)放射性污染防治设施应当与主体工程同时验收；验收合格的，主体工程方可投入生产或者使用。

(5)铀(钍)矿开发利用单位应当对铀(钍)矿的流出物和周围的环境实施监测，并定期向国务院生态环境主管部门和所在地省、自治区、直辖市人民政府生态环境主管部门报告监测结果。

(6)对铀(钍)矿和伴生放射性矿开发利用过程中产生的尾矿，应当建造尾矿库进行贮存、处置；建造的尾矿库应当符合放射性污染防治的要求。

(7)铀(钍)矿开发利用单位应当制定铀(钍)矿退役计划。铀矿退役费用由国家财政预算安排。

案例分析

案例场景

2020 年 9 月 15 日，某非金属矿场自然边坡发生高位崩塌。崩塌后形成的滚石击中项目部自卸车，造成 2 人死亡，4 人不同程度受伤的严重后果。事故发生的过程如下：

9 月 15 日 20 时左右，该矿场 9 名工人步行途经自然边坡附近时，发现施工道路上有落石，于是联系装载机前来清理。20 时 50 分左右，装载机正在清理路面落石时，在场人员发现上部边坡突然落石，自卸车、装载机和人员都后退避险。避险过程中，自卸车被滚石砸中并翻落至坡底(坡高约 80 m)。

据调查，灾害发生区对面当地居民反映，事发时听到了巨大的响声。现场崩塌堆积物主要分布于冲沟内，且上部碎石较多，沟口路面也有大量落石，事发点有回弹坑。可见本区总计发生两次崩塌事件，且第二次的规模大于第一次。

发生事故的原因有：

(1)造成事故的主要原因为超高位岩体崩塌，而滚石的范围又超过前期预测的危险区。

(2)2019 年地震后加剧了地质灾害的发生。

(3)2020 年 9 月进入雨季，9 月份以来降雨较多。9 月 1 日至 15 日期间有 12 天有降雨，9 月 15 日上午灾害发生区域还有降雨发生。

(4)工程区缓坡地段植被良好，仅较大冲沟及基岩陡坡段植被较少。边坡发育 2 条冲沟，近事发地点的冲沟，沟内多有崩塌堆积，沟内陡坎处多基岩出露；另一条冲沟规模较小，沟内植被良好。

针对此次事故，可以采取的措施有：

(1)滚石灾害突发性强，速度快，建议对工程区地质灾害进行排查，划分危险源和危险区，重新确定地质灾害防范措施。

(2)加强对地震灾害的预测预报工作。

（3）在条件允许下可用无人机对类似工程物源区做详细调查，识别崩塌体的位置、规模并量化风险分析中的不确定性因素，测量高精度地形图，提高定量计算和模拟的可信度，为实际工程灾害排查与防护提供切实有效的决策建议。

（4）工程区域大多为高陡边坡，除洞口附近可采用主动防护措施外，其余均只能采取被动防护措施。

知识点讲解

考点　滚石灾害

1. 概念

滚石是指块石从地质体表面失稳后经过下落、回弹、跳跃、滚动或滑动等运动方式中的一种或几种组合沿着坡面向下快速运动，最后在较平缓的地带或障碍物附近静止下来的一个动力演化过程。

当滚石的运动范围内有人类活动或人类构筑的设施并引起一定损失时，就构成了所谓的滚石灾害。

2. 特征

滚石概念在内涵和外延上具有的特征包括：

（1）滚石的概念是广义的。

（2）滚石的尺寸可以较大，也可以较小。

（3）滚石并非仅来源于岩质边坡。

（4）滚石并非仅发生在高陡边坡。

（5）与垂直位移相比，滚石运动所经历的水平位移有时较大，有时较小。

（6）滚石的概念不仅表征了从上向下的运动趋势，还强调了“滚”的含义。

3. 表现形式

一次滚石事件可能仅涉及一个块石，也可能涉及多个块石。滚石灾害的多种表现方式包括：

（1）滚石以直接冲击的方式损坏运输线路并且对附近活动的人员、车辆、生活设施及建筑物的安全构成威胁。

（2）滚石以在路面上停留或堆积的方式影响来往车辆的安全运行或阻碍交通。

（3）山区城市的滚石活动将威胁到人们的生产、生活及相应的设施。

（4）水电站建设、采石场、露天矿山等的开挖活动可形成人工高边坡，而这些边坡上自然发生或人为扰动而滚落的块石将严重影响施工人员和有关设施的安全。

（5）很多旅游资源位于高山、峻岭、峡谷等滚石易发区，相应的滚石活动对游客的安全造成威胁。

（6）人工爆破引起的飞石可使周围的人类活动或设施受到危害。

（7）在山区地表附近布置的重要管线、油罐、有害物质隔离层等有可能受到滚石冲击的影响。

4. 防治措施

滚石防护主要有主动防护和被动防护 2 种方式，主动防护是指在源头上避免滚石的发生，增强岩体的稳定性；被动防护是指可以允许滚石的发生，在滚石的运动路径上进行拦截来避免灾害的发生。

滚石防护的主动防护措施有主动防护网、锚固支撑、危岩清除等，被动防护措施有被动防护网、拦石墙、防护沟、棚洞等。

链接

滚石防护的手段有源头防护、路边防护和终点防护。

同步自测

一、单项选择题（每题的备选项中，只有 1 个最符合题意）

1. 暴雨是指 24 h 降雨量大于或等于（ ）mm 的降水。

A. 20　　B. 30
C. 40　　D. 50

2. 泥石流的形成必须具备（ ）个基本条件。

A. 2　　B. 3
C. 4　　D. 5

3. 按照其强度，台风分为（ ）个等级。

A. 3　　B. 4
C. 5　　D. 6

4. 某自然现象发生时表现为岩块（或土体）顺坡猛烈地翻滚、跳跃，并相互撞击，最后堆积于坡脚，形成倒石堆，这种自然现象称为（ ）。

A. 泥石流　　B. 崩塌
C. 滑坡　　D. 滚石

5. 关于滚石危害的表现形式的说法，错误的是（ ）。

A. 滚石以在路面上停留或堆积的方式影响来往车辆的安全运行或阻碍交通
B. 在山区地表附近布置的重要管线、油罐、有害物质隔离层等有可能受到滚石冲击的影响
C. 滚石以直接冲击或者间接冲击的方式损坏运输线路并且对附近活动的人员、车辆、生活设施及建筑物的安全构成威胁
D. 水电站建设、采石场、露天矿山等的开挖活动可形成人工高边坡，而这些边坡上自然发生或人为扰动而滚落的块石将严重影响施工人员和有关设施的安全

6. 下列不属于放射性危害的是（ ）。

A. 间接辐射危害　　B. 直接辐射危害
C. 矿石粉尘危害　　D. 吸入氡气及其子体产物所产生的危害

二、案例分析题

第一题

2020 年 12 月 23 日,A 省 B 县 C 矿山企业发生一起较大瓦斯爆炸伤亡事故,事故共造成 6 人死亡,4 人受伤,直接经济损失高达 700 多万元。造成事故的直接原因来自天空的杀手——雷电灾害。据资料显示,当日 0 时 10 分,天空雷声隆隆,闪电不断,雨越下越大。0 时 40 分左右,一声雷响,一团火光沿主斜井轨道滚到 1194 运输巷内 90 m 深处,引起第一次瓦斯爆炸并发生燃烧。不料,0 时 55 分,随着一声更大的雷响,另一团火光沿风井的排水管蹿入 225 m 深处,再次引起爆炸。

据 B 县防雷办调查组现场勘测、取证分析,该矿没有任何防雷装置,入井轨道的接地装置也不符合规范要求,造成此次较大事故的直接原因是来自天空的雷电。B 县地处山区,是雷电灾害的多发区,B 县防雷技术中心虽每年都投入大量人力进行宣传和检测,但由于某些单位的防雷意识淡薄,每年因雷击造成的直接经济损失约 50 多万元,人员伤亡事故也时有发生。B 县的中小型矿企较多,且多处在较高位置和旷野,极易遭受雷击,且 B 县矿企的防雷设施也缺乏有效的监督检查,存在着极大的安全隐患。

根据以上场景,回答下列问题(1 ~2 题为单选题,3 ~5 题为多选题):

1. 关于本次事故发生原因的说法,错误的是(　　)。

A. 防雷意识淡薄

B. 监督存在漏洞

C. 该矿没有任何防雷装置

D. 雷电是本次事故发生的直接原因,只能听之任之

E. 矿企大多位于较高位置和旷野,受到雷击的可能性较大

2. 下列不属于雷电灾害特征的是(　　)。

A. 偶发性　　B. 选择性

C. 多样性　　D. 复杂性

E. 破坏性

3. 关于雷电的说法,正确的有(　　)。

A. 雷电是伴有闪电和雷鸣的放电现象

B. 雷电中的感应雷是产生电效应、热效应和机械力者

C. 雷电通过热效应力和电动力的方式,对建筑物造成一定的损坏

D. 雷电灾害严重时会引发爆炸事故及人身伤亡事故

E. 矿山一旦出现雷电天气,雷电常常会通过轨道传递或凭借金属管线进入矿道

4. 按照危害角度可以把雷电分为(　　)。

A. 直击雷　　B. 感应雷

C. 热雷　　D. 界雷

E. 球形雷

5. 针对本次事故可采取的防范措施有(   )。

A. 提高防雷意识,针对雷电灾害采取相应的防雷措施

B. 贯彻“安全第一、监督为主、综合治理”的方针

C. 推动防雷工作现代化、智能化建设

D. 注重防雷减灾监测和预警工作

E. 相关部门要加强监管

第二题

A 市某石材公司共有 3 座露天采石场。2019 年 9 月 12 日 15 时 19 分,其中 1 座露天采石场发生山体崩塌事故,事故过程如下:

12 日 13 时,采石场主管安排李某等 5 人,在第二平台分别进行运输通道清理、钻孔作业、坡面浮石清理、装矿作业,安排冯某在第三平台进行装矿作业。第二、第三平台台阶高度均为 10 m,平台宽度分别为 16 m、32 m。在第二平台与第三平台进行装矿作业的两台挖掘机水平方向距离约 30 m。

15 时 19 分,第二平台坡面处的山体突然崩塌,崩塌的范围约 1 600 m^3,将 3 名作业人员及一台挖掘机掩埋,造成 3 人死亡。

17 时 49 分,采石场主管向公司负责人报告了事故情况。公司负责人接到报告后,于 21 时 12 分向 A 市应急管理部门报告了事故发生的时间、地点和伤亡人数。

事故调查组调查发现,11 日夜间,该采石场所在地区下过中雨,至 12 日采石场作业平台仍有积水。该采石场北部矿岩节理发育,岩体破碎,发生崩塌的坡面接近地表风化带,在断层上沉积的泥质填塞物因水的作用,降低了岩体的黏聚力。采石场没有配备专职安全生产管理人员,由采石场主管兼任。2 名钻工是 9 日刚入矿的新员工,接受 20 h 培训后进入现场作业。采石场未制定安全管理制度。

根据以上场景,回答下列问题:

1. 分析该起事故的直接原因和间接原因。

2. 简述该起事故报告存在的主要问题。

3. 山体崩塌有哪些类型?

4. 列举石材公司负责人向应急管理部门报告事故时缺少的内容。

5. 为吸取该起事故教训,提出石材公司应采取的安全管理措施。

答案详解

一、单项选择题

1. D。**【解析】**暴雨灾害是我国主要气象灾害之一。其中,暴雨是指 24 h 降雨量≥50 mm的降水。

2. B。**【解析】**泥石流的形成必须具备 3 个基本条件:一是地形地貌条件;二是地质条件;三是气象水文条件。

3. D。**【解析】**台风根据其强度,可以分为热带低压、热带风暴、强热带风暴、台风、强台风和超强台风 6 个等级。

4. B。【解析】崩塌的过程表现为岩块(或土体)顺坡猛烈地翻滚、跳跃,并相互撞击,最后堆积于坡脚,形成倒石堆。崩塌的主要特征为:下落速度快、发生突然;崩塌体脱离母岩而运动;下落过程中崩塌体自身的整体性遭到破坏;崩塌物的垂直位移大于水平位移。具有崩塌前兆的不稳定岩土体称为危岩体。
5. C。【解析】滚石灾害发生时,滚石是以直接冲击的方式损坏运输线路并且对附近活动的人员、车辆、生活设施及建筑物的安全构成威胁。故选项 C 错误。
6. A。【解析】放射性危害主要分为 3 种类型,即吸入并残留在人体呼吸器官中的矿石粉尘危害、吸入氡气及其子体产物所产生的危害和直接辐射危害。

二、案例分析题

第一题

1. D。【解析】根据事件描述情况,可以清楚地知道造成事故的直接原因是雷电灾害,但是面对雷电灾害,不能采取听之任之、放任不管的态度,要从矿山领导、矿山工作人员、监督部门等各方面采取积极的措施应对雷电带来的危害,减少损失。
2. A。【解析】雷电灾害具有突发性、选择性、多样性、复杂性和破坏性等特点。
3. ACDE。【解析】直击雷主要是指雷云对大地某点发生的强烈放电,是产生电效应、热效应和机械力者。故选项 B 错误。
4. ABE。【解析】根据危害角度的不同,雷电可以分为直击雷、感应雷和球形雷 3 种。其中,感应雷又可分为静电感应雷及电磁感应雷。
5. ACDE。【解析】防范雷电危害应坚持贯彻“安全第一、预防为主、综合治理”的方针。故选项 B 错误。

第二题

【答案】

1. 直接原因:采石场北部矿岩节理发育,岩体破碎,发生坍塌的坡面接近地表风化带,在断层上沉积的泥质填塞物因水的作用,降低了岩体的黏聚力。

   间接原因:采石场没有配备专职安全生产管理人员,由采石场主管兼任。2 名钻工是 9 日刚入矿的新员工,接受 20 h 培训后进入现场作业。采石场未制定边坡安全管理制度。
2. 主要问题:

   (1)采石场主管向公司负责人报告事故情况不及时。15 时 19 分发生的事故,17 时49 分采石场主管才向公司负责人报告,没有立即报告。

   (2)单位负责人向应急管理部门报告不及时。17 时 49 分公司负责人接到报告,21 时 12 分才向应急管理部门报告,报告时间超过了 1 h。
3. 山体崩塌的类型包括倾倒式崩塌、滑移式崩塌、鼓胀式崩塌、拉裂式崩塌和错断式崩塌。
4. 事故报告时缺少的内容:

   (1)事故发生单位概况。

   (2)事故现场情况。

   (3)事故的简要经过。

(4)初步估计的直接经济损失。

(5)已经采取的措施。

(6)其他应当报告的情况。

5. 石材公司应采取的安全管理措施:

(1)制定明确的生产安全管理目标和安全管理制度。

(2)建立健全安全生产责任体系,配备专职安全生产管理人员。

(3)严格把关,及时有效地做好对职工的“三级安全教育”培训工作,与各施工班组签订现场“安全生产劳动协议”,并有针对性地组织开展好班前安全活动。

(4)与施工同步并及时有效、有针对性地做好安全技术交底工作。

(5)严格把关,及时有效、有针对性地做好施工现场策划和日常检查工作。

【解析】

1. 本案例第1问主要考查事故原因分析。事故的直接原因是物的不安全状态和人的不安全行为。事故的间接原因是管理方面缺陷。间接原因是直接原因得以产生和存在的原因,因此,一般认为是导致事故发生的根本原因。在分析事故时,应从直接原因入手,逐步深入到间接原因,从而找出事故的全部原因,再分清主次,进行责任分析。
2. 本案例第2问主要考查生产安全事故报告的时限要求。《生产安全事故报告和调查处理条例》规定,事故发生后,事故现场有关人员应当立即向本单位负责人报告;单位负责人接到报告后,应当于1 h内向事故发生地县级以上人民政府应急管理部门和负有安全生产监督管理职责的有关部门报告。情况紧急时,事故现场有关人员可以直接向事故发生地县级以上人民政府应急管理部门和负有安全生产监督管理职责的有关部门报告。
3. 本案例第3问主要考查山体崩塌的类型。崩塌体所处的地质条件以及崩塌的诱发因素是多种多样的,但危岩体开始失稳时的运动形式基本上就是倾倒、滑移、鼓胀、拉裂和错断5种。是否产生崩塌主要取决于这5种初始变形的形成和发展。由此,可将崩塌分为倾倒式崩塌、滑移式崩塌、鼓胀式崩塌、拉裂式崩塌和错断式崩塌。不同类型的崩塌在岩性、结构面特征、地貌、崩塌体形状、岩体受力状态、起始运动形式和主要影响因素等方面都有各自的特点。
4. 本案例第4问主要考查生产安全事故报告的内容。《生产安全事故报告和调查处理条例》规定,报告事故应当包括下列内容:(1)事故发生单位概况。(2)事故发生的时间、地点以及事故现场情况。(3)事故的简要经过。(4)事故已经造成或者可能造成的伤亡人数(包括下落不明的人数)和初步估计的直接经济损失。(5)已经采取的措施。(6)其他应当报告的情况。
5. 本案例第5问主要考查安全管理措施。具体内容详见答案。

第三章　矿山通风

考情解读

考·纲·要·求

运用矿山通风相关技术和标准，提出解决矿山生产过程中的通风、降尘、通风系统优化等问题的安全技术措施。

命·题·分·析

本章内容主要介绍地下矿山中的通风系统及相关技术要求。通风系统的主要功能是为在矿井中的工作人员提供必要的新鲜空气并及时排出生产过程中产生的有害气体。基于此基本理念，历年考试中侧重于地下矿山中通风系统的基本原理、故障识别及处理，以及地下矿山中气体浓度异常指标等相关知识的考查。本章内容在历年考试中所占比例较小，考查以选择题为主。

考点解读

考点一　通风系统

1. 矿井通风系统的概述

矿井通风系统是指向井下各作业地点供给新鲜空气、排出污浊空气的通风网路、通风设备和通风控制设施的总称。

多级机站通风系统是指在矿井主通风风路的进风段、需风段和回风段内各设置若干级风机站，接力地将地表新鲜空气经进风井巷有效地送至需风区段或需风点，并将作业产生的污浊空气经回风井巷排出地表所构成的通风系统。

2. 矿井通风系统的分类

矿井通风系统按服务范围分为统一通风和分区通风；按进风井与回风井在井田范围内的布局分为中央式、对角式和中央对角混合式；按主扇的工作方式分为压入式、抽出式和压抽混合式。此外，阶段通风网络、采区通风网络和通风构筑物，也是通风系统的重要构成要素。防止漏风，提高有效风量率，是矿井通风系统管理的重要内容。

(1)统一通风和分区通风。

一个矿井构成一个整体的通风系统称为统一通风；划分为若干个独立的通风系统，风流互不干扰，称为分区通风。拟订矿井通风系统时，首先应考虑采用统一通风还是分区通风。我国金属矿山大多采用统一通风。统一通风，进回风比较集中，便于管理，因此，对于开采范围不大的矿井，特别是深矿井，采用全矿统一通风比较合理。

分区通风具有风路短、阻力小、网路简单、风流易于控制等特点。因此，在一些矿体埋藏较浅且分散的矿山或矿井开采浅部矿体的时期,得到了广泛的应用。但由于分区通风需要具备较多的进回风井,它的推广及使用就受到一定的限制。是否适合分区通风,主要看开凿通达地表的通风井巷工程量的大小或有无现成的其他井巷可供利用。一般来说,在下述条件下,宜采用分区通风:

①矿体埋藏较浅且分散,开凿通达地表的通风井巷工程量较小,或有现成的井巷可供利用。

②矿体埋藏较浅,走向长,产量大,若构成一个通风系统,风路长,漏风大,网路复杂,风量调节困难。

③开采围岩或矿石有自然发火危险的规模较大的矿井。

(2)进风井与回风井的布局。

每一个通风系统至少有一个可靠的进风井和一个可靠的回风井。在一般情况下,均以罐笼提升井兼做进风井,箕斗井和箕斗、罐笼混合井则不做进风井。这是因为,装卸矿过程中产生大量粉尘能造成风流污染。回风井通常均为专用,因为回风风流中含有大量有毒气体和粉尘。

按进风井和回风井的相对位置,矿井通风系统可分为中央式、对角式和中央对角混合式 3 类不同的布置形式:

①中央式。进风井与回风井均位于井田走向的中央,风流在井下的流动路线呈折返式。中央式布置具有基建费用少,投产快,地面建筑集中,便于管理,井筒延伸工作方便,容易实现反风等优点。中央式多用于开采层状矿体。金属矿山,当矿脉走向不太长,要求早期投产,或受地形、地质条件限制,在两翼不宜开掘进风井时,可采用中央式。

②对角式。进风井在矿体一翼,回风井在矿体另一翼,或者进风井在矿体中央,回风井在两翼,风流在井下的流动路线呈直线式。对角式布置具有风流路线短,风压损失少,漏风少,整个矿井生产期间风压比较稳定,风流分配比较均匀,排出的污风距工业场地较远等优点。金属矿山多采用对角式布置方式。

③中央对角混合式。当矿体走向长,开采范围广,采用中央式开拓时,可在井田中部布置进风井和回风井,用于解决中部矿体开采时的通风;同时在矿井两翼另开掘回风井,解决边远矿体开采时的通风。整个矿井既有中央式又有对角式,形成中央对角混合式。有些矿井,在中部井底车场附近有破碎硐室、主溜矿井和火药库等需要独立通风的井下室,此时也可在中央建立通风系统,而在两翼另设回风井,解决矿体开采过程中的通风。

(3)主扇工作方式与安装地点。

主扇工作方式有 3 种:压入式、抽出式和压抽混合式。不同的通风方式,一方面使矿井空气处于不同的受压状态,另一方面在整个通风线路上形成了不同形式的压力分布状态,从而在风量、风质和受自然风流干扰的程度上,出现了不同的通风效果。

①压入式。整个通风系统在压入式主扇作用下,形成高于当地大气压的正压状态。在进风段,由于风量集中,造成较高的压力梯度,外部漏风较大。在需风段和回风段,由于风路多,风流分散,压力梯度较小,易受自然风流的干扰而发生风流反向。压入式通风系统的风门等风流控制设施均安设在进风段,由于运输、行人频繁,不易管理,漏风大。由专用进风井压入式通风,风流不受污染,风质好,主提升井处于回风状态(漏风),对寒冷地区

冬季提升井防冻有利。

②抽出式。整个通风系统在抽出式主扇的作用下，形成低于当地大气压的负压状态。回风段风量集中，有较高的压力梯度；在进风段和需风段，由于风流分散，压力梯度较小。回风段压力梯度高，使作业面的污浊风流迅速向回风道集中，烟尘不易向其他巷道扩散，排出速度快。此外，由于风流调控设施均安装于回风道中，不妨碍运输、行人，管理方便，控制可靠。抽出式通风的缺点是，当回风系统不严密时，容易造成短路吸风，特别是当采用崩落法开采，地表有塌陷区与采空区相连通的情况下更为严重。采用抽出式通风系统各矿的实践经验表明，在回风道上部建立严密的隔离层，将回风系统与上部采空区隔开，防止短路吸风，是保证抽出式通风发挥良好作用的重要条件。抽出式通风的另一个缺点是，作业面和进风系统负压较低，易受自然风压影响出现风流反向，造成井下风流紊乱。

抽出式通风使主要提升井处于进风状态，风流易受污染。寒冷地区的矿山还应考虑冬季提升井防冻。一般来说，只要能够维护一个完整的回风系统，使之在回采过程中不致遭到破坏，采用抽出式通风比较有利。我国金属矿山大部分采用抽出式通风。

③压抽混合式。在进风段和回风段均利用主扇控制风流，使整个通风系统在较高的压力梯度作用下，驱使风流沿指定路线流动，故排烟快，漏风少，也不易受自然风流干扰而造成风流反向。这种通风方式兼压入式和抽出式两种通风方式的优点，是提高矿井通风效果的重要途径。当然，压抽混合式通风所需通风设备多，管理较复杂。在下述条件下可采用压抽混合式：

a. 采矿作业区与地面塌陷区相沟通，采用压抽混合式可平衡风压，控制漏风量。

b. 有自然发火危险的矿山，为防止大量风流漏入采空区引起发火，可采用压抽混合式。

c. 利用地层的调温作用解决提升井防冻的矿井，可在预热区安设压入式扇风机送风，与抽出式主扇相配合，形成压抽混合式。

④多级机站通风。这是一种由多级进风机站以接力方式将新鲜空气经进风井巷压送到作业区，再由多级回风机站将作业时形成的污浊空气经回风井巷排出矿井的通风系统。其通风方式属压抽混合式。由于此系统在进风段、需风段和回风段均设有扇风机，对全系统施行均压通风，能有效地控制漏风，节省通风能耗；风量调节也比较灵活。但所需通风设备较多，管理较复杂。其适用条件与压抽混合式相同。

主扇可安装在地表，也可安装在井下，一般多安装在地表。主扇安装在地表的主要优点：安装、检修、维护管理比较方便；井下发生灾变事故时，扇风机不易受到损害，便于采取停风、反风或控制风量等应急措施。主扇安装在地表的缺点：井口密闭、反风装置和风硐的漏风较大；当矿井较深，工作面距主扇较远时，沿途漏风大，在地形条件复杂的情况下，安装、建筑费用较高。主扇安装在地下的优点：主扇装置漏风少；扇风机靠近作业区，沿途漏风也少；可利用较多井巷进风或回风，降低通风阻力；密闭工程量较少。主扇安装在地下的缺点：安装、检修和管理不方便；易因井下灾害而遭到破坏。

提示

矿井通风系统的通风方式根据不同标准有不同的分类方式，不要混淆。

典型例题

【单选题】按进风井和回风井的相对位置,矿井通风系统可分为(　　)。

A. 中央式、混合式、压抽混合式　　B. 压入式、抽出式、压抽混合式

C. 压入式、抽出式、对角式　　D. 中央式、对角式、混合式

D。【解析】每一个通风系统至少有一个可靠的进风井和一个可靠的回风井。按进风井和回风井的相对位置,矿井通风系统可分为中央式、对角式和中央对角混合式。

3. 矿井通风系统的监测

井下总回风巷、各个生产中段和分段的回风巷应设置风速传感器。

主要通风机应设置风压传感器,传感器的设置应符合《金属非金属地下矿山通风技术规范 通风系统检测》中主要通风机风压的测点布置要求。

风速传感器应设置在能准确计算风量的地点。

风速传感器报警值应根据《金属非金属地下矿山通风技术规范 通风系统》确定。

主要通风机、辅助通风机、局部通风机应安装开停传感器。

考点二　通风设备

1. 通风机的分类与工作方式

矿井通风设备对于矿山企业来说十分重要,当前我国采用的通风设备技术水平已相对较高,具有流量大、压力高、结构紧凑、高效、易反风等特点;矿井通风机按用途可分为主要通风机、辅助通风机和局部通风机 3 种。

链接

主要通风机是指用于全矿通风的风机;辅助通风机是指用于加强某一区段通风的风机;局部通风机是指用于局部工作面通风的通风机。

(1) 主要通风机的选择。

选取主要通风机的风量应等于矿井总风量乘以主要通风机风硐装置的漏风系数;主要通风机的风压应等于矿井最大阻力损失加上主要通风机风硐装置的阻力损失与风机出口动压损失,还应考虑自然风压的影响。

主要通风机装置的漏风系数应取 1.1 ~ 1.15,而其阻力损失应取 150 ~ 200 Pa,若装有消声器,其阻力应另外计算。

选取的轴流风机的工况点,应位于风机特性曲线最高点的右方,其最大风压不应超过最高点风压的 90%;工况点的效率,按全压计算不应低于 70%,按静压计算不应低于 60%。

风机应能在较大风量、风压范围内高效工作,尽量满足矿山不同开采时期的风量和风压要求。

电动机的功率,应满足风机运转期间所需的最大功率。轴流式风机的电动机功率备用系数应取 1.1 ~ 1.2,并须校核电动机的启动能力;离心式风机应取 1.2 ~ 1.3。

排送高硫或有腐蚀性气体的风机,应选择耐腐蚀风机或采取防腐蚀措施。

高原地区的风机特性曲线应按高原大气条件进行换算。

型号规格不同的主要通风机应每台备用一台相同型号规格的电动机，并应设有能迅速调换电动机的装置。对有多台型号规格相同的主要通风机工作的矿山，备用电动机数量可增加1台。

在同一井巷，应选择单台风机工作。必要时，可采用双机并联运转，但应选用同规格型号的风机，并联运转应做稳定性校核。

正常生产情况下，主要通风机应连续运转。当井下无污染作业时，主要通风机可适当减少风量运转；当井下完全无人作业时，允许暂时停止机械通风。

通风系统中主要机站的风机宜采用交流电动机驱动、变频调速控制。

当主要通风机设在井下时，应确保井下风机值班室供给新鲜风流，并应有防止爆破危害及火灾烟气侵入的设施，且能实现反风。

矿井通风系统中，如有局部区段由于主要通风机提供不了足够风量，可在该区段内安设辅助通风机加强通风。辅助通风机提供的风量应满足该区段的需风量，但其风压不能造成局部循环风流。辅助通风机应有完善的保护装置。

(2)主要通风机的类别。

目前矿井使用的主要通风机有离心式通风机和轴流式通风机。两种通风机的比较如表3-1所示。

表3-1　离心式通风机与轴流式通风机的比较

名称	区别	特点	优点	适合场所
离心式通风机	改变流向(进风方向与出风方向垂直)	风压高、流量较低	结构紧凑、运行平稳、噪声低	对流量要求较低的矿井、巷道
轴流式通风机	不改变流向(进风方向与出风方向成一直线，并与轴平行)	风压低、流量高	结构简单、稳固可靠、安全环保、安装便捷	对流量要求高的矿井、巷道

链接

目前轴流式通风机使用比较广泛。轴流式通风机的优点是设备质量轻、工作效率高、可调整叶片角度；其缺点是运行过程中会产生较大的噪声、维修复杂。

主要通风机一般安装于地面并向着全矿井的位置，形成一翼或一个分区供风，通风机主要是依靠叶片、翼栅、电动机等零部件来运作，例如当叶轮旋转时，翼栅就以圆周速度推进，带动叶片表面的气流受挤压促使静压增加，进而影响叶片的背部气流静压降低；翼栅在受到轴承限制而产生的压差作用，并不能促使其向前运动，造成了叶片表面的高压气流从叶道流出，经过翼背的低压区而受其吸引，从而形成穿过翼栅的连续气流。

(3)风机的工作方式。

风机的工作方式主要有抽出式、压入式和压抽混合式3种。

2. 反风装置的设置

反风装置是主要通风机的必备装置。反风装置示意图如图3-1所示。当矿井发生火灾和矿尘爆炸时，为避免灾害扩大及满足救护工作的要求，有时需要采用反风装置对矿井风流方向做出改变。

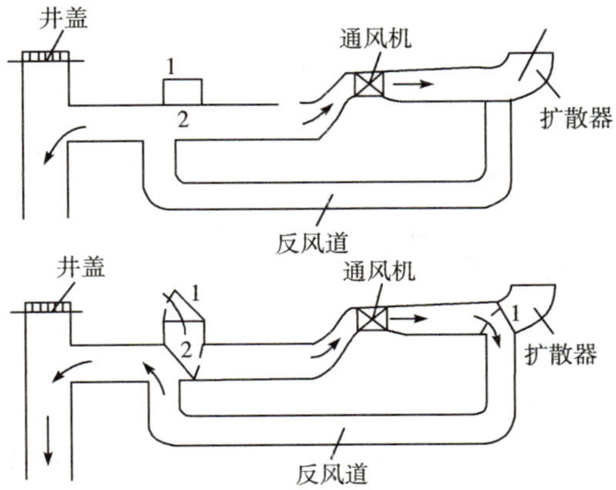

图 3-1　反风装置示意图

3. 矿井通风设备的设计

矿井通风机为矿井主要设备，功率较大，需昼夜连续运转，所消耗的电能在矿井电耗中占较大比重。为降低电能消耗，在设计阶段应考虑以下方面：

(1) 在通风机选型时，除考虑初期投资外，通风机的年电费也是非常重要的考虑因素。

(2) 所选通风机叶片角度要可以任意调节，能够很好地适应矿井通风风量、风压在不同时期的变化，使通风机工况尽量靠近矿井通风实际需要的风量、风压。

(3) 采用变频调速，使通风机在各个通风时期均运行在高效率区内，达到降低电耗的目的。

局部通风应采用阻燃风筒，风筒口与工作面的距离：

(1) 压入式通风不应超过 10 m。

(2) 抽出式通风不应超过 5 m。

(3) 混合式通风，压入风筒的出口不应超过 10 m，抽出风筒入口应滞后压入风筒出口 5 m 以上。

考点三　通风构筑物

1. 通风构筑物的分类

矿井通风构筑物是矿井通风系统中的风流调控设施，用以保证风流按生产需要的路线流动。凡用于引导风流、遮断风流和调节风流的装置，统称为通风构筑物。合理地安设通风构筑物，并使其通常处于完好状态，是矿井通风技术管理的一项重要任务。通风构筑物可分为 2 大类：一类是通过风流的构筑物，包括主扇、风硐、反风装置、风桥、导风板（引风导风板、降阻导风板、汇流导风板）、调节风窗和风障；另一类是遮断风流的构筑物，包括挡风墙和风门等。

通风构筑物的建筑应牢固、密闭性好，应由专人负责检查维护、保持严密完好状态。

2. 通风构筑物的要求

(1) 风门要求。

需设风门的主要运输巷道，应设两道风门，其间距应大于一列车的最大长度。而无轨运输巷道，两风门的间距应大于运行设备最大长度的1.5～2倍。

风门安装应严密，主要风门的墙垛应采用砖、石或混凝土砌筑。

手动风门应顺风流方向有80°～85°的倾角，风门可由自重关闭；其开启方向应顶风流；在通风压差大的地段，风门上可设置易开启的小窗。

(2)风桥要求。

当新风巷与污风巷交叉时应建筑风桥。风量大于20 m^3/s时，应开凿绕道式风桥；风量为10～20 m^3/s时，可用砖、石、混凝土砌筑；风量小于10 m^3/s时，可用铁风筒。

木制风桥只准临时使用。各种风桥与巷道的连接处要做成弧形。

(3)空气幕(风幕)要求。

井下运输巷道需要调节风量或截断风流时，可在巷道内安设空气幕。空气幕应选择在巷道较平直且断面规整处安装。空气幕的供风器可固定在巷道横截面的顶部或一侧，供风器出风口应迎向巷道风流方向，使空气幕射流轴线与巷道轴线形成一所需的夹角。

空气幕形成的有效压力，取决于供风器出口风速、空气幕射流轴线与巷道轴线的夹角和巷道断面与供风器出口断面的比值。可根据调节风量所需的阻力来设计和选取。

(4)测风站要求。

井下各主要进、回风巷道内宜设测风站，测风站的设计应符合下列规定：

①测风站应设在直线巷道内，站内不得有任何障碍物，巷道周壁应平整光滑。

②测风站长度应大于4 m，断面应大于4 m^2。

③站前、站后的直线段巷道长度应大于10 m。

提示

注意掌握矿井通风构筑物。

考点四　矿山压风自救系统

压风自救系统是指在矿山发生灾变时，为井下提供新鲜风流的系统，包括空气压缩机、压风管道、供气阀门、油水分离器、压风自救装置等。压风自救装置是指安装在压风管道上，通过防护袋或面罩向使用人员提供新鲜空气的装置，具有减压、节流、消噪声、过滤、开关等功能。

1. 建设要求

(1)金属非金属地下矿山应根据安全避险的实际需要，建设完善压风自救系统。压风自救系统可以与生产压风系统共用。

(2)压风自救系统应进行设计，并按照设计要求进行建设。

(3)压风自救系统的空气压缩机应安装在地面，并能在10 min内启动。空气压缩机安装在地面难以保证对井下作业地点有效供风时，安装在井下。安全设施设计中应明确井下安装空气压缩机硐室位置，并与矿井通风系统和安全出口统筹规划设计。

(4)空气压缩机站设备应符合下列规定：

①应设有压力表和安全阀。

②压力表和安全阀应定期校准。

③安全阀和压力调节器应动作可靠，安全阀动作压力应不超过额定压力的1.1倍。

④应使用闪点不低于 215 ℃的压缩机油。

⑤使用油润滑的空气压缩机应装设断油保护装置或断油信号显示装置。

⑥水冷式空气压缩机应装设断水保护装置或断水信号显示装置。

(5)空气压缩机站的储气罐应符合下列规定:

①储气罐上应装有动作可靠的安全阀和放水阀,并有检查孔。

②应定期清除风包内的油垢。

③新安装或检修后的储气罐,应用 1.5 倍空气压缩机工作压力做水压试验。

④在储气罐出口管路上应加装释压阀,其口径应不小于出风管的直径,释放压力应为空气压缩机最高工作压力的 1.25 ~1.4 倍。

⑤地面空气压缩机站的储气罐应避免阳光直晒。

(6)压风管道应采用钢质材料或其他具有同等强度的阻燃材料,并采取防腐蚀措施。

(7)压风管道敷设应牢固平直,并延伸到井下采掘作业场所、紧急避险设施、爆破时撤离人员集中地点等主要地点。

(8)各主要生产中段和分段进风巷道的压风管路上设置的供气阀门,中段和分段间隔应不大于 200 m。

(9)独头掘进巷道距掘进工作面不大于 100 m 处的压风管道上应安设一组供气阀门,相邻两组供气阀门安设间距应不大于 200 m。有毒有害气体涌出的独头掘进巷道距掘进工作面不大于 100 m 处的压风管道上应安设压风自救装置。每组压风自救装置应可供 5 ~8人使用,平均每人空气供给量应不小于 0.1 m^3/min。

(10)爆破时撤离人员集中地点的压风管道上应安设一组供气阀门。

(11)压风管道应接入紧急避险设施内,并设置供气阀门。接入的矿井压风管路应设减压、消音、过滤装置和控制阀,压风出口压力应为 0.1 MPa,供风量每人应不小于 0.3 m^3/min,连续噪声应不大于 70 dB(A)。

(12)压风自救装置、供气阀门安装地点应宽敞、稳固,安装位置应便于避灾人员使用;阀门应开关灵活。

(13)主压风管道中应安装油水分离器。

(14)压风自救系统管道颜色应符合规定。

(15)压风自救系统安装完毕,经验收合格后方可投入使用。

2. 维护与管理

(1)金属非金属地下矿山应指定人员负责压风自救系统的日常检查与维护工作。

(2)金属非金属地下矿山应绘制压风自救系统布置图,并根据井下实际情况的变化及时更新。布置图应标明压风自救装置、供气阀门的位置,以及压风管道的走向等。

(3)金属非金属地下矿山应定期对压风自救系统进行巡视和检查,发现故障及时处理。

(4)金属非金属地下矿山应配备足够的备件,确保压风自救系统正常使用。

(5)金属非金属地下矿山应根据各类事故灾害特点,将压风自救系统的使用纳入相应事故应急预案中,并对入井人员进行压风自救系统使用的培训,确保每位入井人员都能正确使用。

(6)相关图纸、技术资料应归档保存。

考点五　矿山降尘措施

矿山降尘应采取综合措施，首先是控制产尘点，采取湿式作业，或进行干式捕尘凿岩或其他降尘措施。其次，就是要加强通风，防止污风串联。另外，对作业人员来讲，还必须做好个体防护，佩戴防尘口罩。

1. 水幕降尘

采取个人佩戴防尘口罩与水幕降尘相结合的方式进行施工降尘，在离掌子面 30 m 外的边墙两侧均放置水幕降尘器 1 台，在爆破之前的 10 min 将阀门打开，在放炮 30 min 后将阀门关闭。水幕降尘因施工便捷、工艺简单而成为一种人们常用的较为传统的手段，然而大部分传统水幕发生器均是风水混合型，在使用过程中并不是很方便。因为大多时候在放炮后或出渣时，空压机已不再运转，无法提供高压风。如果专为水幕发生器供风而使空压机运转，又造成巨大的能源浪费，因此，实际施工中通常采取节水无风水幕降尘。

2. 出渣降尘

放炮后出渣前，拿水枪在掘进工作面从里朝外慢慢洗刷矿山井巷两帮与顶板；在装渣之前以及装渣过程中，应不断地朝着渣堆洒水，直至渣堆湿透为止。对于干燥的石渣，它的洒水量一般为 4 ~ 8 L/m^3，若石渣的湿度较大，则应尽量少洒水或者不洒水。

3. 机械净化

部分机械实施机外净化。将带催化剂的附属箱配置到装载机上，并连接在尾气排放管上，针对防冻剂排出的废气，采取水洗与催化剂的方式降低其中的有害气体。加大对进洞机械的维修保养力度，定期对空气滤清器以及进排水的畅通度进行检查，及时更换喷油嘴，确保喷油效果良好、雾化程度高，从而让柴油能够充分燃烧起来。为了消烟与节油，可掺加柴油添加剂。

4. 湿式作业

井下凿岩应采用湿式作业；集中产尘作业地点应设有效的除尘设施；爆破后和装卸矿、岩时应喷雾洒水。凿岩、出渣前应清洗工作面和 10 m 范围内的巷壁。进风道、人行道及运输巷道的岩壁，应每季度清洗 1 次。

（1）钻孔降尘。钻孔凿岩台车和风枪均用湿式钻孔，保证有足够的供水量，水压不低于 0.3 MPa。

（2）爆破降尘。采用水封爆破进行降尘，即把水装在塑料袋中置于炮泥前方，这样炮泥可让 1 ~ 5 μm 粉尘减少 50% ~ 80%，与此同时，还可以减少由于爆破而形成的有害气体。爆破之后应以风水喷雾器实施喷雾降尘；此外，还应在与掘进工作面 20 ~ 30 m 的位置选用喷雾器安设粗雾粒净化水幕。

（3）衬砌紧跟。为了避免由于通风效果不佳导致衬砌工作受到影响的事情发生，应选用衬砌紧跟的手段，确保掘进的工作面和衬砌支架相距至少 200 m。

（4）水泡泥技术。为了减少粉尘，应在矿山井巷爆破的时候选用水泡泥，这里所说的水泡泥是指用装水的塑料袋填在炮眼中以取代一些泡泥的位置，等到装完药之后再填到炮眼中，尽可能确保其完整度，再以黄泥进行封堵。

（5）喷射混凝土降尘。矿山井巷应选取湿喷混凝土作业，从而减少混凝土作业过程中所形成的粉尘量；在喷混凝土作业面，布设局部通风机进行吸尘，来改善作业面的工作环境。

5. 其他降尘措施

露天矿破碎站、排土场等产生粉尘及有毒有害气体的污染源，应当位于工业场地和居民区的最小频率风向的上风侧。露天矿的汽车运输道路应采取降尘措施。

矿山企业应经常检查降尘设施，发现问题，及时处理，保证降尘设施的正常运转。

矿山应为井下工作人员配备满足防护要求的个人防护用品。作业人员应佩戴防尘口罩。防尘口罩阻尘率须大于99%。

案例分析

案例场景

江苏某铅锌矿山采取平峒盲竖井联合开拓方式，上向水平充填采矿方法，共12个中段，其中－375 m、－425 m、－475 m、－525 m、－575 m、－625 m等中段作为主要作业中段同时作业。矿山原采用两级机站接力式通风系统，属于单翼折返式通风。新鲜风流从地表三个主平峒进入，通过矿体东端的新大井与各中段的联络道进入井下工作面，然后被使用过的风流经过与上中段相通的倒段回风井统一汇集到安装有一台风机的一级机站中段的矿体西端抽出，经专用回风井排到主要回风巷，并返回到该中段的矿体东端，然后再通过矿体东部的回风井上至安装有一台风机的二级机站中段抽出，最后经回风井排至地表。

井巷开拓和巷道型采准工作面向前掘进时，一般采用局扇为掘进作业面进行压入式通风。

通过对该铅锌矿的矿井通风系统全面、系统、细致地调研、评价及综合分析，详细地掌握了该矿矿井通风系统存在的问题以及其问题的主要原因，具体如下：

(1)风机装置效率不高，未达到风机装置效率静压不得小于60%的基本要求。主要原因是风机机站的设置和通风网络匹配不够合理以及机站的结构不合理，其次安装在中段的主扇，处在一个风压不平衡的系统中，形成风流循环。

(2)矿井实际进风量没有达到矿井正常生产需风量的要求。按照矿山年产量35万吨来计算，矿井的总需风量约为60 m^3/s，而实测矿山的总进风量为57.9 m^3/s，尽管回风量达到了，但主要是回风系统的地表循环风所致。

(3)矿井风流调控设施被破坏使其不够完善，各中段风量分配不合理，且矿井上部中段漏风量大，风流短路情况较严重，使得矿井的风速合格率、有效风量率等评价指标偏低。

(4)矿井部分中段存在污风循环，影响了风机的作用效果。由于风机的选型配置和安装位置不够合理，风机服务范围有限，使得部分中段的回风侧出现污风循环。

(5)作业面风质差。主要原因有：部分中段是串联通风，清洗前一个作业面的污风就成了后一个作业面的进风，使得后一个作业面的风流质量差；－475 m中段采场作业点较多，由于其总体供风量不足，以至于部分作业面的污风不能及时排出，影响了作业面的风质。

(6)矿井通风阻力偏大。矿井的专用回风井全为倒段接力井，作业中段回风井巷的断面偏小，直径仅为1.6 m，且经过多次转折，导致能量损失、回风阻力增大，通风能耗增加，同时－325 m以上中段回风巷道因坍塌造成大量堵塞，也导致回风阻力增大。

调研中还发现,该铅锌矿的通风管理机构的职责不明确,通风管理要求不完善,未按照规范要求进行矿井通风和粉尘的检测。

知识点讲解

考点一　矿井风量的概述

矿井需风量是指井下各作业场所需风量之和。矿井总风量是指矿井通风系统要求提供的风量。

矿井有效风量是指送到井下各作业场所的新鲜风量之和。矿井有效风量率是指矿井有效风量与一级主风机站(进风机站或回风机站)风机总风量值最大者之比的百分数。

机站巷是指在其内设置风机站的巷道。在该巷道全长内没有其他井巷与其相交(串联井巷除外)。

机站风量是指由风机产生的在机站巷内通过的风量。它等于风机风量除以机站的漏风系数,漏风是由于机站建筑(密闭墙和检查门)的气密性在风机前后造成的局部循环风。

机站风压是指由风机产生的克服机站前后井巷通风阻力损失的风压。它等于风机全压减去机站的局部阻力损失,后者主要包括风机入口的突然缩小和出口的突然扩大两者阻力损失之和。

考点二　压入式通风的适用条件

压入式通风适合在下列条件下采用:

(1)回采过程中回风系统易受破坏,难以维护。

(2)矿井有专用进风井巷,能将新鲜风流直接送往作业地点。

(3)靠近地表开采,或采用崩落法开采,覆盖岩层透气性好。

(4)矿石或围岩含放射性元素,有氡及氡子体析出。

考点三　矿井通风管理要求

金属非金属地下矿山应遵守国家有关安全生产的法律、法规、规章、规程,以及国家标准、行业标准和技术规范,并应当具备法定的通风安全生产条件,以实现安全生产。

金属非金属地下矿山应建立、健全各级领导通风安全生产责任制、职能机构通风安全生产责任制、岗位人员通风安全生产责任制,以及通风安全生产奖惩制度和安全生产办公会议制度等各项规章制度。经理(矿长)是本矿安全生产的第一责任人,总工程师(或技术负责人)对本单位安全生产负技术责任,各职能部门负责人对本职范围内的通风安全负责。车间主任对所管辖范围内的通风安全工作直接负责。矿务局(集团公司)局长(经理)应监督金属非金属地下矿山通风安全工作,落实通风安全投入,并对矿山安全生产承担相关责任。

金属非金属地下矿山应实行通风安全目标管理,层层分解指标。通风安全应纳入安全生产经济承包责任制中,并定期进行检查考核。

金属非金属地下矿山应经常组织通风安全检查,对检查中发现的问题,应及时处理,不能处理的,应及时报告本单位有关负责人;有关负责人应组织职能机构制定安全措施,限期整改。

金属非金属地下矿山在编制安全生产长远发展规划和年度安全生产计划时，应包含通风技术措施内容。

新建、改建、扩建工程项目的设计应符合规范的规定。对不符合规范要求的设计，不得批准；不符合设计要求的工程，不得验收投产。

金属非金属地下矿山应制定通风安全事故预防和措施、通风事故应急预案，并组织实施。

工会依法组织职工参加本单位通风安全生产工作的民主管理和民主监督，维护职工在安全生产中的合法权益。

金属非金属地下矿山发生通风安全事故后，经理（矿长）应立即采取措施，启动救援应急预案，组织抢救，并按有关规定及时、如实上报。

考点四　矿井通风管理机构及职责

矿山企业应设立通风安全管理部门，按要求配备适应工作需要的专职通风技术人员和测风、测尘人员，并定期进行培训；还应购置一定数量的测风、测尘仪表和气体测定分析仪器，负责全矿日常的通风安全管理以及通风检测工作。有粉尘危害的企业，还应负责防尘和粉尘的测定工作。

各矿应由负责通风工作的技术人员根据生产变化和发展及时调整通风系统，调节风量，并绘制和修改全矿通风系统图。通风系统图应包括全矿通风井巷和需风点，以及其他运输矿岩、设备、材料、人员的井巷，图上还应标出风流方向、风量以及风机站和通风构筑物的位置等。

当井下进行硐室爆破时，应专门编制通风设计和安全措施，由主管矿长或总工程师批准执行。

矿井通风系统要求每年至少进行 1 次反风试验。试验前应制订详细方案，特别是多级机站通风系统，对可能发生灾害地点需要进行反风的风路列出需要反风、停风和正常运转的机站位置，方案应报主管矿长或总工程师审批。反风方案应事先在计算机上模拟，再进行现场试验。在进行井下反风模拟试验前，应撤出试验区域的作业人员。反风开始时，要等风流稳定后再测定试验区域各主要风路的反风量和空气成分，判断控制灾害的效果，并据此制订“井下发生灾害事故时通风系统反风应急预案”。当井下发生灾害事故需通风系统反风时，应按反风应急预案执行。

矿山企业应制定井下停风措施。当主要通风机因故障、检修、停电或其他原因需要停风时，应立即向调度室和主管矿长报告，并实施相应停风措施。主要通风机在停风期间，应打开有关风门，以便充分利用自然通风。

考点五　通风和粉尘的检测

在井下开采作业过程中，氧气会通过金属矿物的氧化而随之减少，而有毒有害气体则会随着工作的进程而不断产生，矿井温度、湿度、气压等都会发生变化。这些变化都会对工人的健康和安全产生威胁。因此，为了创造一个适宜工人身体健康的劳动条件，保证安全持续地生产，需要源源不断地将新鲜空气送至井下，以保证井下空气满足安全生产要求。

井下空气成分应符合下列要求：采掘工作面进风风流中的 O_2 体积浓度不低于 20%，CO_2 体积浓度不高于 0.5%。作业场所空气中有害气体浓度不超过表 3-2 的规定。

表 3-2　采矿工作面进风风流中有害气体浓度限值

有害气体名称	限值/%
一氧化碳（CO）	0.002 4
氮氧化物（换算成 NO_2）	0.000 25
二氧化硫（SO_2）	0.000 5
硫化氢（H_2S）	0.000 66
氨（NH_3）	0.004

同步自测

一、单项选择题（每题的备选项中，只有 1 个最符合题意）

1. 向井下各作业地点供给新鲜空气，排出污浊空气的通风网路、通风设备和通风控制设施的总称称为（　　）。

A. 矿井通风设备　　B. 矿井通风技术

C. 矿井通风系统　　D. 矿井通风装备

2. 按照主扇工作方式的不同，矿井通风系统可分为（　　）种。

A. 2　　B. 3

C. 4　　D. 5

3. 按照用途的不同，矿井通风机可分为主要通风机、辅助通风机和（　　）。

A. 次要通风机　　B. 局部通风机

C. 离心式通风机　　D. 轴流式通风机

4. 风门安装应严密，主要风门的墙垛应采用砖、石或混凝土砌筑。手动风门应顺风流方向有（　　）的倾角。

A. 65°～70°　　B. 70°～75°

C. 75°～80°　　D. 80°～85°

5. 根据《金属非金属地下矿山通风技术规范 通风管理》，下列说法正确的是（　　）。

A. 粉尘中游离二氧化硅的含量应每年测定 1 次

B. 空气中含放射性元素的作业地点，粉尘浓度应每月至少测定 1 次

C. 矿井总进风量、总回风量和主要通风巷的风量，应半年测定 3 次

D. 定期测定井下各产尘点的空气含尘浓度，凿岩工作面应每月测定 1 次

二、案例分析题

某金属矿区位于青藏高原东部、横断山脉中部，地形延绵起伏，矿区地处高原，气候寒冷，年平均气温 −15～−5 ℃，夏季最高气温达 35.4 ℃，冬季最低气温 −19.1 ℃，矿体走向为“近南北、倾向东”，倾角为 75°～80°，矿体平均厚度为 5.31 m，是某矿业的主要开采目标。

该金属矿区属于高山型矿床，复杂多样的高原地理气候，气压低、含氧量少、气候干燥

寒冷、温差大、太阳辐射强烈、大风和大雪等极大地影响和制约着高海拔矿山地下开采的正常生产。在正式开采工作中，该矿业在4 100 m以上的地方采用了压入式通风方式，在4 100 m以下的地方使用了压抽混合结合多级机站通风方式，并配备通风构筑物，加大了新鲜风的流动频率，对提高矿山井下生产安全程度具有积极影响。为了能够准确地测定风量，该矿业在矿区各主要进回风巷道内设置了测风站。

根据以上场景，回答下列问题：

1. 简述矿井通风构筑物的分类。
2. 简述压入式通风方式的优缺点。
3. 该矿业建立测风站应满足哪些要求？
4. 结合该矿区的实际情况，简述该矿山井下通风的安全管理措施。

答案详解

一、单项选择题

1. C。【解析】矿井通风系统是指向井下各作业地点供给新鲜空气、排出污浊空气的通风网路、通风设备和通风控制设施的总称。多级机站通风系统是指在矿井主通风风路的进风段、需风段和回风段内各设置若干级风机站，接力地将地表新鲜空气经进风井巷有效地送至需风区段或需风点，并将作业产生的污浊空气经回风井巷排出地表所构成的通风系统。
2. B。【解析】按照主扇工作方式的不同，矿井通风系统可分为压入式、抽出式和压抽混合式3种。
3. B。【解析】矿井通风设备对于矿山企业来说十分重要，当前我国采用的通风设备技术水平已相对较高，具有流量大、压力高、结构紧凑、高效、易反风等特点；矿井通风机按用途可分为主要通风机、辅助通风机和局部通风机3种。
4. D。【解析】需设风门的主要运输巷道，应设两道风门，其间距应大于一列车的最大长度。而无轨运输巷道，两风门的间距应大于运行设备最大长度的1.5～2倍。风门安装应严密，主要风门的墙垛应采用砖、石或混凝土砌筑。手动风门应顺风流方向有80°～85°的倾角，风门可由自重关闭；其开启方向应顶风流；在通风压差大的地段，风门上可设置易开启的小窗。
5. A。【解析】《金属非金属地下矿山通风技术规范 通风管理》规定，定期测定井下各产尘点的空气含尘浓度，凿岩工作面应每月测定2次，其他产尘点每月测定1次，并逐月进行统计分析、上报和向职工公布。粉尘中游离二氧化硅的含量应每年测定1次。有条件的矿山，应根据生产情况的变化，不定期测定粉尘的分散度。故选项A正确，选项D错误。空气中含放射性元素的作业地点，粉尘浓度应每月至少测定3次，氡及其子体浓度应每周测定1次，浓度变化较大时，每周测定3次。故选项B错误。矿井总进风量、总回风量和主要通风巷的风量，应半年测定1次。作业地点的气象条件（温度、湿度和风速等）每季度至少测定1次。故选项C错误。

二、案例分析题

【答案】

1. 通风构筑物可分为2大类:

(1)通过风流的构筑物,包括主扇、风硐、反风装置、风桥、导风板、调节风窗和风障。

(2)遮断风流的构筑物,包括挡风墙和风门等。

2. 优点:由专用进风井压入式通风,风流不受污染,风质好,主提升井处于回风状态(漏风),对寒冷地区冬季提升井防冻有利。

缺点:在进风段,由于风量集中,造成较高的压力梯度,外部漏风较大。在需风段和回风段,由于风路多,风流分散,压力梯度较小,易受自然风流的干扰而发生风流反向。压入式通风系统的风门等风流控制设施均安设在进风段,由于运输、行人频繁,不易管理,漏风大。

3. 该矿业建立测风站应满足下列要求:

(1)测风站应设在直线巷道内,站内不得有任何障碍物,巷道周壁应平整光滑。

(2)测风站长度应大于4 m,断面应大于4 m^2。

(3)站前、站后的直线段巷道长度应大于10 m。

4. 该矿山井下通风的安全管理措施主要包含以下几方面:

(1)对通风设施、矿井通风网络等进行优化。

(2)开展岗位培训和安全教育,强化管理队伍建设。

(3)加强信息化建设,提高信息化管理水平。

【解析】

1. 本案例第1问主要考查矿井通风构筑物的分类。矿井通风构筑物是矿井通风系统中的风流调控设施,用以保证风流按生产需要的路线流动。凡用于引导风流、遮断风流和调节风流的装置,统称为通风构筑物。合理地安设通风构筑物,并使其通常处于完好状态,是矿井通风技术管理的一项重要任务。通风构筑物可分为2大类:一类是通过风流的构筑物,包括主扇、风硐、反风装置、风桥、导风板、调节风窗和风障;另一类是遮断风流的构筑物,包括挡风墙和风门等。

2. 本案例第2问主要考查压入式通风方式的优缺点。压入式通风方式:整个通风系统在压入式主扇作用下,形成高于当地大气压的正压状态。在进风段,由于风量集中,造成较高的压力梯度,外部漏风较大。在需风段和回风段,由于风路多,风流分散,压力梯度较小,易受自然风流的干扰而发生风流反向。压入式通风系统的风门等风流控制设施均安设在进风段,由于运输、行人频繁,不易管理,漏风大。由专用进风井压入式通风,风流不受污染,风质好,主提升井处于回风状态(漏风),对寒冷地区冬季提升井防冻有利。

3. 本案例第3问主要考查测风站的建立要求。井下各主要进、回风巷道内宜设测风站,测风站的设计应符合下列规定:(1)测风站应设在直线巷道内,站内不得有任何障碍物,巷道周壁应平整光滑。(2)测风站长度应大于4 m,断面应大于4 m^2。(3)站前、站后的直线段巷道长度应大于10 m。

4. 本案例第4问主要考查矿井通风的安全管理措施。具体内容详见答案。

第四章　矿山地压灾害防治

考情解读

考·纲·要·求

运用矿山地压灾害防治相关技术和标准，辨识和分析矿山开采过程中危险、有害因素，制定预防矿山冒顶片帮、空区垮塌、井巷变形与岩爆等地压事故的安全技术措施。

命·题·分·析

本章内容主要介绍地下矿山地压的分类、特点及预防措施。地下矿山生产过程中不可避免受到地压的作用，会对正常的工作环境产生不利的影响，控制不当会产生较严重的事故。针对本章内容，考查的范围较大，考生应理解各类地压的具体特点，并能够依据各类地压特点提出针对性的防治措施，一些原理性的内容应熟练把握。本章内容在历年考试中占有一定的比例，需重点把握，考查以选择题为主。

考点解读

考点一　矿山地压的概念

地压泛指在岩体中存在的力，包括原岩对围岩的作用力、围岩间的相互作用力及围岩对支护体的作用力。广义的地压是指原岩对围岩和支护体的作用力，狭义的地压是指围岩因变形移动和冒落岩块作用在支护体上的压力。弄清矿山地压分布规律，对于矿山安全生产有非常重要的意义。

在地下开采过程中，由于地下矿体采出后所形成的采掘空间破坏了原岩的自然平衡状态，致使岩体应力重新分布，局部地方产生应力集中，出现次生应力，引起采场围岩变形、移动或破坏等一系列活动。地压会恶化采场条件，影响采矿生产，甚至还会危及矿山安全，危害工人生命和财产安全。随着露天采场的开采，破坏了边坡岩体的原始应力平衡状态，可能出现个别失稳岩体，导致露天矿发生滑坡。不稳定的边坡给露天矿生产带来的危害与影响是巨大的。

地压灾害主要表现：

(1)地下采场顶板冒落、陷落和大范围垮落。

(2)采空区大范围垮落或陷落。

(3)巷道或掘进工作面的片帮、冒顶。

(4)在地应力作用下产生的冲击地压等。

产生地压灾害可能包括以下原因：

(1)回采顺序不合理，未及时处理采空区。

(2)采矿方法选择不合理和采场顶板管理不善。

(3)缺乏有效支护手段。

(4)检查不细致和疏忽大意。

(5)浮石处理操作不当。

(6)矿岩地质条件差,节理裂隙发育,地应力大等。

考点二　矿山地压的分类与控制

1. 第一种分类方式

地压的显现使岩体产生变形和各种不同形式的破坏。为了便于分析各种不同性质的地压,根据表现形式,可以将矿山地压分为变形地压、散体地压、冲击地压和膨胀地压4类:

(1)变形地压。变形地压是指在大范围内岩体因变形、位移受到支护体的抑制而产生的地压。变形地压的大小既取决于围岩的应力状态,又决定于支护体的类型和支护时间。变形地压按岩体变形形态的特征分为:

①弹性变形压力。弹性变形压力是指采用紧跟掘进工作面支护的施工方法时,围岩中的原岩应力没有得到全部释放,致使支架受到围岩部分弹性变形的作用,由此形成的围岩变形压力。

②塑性变形压力。塑性变形压力是指支架受到围岩塑性变形(可能包含部分弹性变形)的作用而产生的地压。

③流变压力。流变压力是由于岩石发生流动变形而产生的。围岩产生流动变形,不仅变形量大而且有显著的时间效应。它使围岩鼓出、闭合,甚至完全封闭。

(2)散体地压。散体地压又称松动地压,是指由于矿山开挖,在一定范围内围岩中发生滑移或塌陷的岩体直接以重力的形式作用于支护体上的压力。在开挖巷道中通常是顶压大,侧压小,底压更小,甚至没有。

(3)冲击地压。冲击地压又称岩爆,是指地下开采的深部或构造应力很高的区域,在临空岩体中发生突发式破坏的现象,是一种类似爆炸的地压现象。冲击地压是由于围岩应力大于其弹性极限,在岩体内积聚的弹性变形能量突然猛烈地释放而产生的。冲击地压多发生在深部坚硬、完整的岩体中。

(4)膨胀地压。岩体吸水后增大变形的破坏现象称为膨胀现象,由此产生的压力即为膨胀地压。例如,在炭质或泥质页岩中的巷道,由于膨胀地压常发生底板鼓起、顶板下沉、两帮突出等现象,并造成支护体破坏。

2. 第二种分类方式

根据地压在金属非金属矿山中的表现形式,可以将地压分为井巷地压、采场地压和冲击地压3类。

(1)井巷地压及井巷维护。

开挖后的巷道,其初始应力状态发生改变,围岩产生应力重新分布。围岩的次生应力状态与巷道的横断面形状及尺寸有关。断面为曲线型的巷道,围岩的应力变化相对比较均匀;断面为折线形的巷道,则会在角隅处出现较大应力集中。巷道开挖后及时进行支护,既可以阻止围岩变形的发展,又可以影响围岩的应力分布状态。

井巷破坏的原因主要是围岩应力大于岩体的强度。因此,井巷维护的基本原则是提高围岩强度,降低围岩应力,改善围岩的应力状态,以便充分利用其自身抗力来支撑井巷地压。

在井巷施工中,提高围岩强度,降低开掘过程对围岩强度的削弱程度的方法有:快速掘进;光面爆破和预裂爆破掘进;钻进机掘进以及特殊掘进中的注浆和化学加固等。井巷维护的其他措施包括:

①选择合理的井巷位置。尽量选在工程地质及水文地质条件较好,没有软弱夹层的岩体中;尽量避免回采的影响;主要巷道应布置在崩落带以外,并保持一定距离。

②选择合理的井巷断面形状和尺寸。圆形与椭圆形井巷断面的应力集中最低。巷道断面越高,巷道两侧的压力越大,巷道两侧应采用圆弧形断面;巷道断面越宽,巷道顶部的压力越大,巷道两侧应采用圆弧形断面,以减少应力集中。

③选择合理的支护类型,确定合理的支护时间。对于以变形地压为主的巷道,应选择可缩性大的柔性支架;对于以松动地压为主的巷道则可选用有足够强度的刚性支架来支撑松动岩石的重力。支护时间要按照围岩性质、地压状况等情况进行合理确定。

④改善巷道围岩应力状态,减小巷道周边应力集中。巷道断面的最大尺寸应沿着最大来压方向布置;最大来压方向的巷道周边应尽量选用曲线形状。

⑤采用合理的施工工艺。在井巷施工中,应快速掘进,尽量采用光面爆破、预裂爆破等先进的爆破技术,以减少爆破对围岩的震动和破坏,保持围岩体的完整性。应积极采用锚喷支护,以提高围岩岩体强度,充分发挥其自承能力。

链接

选择合理的支护类型时,柔性支架可选用锚喷支护、可缩性钢支架及在刚性支架的棚梁和棚腿的接触面、砌混凝土巷道的肩部夹入可缩性材料如橡胶等;刚性支架可选用石料砌混凝土、钢木支架、钢筋混凝土支架等。

应对井巷进行定期检查。作为安全出口或者升降人员的井筒,每月至少检查 1 次;地压较大的井巷和人员活动频繁的采矿巷道,应每班进行检查。发现问题应及时处理并做好记录。

维修主要提升井筒、运输大巷和大型硐室,应有经矿山企业主要负责人批准的安全技术措施。

斜井和平巷维修或扩大断面时,应遵守下列规定:

①应先加固工作地点附近的支护体,然后拆除工作地点的支护,并做好临时支护。

②拆除密集支架时,1 次应不超过两架。

③撤换松软地点的支架,或维修巷道交叉处、严重冒顶片帮区,应在支架之间加拉杆支撑或架设临时支架。

④清理浮石时应在安全地点作业。

⑤在斜井内作业时,应停止车辆运行,并设警戒和明显标志。

⑥在独头巷道内作业时,作业地点不应有非作业人员。

典型例题

【单选题】巷道断面形态与应力集中程度密切相关。下列断面形态中,应力集中程度最低的是(　　)。

A. 矩形断面　　B. 正方形断面

C. 椭圆形断面　　D. 梯形断面

C。【解析】井巷维护时,应选择合理的井巷断面形状和尺寸。圆形与椭圆形井巷断面的应力集中最低。巷道断面越高,巷道两侧的压力越大,巷道两侧应采用圆弧形断面;巷道断面越宽,巷道顶部的压力越大,巷道两侧应采用圆弧形断面,以减少应力集中。

(2)采场地压及其控制。

①采场地压的特点。

采场地压是指在地下开采过程中,原岩对采场或采空区围岩及矿柱所施加的荷载。这是由于地下开采后所形成的采掘空间破坏了原岩的自然平衡状态,岩体发生应力重分布,引起采场围岩变形、移动或破坏等一系列地压现象。地压现象的发生和发展过程称为采场地压显现。严重的采场地压显现不仅会对采场条件造成恶化,影响采矿生产,更会危及人员的安全。

采场地压主要研究地下开采过程中采场地压的分布及其显现规律。采场的规模远远大于井巷,采场地压与井巷地压有相当大的差异。采场地压具有暴露空间大、复杂性、多变性、显现形式的多样性、控制采场地压的难度大等特点。

②采场地压的控制方法。

研究采场地压的目的就是要弄清采场地压分布、转移、显现规律,并寻求经济有效的控制方法,以便维护回采期间采场的稳定,尽可能使采动后围岩或矿体中的应力重分布有利于改善回采条件、提高生产率、降低矿石贫化损失,最终达到降低开采成本的目的。采场地压(矿山冒顶片帮、空区垮塌)控制的主要方法包括:

a. 合理确定采场断面形状及矿房、矿柱参数。地压控制的基本方法是利用矿柱控制回采矿房的形状、跨度,并支撑上覆岩层的压力;利用围岩与矿柱的自支承能力保持回采矿房的稳定。因此,必须合理选择矿房、矿柱参数及矿房断面形状与布置方向,以使矿房周围应力尽可能地合理分布,既便于充分发挥围岩自承能力,保持自身的稳定,又能做到充分采出矿石。

b. 支撑与岩体加固。回采不稳定矿体时,常利用人工支护回采工作空间,防止冒落。传统的支护方法是用立柱、支架、木垛等进行支撑。此外,还可采用岩体加固法,即用锚杆、长锚索、注浆等加固不稳定矿体。若预先加固待采的不稳固矿体,则可使回采更接近于在稳固矿体中进行的状况。

c. 利用免压拱解除采场地压。在高压力区进行回采时,可利用形成免压拱的方法使待采矿块处于卸压区内,借以解除原有的高应力状态,使应力释放,并使来自原岩体的载荷转移到该区域之外,以改善待采矿的回采条件。

d. 合理的回采顺序。在地质构造复杂地段应先对高应力块段进行回采;自断层下盘后退式回采;回采空间的长轴方向尽可能平行于矿体最大主应力方向。

e. 充填。在回采期间可利用充填来处理空区,改善采场围岩及矿柱的受力状态,增强采场围岩的稳定性和矿柱的强度,阻挡围岩冒落,缓和地压显现,减少地表下沉。

f. 崩落。利用崩落围岩的方法消除采空区,控制地压显现以及使承压带卸载,改善相邻采场的回采条件是地压控制的重要方法。

(3) 冲击地压(岩爆)及其控制。

①冲击地压的表现形式。

矿床开采过程中,有时会在构造应力较大的采掘空间周围的岩体中发生突然的爆发式破坏现象,称为冲击地压。由于其剧烈程度好像岩体被炸药爆炸一样,因此通常也称岩爆。这种现象主要是因为岩体中的弹性变形积聚到一定程度突然爆发所导致。其外在表现在掘进巷道或采场围岩发生强烈的劈裂声;矿岩的弹射和振动,并引发大量矿岩碎块抛出;底板鼓起,并伴有巨大响声;气浪冲击造成井下严重破坏及地面剧烈振动(地震)。

②冲击地压的强度等级。

冲击地压有强有弱,其破坏性有大有小。对冲击地压强度等级的划分,按振动能大小的不同分为 5 个等级。各种级别冲击地压的表现大致如下:

a. 微冲击。仅有岩体或矿体表层的局部破坏和岩块弹出,岩体深部有微振动。

b. 弱冲击。巷道围岩有局部破坏和少量岩块抛出,伴有明显的声响和地震振动,但对支架、设备无严重损害。

c. 中等冲击。巷道围岩出现迅速的脆性破坏,并有大量岩石碎块、粉尘抛出,形成气浪冲击,可使几米长的一段巷道冒落,支架及设备损坏。

d. 强烈冲击。使长达几十米的地段上支架破坏和巷道冒落,机器及设备受到损坏。发生强烈冲击地压后,井下需要大量的修复工作。

e. 灾害性冲击。在整个开采区域或中段内有许多矿柱发生连锁反应式破坏,矿区或中段内巷道坍塌,甚至可使全矿井报废。

③冲击地压的控制方法。

冲击地压控制的主要方法包括:

a. 合理布置采掘工程与选择合理的回采顺序。巷道之间,巷道与构造断裂之间应避免呈锐角交叉,使相邻采掘工程的间距达到可避免应力增高带相互重叠的程度。回采工作面应布置成直线,尽量减少出现急转角;采掘空间的长轴,应尽可能平行于岩体中最大主应力方向;回采时应从构造应力高的地段或构造断裂面、矿脉交叉处后退回采,以避免过高的应力集中;回采跨度的扩大,即卸压拱跨度的扩大应逐渐扩展,避免突然成倍增长,以防造成脉冲载荷诱发冲击地压。

b. 使有冲击地压危险的矿层卸压。在有冲击地压危险的矿层的上部或下部先行采动,对该危险矿层起卸压保护作用。

c. 使矿岩中积累的弹性变形能在控制范围内合理地释放。采取松动爆破或振动性爆破,采用较小矿柱,使其小到逐渐压碎但又不至于引起强烈冲击。

d. 向岩层中注水使其软化。注水可降低岩体强度、弹性模量,从而增加塑性变形成分,达到预防冲击地压的目的。

e. 选择合理的采矿方法。通常可采用崩落法减少地压的危险，崩落围岩可起到卸载作用。

f. 减小冲击地压危害的其他措施。先用宽工作面掘进巷道，后用废石回填，在巷道周围形成一条防冲击的隔离带，用于保护人员和设备安全。在回采工作面架设防冲击挡板、隔栅等，采用带快速排液阀的可缩性液压支柱支撑回采工作面。

考点三　矿山地压监测

对于在需要保护的建筑物、构筑物、铁路、水体下面开采的地下矿山，应进行地压或变形监测，并应对地表沉降进行监测。存在大面积采空区、工程地质复杂、有严重地压活动的地下矿山，应进行地压监测。变形监测的等级和精度要求应满足《工程测量标准》有关要求。

矿山地压监测是地压研究的重要环节，是揭示矿山地压活动规律的科学手段。监测内容主要包括矿山支护体、充填体和围岩的受力状态、变形移动、破裂及声响等。各方面的监测内容及其相应的监测手段，都应该根据矿区岩体地质及开采条件有所侧重选择，否则就不能得到好的效果。

1. 矿山地压监测方式

常用的矿山地压监测方式包括应力监测、变形（位移）监测、光弹监测、声发射监测、微震监测和弹性波测试等。

（1）应力监测就是通过在现场布设监测点，也就是在现场布设压力传感器，监测应力的变化情况。矿柱或采场顶板中的应力将随着回采进程不断变化，压力的变化引起压力传感器中的钢弦张力发生变化（弦式传感器）或液压的变化，通过压力表或特殊的读数仪，可以确定测点的压力变化量，从而掌握地压的变化规律，可以实现提前预警的目的。常用的压力监测仪器有钻孔应力计、压力盒、压力枕等。

（2）变形（位移）监测就是通过在现场布设监测点，监测巷道、采场周边或岩体内部随回采进程变形（位移）的变化情况。

（3）光弹监测实际上是应力监测的一种，利用特殊玻璃材料在不同应力条件下显示不同的应力条纹级别，从而确定应力变化的一种应力监测方法。

（4）声发射（AE）技术用于井下地压监测是利用岩石破裂过程中往往伴随声波信号的这一特点，根据声发射事件的强度，判断岩石破坏程度，确定岩石破裂地点，对大规模顶板冒落事件提供预警。

（5）微震监测是利用岩石破裂过程中由于弹性应变能的释放，往往伴随着弹性地震波的发生的特点，采用多点监测，可对微震事件进行定位，进而确定岩石破裂部位，根据微震事件的强度，可对大规模地压活动提供预警，特别是对冲击地压事件的预警。

（6）弹性波测试是利用弹性波在岩体中的传播特性来测定岩体的弹性常数、了解岩体的某些物理力学性质、判断岩体的完整性和破坏程度等的一种测试方法。

提示

简要了解地压监测方式。地下矿山地压监测常用的仪器有光弹应力计、地音仪、电磁辐射仪、爆破震动仪等。

2. 矿山地压监测技术路线

矿山地压监测采用的技术路线如图 4-1 所示。

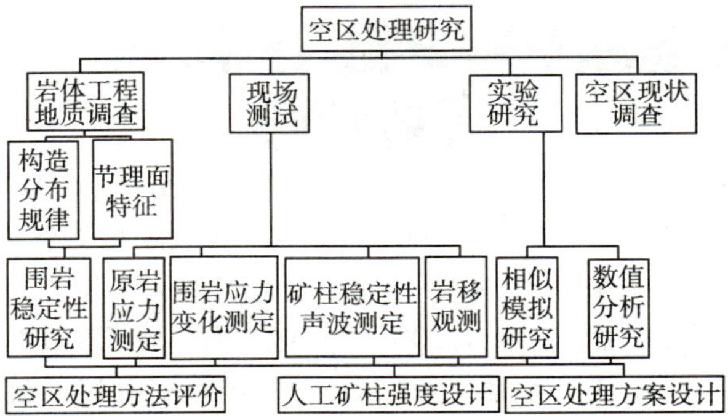

图 4-1　矿山地压监测技术路线图

3. 监测预警及制定控制措施

监测预警以及制定控制措施是金属矿山地压控制中的 2 个主要内容，可从以下 3 个方面对其进行分析：

（1）主动监测矿山信息，重点内容有开采方式、岩体结构、已开采区的处理等。在金属矿山的深度开采过程中，通过主动监测获取的数据可保证深度开采的顺利进行。通过主动监测可以预测岩体的变化趋势，某些可能引发矿山生产安全事故的地压隐患可因此被发现并得到合理解决。我国已开采的金属矿山以钨矿和锰矿为主，因此为金属矿山地压控制提供了大量的参考数据，同时在其他种类的金属矿山生产中也同样设置了完善的监测系统，为我国金属矿山生产的顺利进行提供了极其充分的保障。

（2）保护金属矿山，这一点针对的主要是金属矿山生产过程中容易发生矿山安全事故的部分，以磷矿山为例，其在开采过程中容易出现下陷以及滑坡事故，因此必须对易下陷区和易滑坡区进行加固处理。对易发生事故区进行加固，主要采用的方式有防滑桩、锚杆支护以及灌浆加固等，同时也可以使用力传导手段将易发生事故区域的荷载转移向别处，配合开挖排水沟渠便可起到非常明显的加固效果。另外在某些金属矿山中还存在容易崩落的坚硬顶板，但无法预知其具体的崩落时间，此时可向顶板中注水，这样顶板在遇水软化之后即可提前崩落，以免成为后续生产过程中的安全隐患。

（3）改变开采区的结构，例如已开采完毕，但未经过合理处理的区域以及私自开采之后留下的安全隐患，针对这些结构进行处理。可在开采过程中设置天然矿柱，或者利用人工预留柱对其进行加固和填充，以免导致在开采过程中出现安全事故。另外也可以使用边开采边填充的方式改变这些区域的地质构造，可以通过设置人工矿、地表灌浆等方式令事故隐患区更加稳定，达到降低安全事故发生率的目的。改变开采区地质结构的依据是矿体状态、残余矿体的水平构造、应力情况等，另外也要综合考虑矿山岩体的特征、隐患区域的具体分布情况，全面考虑这些因素之后就可以制定最合理的处理方案，从而有效提升该区域的安全性。另外对安全隐患区进行填充的过程中要注意，不需要将全部区域都填满，只需要将其承载能力提升到标准以上即可。

案例分析

案例场景

A 铁矿是 B 矿业有限公司的支柱矿山，该矿有员工 350 人，由各部门主管兼职的安全生产管理人员 6 人，目前矿石生产能力 200 万吨/年。A 铁矿按自然赋存位置划分为北区、中一、中二、南一、南二 5 个采区，其中中一、中二、南二采区采用无底柱分段崩落法采矿，生产能力 160 万吨/年，约占全矿产量的 80%，北采区和南一采区多采用有底柱分段崩落法。

2020 年 12 月 11 日，A 铁矿新招 3 名职工，没有进行安全培训就安排上岗，要求对地下工作面的顶板进行维护。正在工作期间，发生采场地压，采空区顶板大面积冒顶，造成 3 名职工被困地下；另外顶板冒落又引起地表塌陷，形成一个大坑，造成井下 28 名作业人员被困，矿山工业设施严重受损。事故发生后，A 铁矿立即组织救援，至第二天，共救援 5 人成功回到地面。

通过事后调查总结，采场地压显现剧烈已成了制约 A 铁矿生产经营、影响采场衔接的主要因素之一。近年来 A 铁矿采场地压显示出以下基本规律：

(1)承压带比卸压带地压活动剧烈。承压带是应力升高区，该区的地压活动明显比卸压带剧烈。如图 4-2 所示，处于承压带中的 a，b，c 进路(对应于点①②③)的变形远大于卸压带中的 e ~ h 进路(对应于点④ ~ ⑦)的变形，处于承压带的巷道、炮孔和溜井的破坏率明显较高。A 铁矿表现为地压显现沿矿体倾向上盘大，下盘小，另外在分层边部采场对应上部无卸压区部位地压显现较为明显。

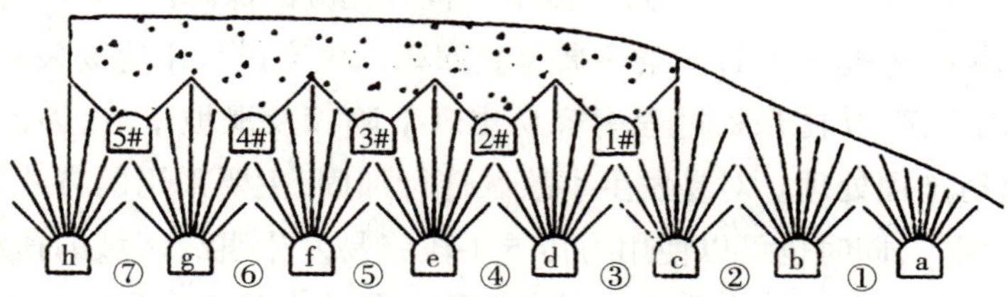

图 4-2　采场联巷口巷道位置示意图

(2)不同区带岩体破坏形式，地压显现形式不同。一般来说，承压带的岩体破坏以压剪破坏为主，而卸压带的岩体则多表现为拉裂。联巷和进路的顶板普遍存在拉应力，导致围岩松脱垮冒；而巷道两帮的围岩则常为压剪破坏。现场调查发现，在矽卡岩、蚀变闪长岩和铁矿石等破碎软弱带，常发生顶板冒落破坏，初期冒落高度一般为 1 ~ 2 m；两帮岩则常被压酥或因剪切滑移而发生片帮或鼓裂。

(3)采场地压随着从上盘向下盘退采而变化。许多巷道在采准期间稳定状况较好，但一进入回采期，变形急剧增加，破坏日趋严重。

(4)采场地压随采矿顺序而变化。以矿块为单元回采的先后次序，工作面的超前或滞后的距离，都直接影响采场地压。如果采矿顺序不合理，将造成采场局部应力叠加而升高，加速巷道和炮孔的破坏。

(5)受民采严重破坏的采场，地压显现剧烈。

(6)上分段留有未采矿体，在下分段相应部位造成应力集中，使进路片帮、冒顶，喷射混凝土开裂，U 型可缩性支架严重变形。

(7)滞后回采的进路,地压显现明显。

(8)巷道围岩稳固性差的采准工程,容易形成地压显现。

(9)每年春季解冻和雨季汛期,地压显现比平时剧烈。

知识点讲解

考点一　事故类别

《企业职工伤亡事故分类》规定,事故类别包括物体打击、车辆伤害、机械伤害、起重伤害、触电、淹溺、灼烫、火灾、高处坠落、坍塌、冒顶片帮、透水、放炮、火药爆炸、瓦斯爆炸、锅炉爆炸、容器爆炸、其他爆炸、中毒和窒息、其他伤害。

考点二　安全生产管理人员的配备与职责

《中华人民共和国安全生产法》规定,矿山、金属冶炼、建筑施工、运输单位和危险物品的生产、经营、储存、装卸单位,应当设置安全生产管理机构或者配备专职安全生产管理人员。上述规定以外的其他生产经营单位,从业人员超过 100 人的,应当设置安全生产管理机构或者配备专职安全生产管理人员;从业人员在 100 人以下的,应当配备专职或者兼职的安全生产管理人员。

生产经营单位的安全生产管理机构以及安全生产管理人员履行下列职责:

(1)组织或者参与拟订本单位安全生产规章制度、操作规程和生产安全事故应急救援预案。

(2)组织或者参与本单位安全生产教育和培训,如实记录安全生产教育和培训情况。

(3)组织开展危险源辨识和评估,督促落实本单位重大危险源的安全管理措施。

(4)组织或者参与本单位应急救援演练。

(5)检查本单位的安全生产状况,及时排查生产安全事故隐患,提出改进安全生产管理的建议。

(6)制止和纠正违章指挥、强令冒险作业、违反操作规程的行为。

(7)督促落实本单位安全生产整改措施。

生产经营单位可以设置专职安全生产分管负责人,协助本单位主要负责人履行安全生产管理职责。

提示

本案例中,A 铁矿由各部门主管兼职安全生产管理人员的做法是错误的。A 铁矿应当设置安全生产管理机构或者配备专职安全生产管理人员。安全生产管理机构以及安全生产管理人员应履行相应的职责。

链接

生产经营单位的主要负责人未履行本法规定的安全生产管理职责,导致发生生产安全事故的,由应急管理部门依照下列规定处以罚款:发生一般事故的,处上一年年收入 40% 的罚款;发生较大事故的,处上一年年收入 60% 的罚款;发生重大事故的,处上一年年收入 80% 的罚款;发生特别重大事故的,处上一年年收入 100% 的罚款。

考点三　冒顶片帮事故及其防治措施

1. 事故原因

当矿山岩石稳定性不足时，强大的地压会传递到顶板或两帮，岩石由于遭受破坏极易引起冒顶片帮。随着掘进和回采工作面的不断向前推进，工作面空顶面积逐渐增大，顶板和围岩由于应力的重新分布而发生变形，甚至某些部位会出现裂缝，同时岩层的裂隙也在压力作用下越来越大。此时，顶板岩石的完整性将遭到破坏，顶板下沉弯曲，裂缝逐渐扩大，若生产技术和管理措施不当，可能造成顶板岩矿冒落，即发生冒顶事故。当巷道的两帮出现冒落现象时即为片帮。

冒顶片帮事故的发生，一般是由于地质条件、生产技术和组织管理等多方面的主观和客观因素综合作用的结果，具体原因分析如下：

(1)采矿方法和顶板管理不合理。采矿方法不合理，凿岩爆破、采掘顺序、支架放顶等作业不妥当，容易引起冒顶片帮事故。

(2)缺乏有效支护。采场工作面或大断面掘进时，当支护方式不当、不及时支护或缺少支架、支架的支撑力和顶板压力不相适应时，则容易导致冒顶片帮事故的发生。当工作面附近的顶板岩石比较破碎，构造比较发育时，如果支架数量不足或没有及时加以支护，极易引起冒顶片帮事故。

(3)检查不周和疏忽大意。爆破后 1 ~2 h，顶板由于受到爆炸波的冲击和震动使原有断层和裂缝增大或产生新的裂缝，顶板的稳固性遭到破坏，而工人们在顶板下作业的时间一般也是在同一时间内，所以很容易发生局部冒落及浮石砸死或砸伤人员的事故。这些都是由于事先缺乏认真、全面的检查，疏忽大意等原因造成的。

(4)浮石处理操作不当。采场内浮石冒落常发生在采场顶板不高时，巷道内浮石冒落常发生在距工作面 10 m 以内。浮石处理操作不当引起冒顶事故，大多数是由于浮石处理前对工作面顶帮缺乏全面、细致的检查，处理浮石时作业人员站立的位置不当或撬毛工的操作技术不熟练等原因造成的。

(5)地质矿床等自然条件不好。如果矿岩为地质构造形成的破碎带，或者由于裂隙、层理发达，以及地表水或地下水的作用，破坏了顶板的稳定性，改变了工作面的正常压力状况，在对回采工作面的地质构造及顶板的性质不清楚(有无伪顶、有无直接顶)的情况下贸然进行作业，容易造成冒顶事故。

(6)地压活动。矿山开采需随深度的不断增加而对采空区及时进行处理，否则在地压活动的影响下，宜引发冒顶事故。

(7)其他原因。在矿井内工作时，由于没有正确使用劳动防护用品而使冒顶事故扩大化的事例常有发生。井下使用的新工人多，对井下作业环境不了解，加之缺少安全知识技能的培训，不能及时有效的“敲帮问顶”而引发冒顶片帮事故。井下管理人员对顶板管理不重视，没有行之有效的顶板管理方法和监督约束机制，施工作业人员不遵守操作规程，思想麻痹大意，精神不集中，发现险情不及时处理，工作面作业循环不合理，推进速度缓慢，爆破导致支护破坏等原因，都易引起冒顶片帮事故。

2. 事故预防措施

(1)选用合理的采矿方法和开采顺序。加强矿井地质工作和采矿方法的试验研究,根据具体情况对原设计的采矿方法进行合理的改进,从而找到合适的采矿方法。合理地确定矿山开采的顺序,严格控制采场暴露面积和采空区高度,使采场在地压稳定期间采完。

(2)搞好地质调查。对工作面推进地带的地质构造要调查清楚,通过危险地带时应采取可靠的安全措施。

(3)加强工作面顶板的检查、管理、支护和维护。对于危险性较大的采场,在技术、经济允许的条件下,尽可能采用科学的方法观测顶板,观测并摸索不同岩石岩移的规律,科学地掌握顶板情况。为防止掘进工作面的顶板冒落,永久支架与掘进工作面之间必须架设临时支架且距离不得超过3 m,若顶板松软时还应缩短此距离。应加强工作面顶板的管理,对所有井巷均要定期检查,如发现有弯曲、歪斜、腐朽、破裂、折断的支架,必须及时更换或维修。选择合理的支护方式,支架要有足够的强度,如采用锚杆支护、喷射混凝土支护等方法。支护要及时,严禁在空顶下作业。

(4)及时处理采空区。矿山开采应处理好采矿与空区处理的关系,采用正确的开采顺序。采空区的处理方法有充填法、崩落法、封闭法等。

(5)坚持正规循环作业。正规循环作业是指采掘工作面在规定的时间内,按质、按量、安全地完成既定任务,并保证周而复始地、不断地进行的作业方式。矿山采掘作业应坚持正规循环作业,加快工作进度,减少顶板悬露时间。

(6)加强对顶板和浮石的检查与处理。加强对顶板浮石的检查,并及时处理防止浮石冒落。可采用简易方法和仪器对顶板进行检查与观测,如木楔法、标记法、听音判断法、震动法等。

①木楔法:将木楔钉入顶板裂缝中,如经过一段时间木楔自动脱落或已松动,则表明顶板有变化,裂缝增大,有冒落危险。

②标记法:用油漆、黄泥或水泥抹缝,检查顶板岩石的缝隙有无增大。

③听音判断法:用手锤敲击顶板,如发出清脆响亮的声音说明顶板良好;如发出沙哑或嗡嗡的声音,说明顶板与原岩体分离、破裂,有冒落危险。但如果顶板与原岩体分离出较厚的岩层,敲击时同样能听到清脆的声响。

④震动法:用左手的指尖紧贴于顶板岩石上,右手持小锤敲打顶板。如左手指尖感到顶板振动,说明有冒落危险。

同步自测

一、单项选择题(每题的备选项中,只有1个最符合题意)

1. 由于围岩应力大于其弹性极限,在岩体内积聚的弹性变形能量突然猛烈地释放而产生的现象称为(　　)。

A. 采场地压　　B. 井巷地压

C. 松动地压　　D. 冲击地压

2. 根据地压在金属非金属矿山中的表现形式，可以将地压分为采场地压、冲击地压和(　　)。

A. 变形地压　　B. 井巷地压

C. 松动地压　　D. 膨胀地压

3. 某金属非金属矿山的巷道是以松动地压为主，则该矿山不应采取的井巷支护类型为(　　)。

A. 锚喷支护　　B. 钢木支架

C. 石料砌混凝土　　D. 钢筋混凝土支架

4. 合理的回采顺序是控制采场地压的有效方法之一，回采空间的长轴方向应尽可能与矿体最大主应力方向(　　)。

A. 垂直　　B. 大角度斜交

C. 小角度斜交　　D. 平行

5. 地压监测是揭示矿山地压活动规律的科学手段，下列不属于地压监测方式的是(　　)。

A. 应力监测　　B. 位移监测

C. 光弹监测　　D. 爆炸监测

二、案例分析题

某金属非金属矿山的核定生产能力为120万吨/年。2020年10月，该矿山发生冲击地压事故，2235上平巷全长498 m，截至冲击地压事故日掘进平巷已推进施工480 m，仅剩余18 m贯通。2235工作面斜长130 m，安装有86组液压支架。基本支架类型为ZF5400/17/28型放顶液压支架，支架初撑力31.5 MPa，工作阻力为5 400 kN($P=38.2$ MPa)，支护强度大于0.8 MPa；端头支架ZFG5600/18/28型过渡放顶支架，上、下端头各3架，支架初撑力31.5 MPa，工作阻力为5 600 kN($P=38.2$ MPa)，支护强度0.89 MPa。2235工作面上、下顺槽标高为−840 m、−920 m，地面标高为+128 m。

该次冲击地压事故造成3人死亡，3人重伤，摧毁巷道82 m，巷道顶底收缩1.4～2.5 m，两帮收缩1.0～2.3 m，迎头以外30 m处巷道高0.5 m。冲击地压发生前2235上平巷掘进迎头正在进行最后一根锚杆的安装作业，距离2235工作面160 m。

根据以上场景，回答下列问题：

1. 根据《生产安全事故报告和调查处理条例》，判断该次冲击地压事故的等级。

2. 当矿山发生冲击地压时，简要说明其主要表现形式。

3. 简述冲击地压的强度等级。

4. 根据此次事故，简述该矿山应采取的防治措施。

答案详解

一、单项选择题

1. D。【解析】矿床开采过程中，有时会在构造应力较大的采掘空间周围的岩体中发生突然的爆发式破坏现象，称为冲击地压。由于其剧烈程度好像岩体被炸药爆炸一样，因此通常也称岩爆。这种现象主要是因为岩体中的弹性变形积聚到一定程度突然爆发所导致。

2. B。【解析】根据地压在金属非金属矿山中的表现形式,可以将地压分为井巷地压、采场地压和冲击地压3类。为了便于分析各种不同性质的地压,根据表现形式,可以将矿山地压分为变形地压、散体地压、冲击地压和膨胀地压4类。

3. A。【解析】对于以变形地压为主的巷道,应选择可缩性大的柔性支架;对于以松动地压为主的巷道则可选用有足够强度的刚性支架来支撑松动岩石的重力。柔性支架可选用锚喷支护、可缩性钢支架及在刚性支架的棚梁和棚腿的接触面、砌混凝土巷道的肩部夹入可缩性材料如橡胶等;刚性支架可选用石料砌混凝土、钢木支架、钢筋混凝土支架等。

4. D。【解析】合理的回采顺序是控制采场地压的有效方法之一。合理的回采顺序:(1)在地质构造复杂地段应先对高应力块段进行回采。(2)自断层下盘后退式回采。(3)回采空间的长轴方向尽可能平行于矿体最大主应力方向。

5. D。【解析】常用的矿山地压监测方式包括应力监测、变形(位移)监测、光弹监测、声发射监测、微震监测和弹性波测试等。

二、案例分析题

【答案】

1. 该次冲击地压事故造成3人死亡,3人重伤,故属于较大事故。

2. 冲击地压的主要表现形式包括:

(1)在掘进巷道或采场围岩发生强烈的劈裂声。

(2)矿岩的弹射和振动,并引发大量矿岩碎块抛出。

(3)底板鼓起,并伴有巨大响声。

(4)气浪冲击造成井下严重破坏及地面剧烈振动(地震)。

3. 冲击地压的强度等级包括微冲击、弱冲击、中等冲击、强烈冲击、灾害性冲击。

4. 该矿山应采取的防治措施包括:

(1)合理布置采掘工程与选择合理的回采顺序。

(2)使有冲击地压危险的矿层卸压。

(3)使矿岩中积累的弹性变形能在控制范围内合理地释放。

(4)向岩层中注水使其软化。

(5)选择合理的采矿方法。

(6)减小冲击地压危害的其他措施。

【解析】

1. 本案例第1问主要考查生产安全事故的等级。《生产安全事故报告和调查处理条例》规定,根据生产安全事故(以下简称事故)造成的人员伤亡或者直接经济损失,事故一般分为以下等级:(1)特别重大事故,是指造成30人以上死亡,或者100人以上重伤(包括急性工业中毒,下同),或者1亿元以上直接经济损失的事故。(2)重大事故,是指造成10人以上30人以下死亡,或者50人以上100人以下重伤,或者5 000万元以上1亿元以下直接经济损失的事故。(3)较大事故,是指造成3人以上10人以下死亡,或者10人以上50人以下重伤,或者1 000万元以上5 000万元以下直接经济损失的事故。(4)一般事故,是指造成3人以下死亡,或者10人以下重伤,或者1 000万元以下直接经济损失的事故。上述所称的“以上”包括本数,所称的“以下”不包括本数。

2. 本案例第2问主要考查冲击地压的表现形式。当在矿床深部(一般指1 500 m以上)或在构造应力很高的地区进行开采时,有时会在采掘空间周围的岩体中发生突然的爆发式破坏现象,其剧烈程度好像岩体被炸药爆炸一样。如在掘进巷道或采场围岩发生强烈的劈裂声;矿岩的弹射和振动,并引发大量矿岩碎块抛出;底板鼓起,并伴有巨大响声;气浪冲击造成井下严重破坏及地面剧烈振动(地震)。
3. 本案例第3问主要考查冲击地压的强度等级。冲击地压有强有弱,其破坏性有大有小。对冲击地压强度等级的划分,按振动能大小的不同分为5个等级。各种级别冲击地压的表现大致如下:(1)微冲击。仅有岩体或矿体表层的局部破坏和岩块弹出,岩体深部有微振动。(2)弱冲击。巷道围岩有局部破坏和少量岩块抛出,伴有明显的声响和地震振动,但对支架、设备无严重损害。(3)中等冲击。巷道围岩出现迅速的脆性破坏,并有大量岩石碎块、粉尘抛出,形成气浪冲击,可使几米长的一段巷道冒落,支架及设备损坏。(4)强烈冲击。使长达几十米的地段上支架破坏和巷道冒落,机器及设备受到损坏。发生强烈冲击地压后,井下需要大量的修复工作。(5)灾害性冲击。在整个开采区域或中段内有许多矿柱发生连锁反应式破坏,矿区或中段内巷道坍塌,甚至可使全矿井报废。
4. 本案例第4问主要考查冲击地压的防治措施。冲击地压的防治措施包括:(1)合理布置采掘工程与选择合理的回采顺序。巷道之间,巷道与构造断裂之间应避免呈锐角交叉,使相邻采掘工程的间距达到可避免应力增高带相互重叠的程度。回采工作面应布置成直线,尽量减少出现急转角;采掘空间的长轴,应尽可能平行于岩体中最大主应力方向;回采时应从构造应力高的地段或构造断裂面、矿脉交叉处后退回采,以避免过高的应力集中;回采跨度的扩大,即卸压拱跨度的扩大应逐渐扩展,避免突然成倍增长,以防造成脉冲载荷诱发冲击地压。(2)使有冲击地压危险的矿层卸压。在有冲击地压危险的矿层的上部或下部先行采动,对该危险矿层起卸压保护作用。(3)使矿岩中积累的弹性变形能在控制范围内合理地释放。采取松动爆破或振动性爆破,采用较小矿柱,使其小到逐渐压碎但又不至于引起强烈冲击。(4)向岩层中注水使其软化。注水可降低岩体强度、弹性模量,从而增加塑性变形成分,达到预防冲击地压的目的。(5)选择合理的采矿方法。通常可采用崩落法减少地压的危险,崩落围岩可起到卸载作用。(6)减小冲击地压危害的其他措施。先用宽工作面掘进巷道,后用废石回填,在巷道周围形成一条防冲击的隔离带,用于保护人员和设备安全。在回采工作面架设防冲击挡板、隔栅等,采用带快速排液阀的可缩性液压支柱支撑回采工作面。

第五章　地下空区危害防治

考情解读

考·纲·要·求

运用地下空区危害防治相关技术和标准，辨识和分析采空区、疏干后的岩溶空区引起的地表塌陷、山体崩塌、边坡滑坡等灾害，制定相应安全技术措施。

命·题·分·析

本章内容主要介绍地下采空区的相关概念、危害和处理方法。地下采空区是指地下矿山开采完毕后形成的废弃空间。由于采空区上部缺少了原来的固体物质的支撑，采空区有可能对上部结构的稳定性产生影响。因此，选用合理的方法进行采空区处理有重要的意义。考试中侧重于考查各类采空区处理的方法及适用范围，并要求在辨别实际情况后提出针对性的处理方法。此外，还需要简单了解采空区相关基本术语、探测技术和其他产生的危害。采空区常常出现于案例背景中，并结合其他章节的内容进行考查，也可单独作为选择题进行考查。

考点解读

考点一　地下采空区的概念

地下采空区是指地下固体矿物开采后形成的废弃空间，包括单一采空区和采空区群。单一采空区是指开采孤立矿体或边缘矿体所形成的采空区。采空区群是指在一个区域内密集分布，共同作用导致围岩变形或崩落的多个采空区的总称。

老采空区是指已经停止开采、废弃后情况不明的历史遗留采空区。

生产采空区是指正在开采、未达充分采动、各种变形仍在继续发展的采空区。

采空区暴露面积是指采空区空间形态的水平投影面积，亦称顶板暴露面积。

采空水是指采空区内的积水，亦称老空水、老窖水、老窿水，是威胁矿山生产的第二大灾害。

采空区分为老采空区、现采空区和未来采空区，均可能产生采空塌陷。对老采空区主要调查采空区的分布范围、埋深、充填情况和密实程度等，判断其上覆岩层的稳定性；对现采空区和未来采空区应判断产生采空塌陷的可能性。

采空区引发的主要灾害有地压灾害、水害、火灾、中毒窒息灾害等。其中，地压灾害和水害是采空区事故的主要类型。金属矿山采空区的首要灾害是地压灾害。

链接

金属矿山采矿方法一般根据回采时地压管理方法分为充填采矿法、空场采矿法、崩落采矿法。对应采空区则可分为充填法采空区、空场法采空区、崩落法采空区3类。

按处理方式分类，可分为回采处理空区和嗣后处理空区。

按形态规模分类，可分为全连续、半连续和不连续空区。

按形成时间分类，可分为老采空区、现采空区和未来采空区。

按与地表的贯通性分类，可分为盲采空区和明采空区。

考点二　地下采空区的危害

1. 地表塌陷

地下采空区地表塌陷是由矿体(层)采空、覆岩破坏引起的。埋藏在地下的矿体被挖空之后，矿体上部覆岩的力学平衡状态遭到破坏，其所受应力和自身重力导致其出现裂隙或断裂滑移。地下采空区地表塌陷是由地下水从裂隙向采空区渗漏导致岩层与地表层出现的移动引发的。

随着地下采空区的不断扩大，凹陷盆地(亦称移动盆地)由采空区地表在初期形成的较浅的凹地逐渐发展而成。根据自移动盆地的中心向边缘的变形特征可将移动盆地划分为以下3个区：

(1)均匀下沉区。区内地表下沉均匀，地面平坦，一般无明显裂缝，为盆地中心的平底部分。

(2)移动区。区内地表变形(主要是最大正常值，最大倾斜值、最大曲率值、最大平移值、最大水平变形值等指标)不均匀，变形种类较多，对建筑物破坏作用较大。如地表出现裂缝时，又称裂缝区。

(3)轻微变形区。地表变形值较小，一般对建筑物不起损坏作用。该区与移动区的分界，一般是以建筑物的容许变形值来划分。

影响塌陷区地表变形有以下几个主要因素：

(1)开采条件因素。矿层的开采和顶板处置方法以及地下采空区的大小、形状，工作面推进速度等，都会影响地表变形值、变形速度和变形的形式。

(2)地下水因素。地下水活动可加快变形速度，扩大变形范围，增大地表变形值，特别是抗水性弱的岩层。

(3)岩性因素。上覆岩层强度高、分层厚度大时，地表变形所需采空面积大，破坏过程所需时间长，厚度大的坚硬岩层，可长期不产生地表变形；强度低、分层薄的岩层，常产生较大的地表变形，速度快，变形均匀，地表一般不出现裂缝；脆性岩层地表易产生裂缝；当厚的塑性大的软弱岩层覆盖于硬脆的岩层上时，硬脆岩层产生的破坏，常会被前者缓冲或掩盖，使地表变形平缓；一旦上覆软弱岩层较薄，则地表变形很快，并出现裂缝；若岩层软硬相间且倾角较陡时，接触处常出现层离现象，地表出现变形；另外，地表第四纪堆积物愈厚，地表变形增大，但变形平缓均匀。

(4)矿层因素。矿层埋深愈大，地表变形值愈小，变形较平缓均匀，但地表移动盆地的范围增大；矿层厚度大，地表变形值大，矿层倾角大，水平移动值大。

相关调查表明，地下采空区稳定性问题是造成矿山特大事故的主要原因之一。作为影响矿山安全生产的重要因素，地下采空区的稳定性与各项地质因素及非地质因素有很大的关系。矿山开采会导致矿区岩层不稳定，进而引发滑坡、塌陷等一系列事故的出现。

2. 山体崩塌

当地下采空区垮落或顶板变形发展到地表，较陡斜坡上的岩土体在重力作用下突然脱离母体崩落、滚落、堆积在坡脚或沟谷，称为山体崩塌。崩塌的过程表现为岩块(或土体)顺坡猛烈地翻滚、跳跃，并相互撞击，最后堆积于坡脚，形成倒石堆。崩塌的主要特点为：下落速度快、发生突然；崩塌体脱离母岩而运动；下落过程中崩塌体自身的整体性遭到破坏，崩塌物的垂直位移大于水平位移。具有崩塌前兆的不稳定岩土体称为危岩体。

地下采空区的山体崩塌作为一种常见的地质灾害现象，其通常表现为来势迅猛，且使斜坡下的农田、厂房、设施及其他建筑物受到损害，人员伤亡时有发生。铁路、公路沿线的崩塌常可摧毁路基和桥梁，堵塞隧道洞门，击毁行车，对交通造成直接危害，造成行车事故和人身伤亡。有时因崩塌堆积物堵塞河道，引起塞水或产生局部冲刷，导致路基水毁。为了保证地下采空区附近人们的财产生命安全，需对地下采空区具有崩塌危险的危岩体进行处理。

3. 边坡滑坡

地下采空区上覆岩体的滑坡是由于开挖矿石，破坏了周围的地质环境，使得岩体中的原始应力场失去了以往的平衡，造成应力重新分布所引起的。

地下采空区上覆山体的滑坡是随矿脉采空而逐渐形成的。它与采矿方法、采矿过程密切相关。

滑坡的本质乃是地下采空区内准滑面抗剪能力的不足所引起的。而滑面的抗剪能力的下降，致使其抵御不了山体的下滑力，是由于地下采空区准滑面上的有效接触面积日益减小所致。虽然随着矿体的采空，接触面积减少，采空后的上覆山体的重力将转移到剩余的矿柱上，剩余的接触面上的材料密度得到加强，其上的抗剪强度将因此而提高增强，然而由应力集中所获得的补偿抗剪强度仍不能全部补回因接触面积减小而损失的抗剪强度，所以总体上滑面的抗剪能力仍然随着地下采空区的扩大而降低，最终导致地下采空区上覆山体的下滑。从地下采空区上覆山体的滑坡机理来看，欲使山体变得更加稳定，需增加滑体滑面上的接触面积。增加接触面积的途径有充填、砌矿柱以及放顶。

考点三　地下采空区的处理

矿石采出后，由于地下压力的变化，可能会出现顶板下沉、底板隆起、侧帮突出，岩石开裂、剥落甚至崩落现象，严重的会发生岩石自爆（岩爆），也会波及地面引起地表开裂或塌陷。采空区大面积崩落，会造成强大的冲击波和产生巨大的冲击压力，影响矿山生产甚至造成重大事故。

采空区的处理，一般应遵循安全可靠、施工方便、技术合理、资源回收率高、影响矿山生产时间较小的原则进行。

常见的采空区处理方法包括充填法、隔离法、崩落围岩法、加固法 4 种主要方法，根据矿山实际情况，有时可以联合使用两种或多种方法。

（1）充填法。

充填法是采用充填材料充填采空区，让围岩和充填体共同作用，改变围岩应力分布状态，控制地压和防止地表塌陷。此方法适用于上部地表有建筑物的采空区和地表不允许大面积变形的情况。优点是减少采空区顶板的移动与变形，控制岩层移动保护采空区周围的井下设施，对相邻矿体开采影响小，矿石损失和贫化低。缺点是费用高、工艺复杂、投资大，不利于地下深层压力的释放。根据充填工艺和充填物料的不同，常用的充填方法可分为湿式（尾砂）充填和干式（废石）充填。湿式充填一般采用尾砂作为充填物料，干式充填采用废石作为充填物料。需要注意的是，湿式充填必须对采空区进行封闭，且其封闭构筑物的强度应能承受充填体的压力。

（2）隔离法。

隔离法是砌筑一定厚度的隔离墙将采空区与作业区隔开，缓冲采空区围岩塌落引起的冲击气浪和冲击波，防止生产设备破坏和人员伤亡，与运输巷道相连的联络道、人行天井和矿石溜井是主要的密闭对象。优点是施工费用低，缺点是采空区资料收集和检查的工作量大。

对于孤立分散的小采空区，应采取措施隔绝采空区与生产区段之间可能传递危害的一切通道，并在采空区附近开一能向地表的“天窗”。对连续或基本连续的大矿床，在其中间应设置隔离带，切断各主要采空区的连续，控制地压活动范围。隔离带可以是大的条带形矿柱，也可是大的夹石带、无矿带或人为高强度混凝土料石充填体。

（3）崩落围岩法。

崩落围岩法是用爆破崩落采空区上部和周围岩石来充填采空区，改善围岩应力分布状态，有效控制地压。此方法适用于地表允许下陷的情况，优点是简单易行、处理费用低，缺点是对下部采场的影响较大。崩落围岩法可有效释放井下地压。

（4）加固法。

加固法是用锚杆或锚索局部加固采空区，一般跟其他的方法联合使用。

典型例题

【单选题】崩落围岩法是地下采空区的常用处理方法。关于崩落围岩法的说法，正确的是(　　)。

A. 该方法的优点是可以阻止采空区顶板的移动

B. 该方法不利于深部地下压力的释放

C. 该方法适用于地表允许下陷或地表下陷可以控制的情况

D. 该方法的特点是崩落围岩与采矿同时进行

C。【解析】充填法的特点是减少采空区顶板的移动，以防上部围岩冒落带来的冲击。施工复杂，费用高，不利于深部地下压力的释放也是充填法的特点。崩落围岩法的特点是在采矿后回采矿柱。崩落围岩法能够人为控制井下地压活动，地表允许下陷或地表下陷可以控制的情况都可以采用崩落围岩法进行处理。

考点四　岩溶塌陷防治技术

1. 岩溶塌陷的概念

岩溶塌陷是指岩溶洞隙受一定的作用力使溶洞顶板不能承受上部压力作用而坍塌的现象。岩溶塌陷是一种较为常见的矿山地质灾害，特别是贵州喀斯特岩溶地貌，碳酸盐可溶性岩体受风化、溶蚀后在水的作用下易形成岩溶洞隙，当受到一定的作用力极易造成岩溶塌陷，岩溶塌陷可能会造成人员的伤亡及严重的经济损失。

2. 岩溶塌陷形成的基本条件

(1)岩溶洞隙是塌陷产生的基础。可溶岩是由岩溶地面塌陷形成的物质基础，而岩溶洞隙则为地面塌陷提供了必要的空间条件。岩溶塌陷主要发生在裸露型岩溶和覆盖型岩溶分布区，部分发育在埋藏型岩溶分布区。在可溶岩浅部和构造破裂部位，水对可溶岩的溶解和侵蚀作用最活跃。所以，岩溶洞隙主要发育在地层浅部，随深度增加而减弱。浅部岩溶洞隙由于地下水活动频繁，干湿交替强烈，常形成错综复杂的洞隙网络系统。洞隙开启的程度，是岩溶塌陷产生的重要因素。向上开口的洞隙越大、越多，洞隙间的联通性就好；洞隙水的循环交替越快，就越有利于岩溶塌陷的发生。

(2)有不厚的未固结沉积物覆盖层。松散破碎的覆盖层是岩溶塌陷的物质源。岩溶塌陷实质上是岩石溶洞、土洞顶板物质的陷落，许多岩溶塌陷资料表明，岩溶塌陷有的为基岩盖顶塌陷，有的为土层塌陷。岩溶塌陷的发生和发展多取决于土层厚度、基岩岩性和结构。一般来说，均一砂性土最易产生塌陷，其次是夹砂砾石层土，而底部为黏性土的层状非均质土的塌陷相对较少。

(3)动力条件。地下水运动是岩溶塌陷产生的动力条件。地下水的流动及其水动力条件的改变是岩溶塌陷形成的最重要动力因素。最易产生塌陷的地带如下：岩溶地下水的主径流带、(集中)排泄带；地下水位埋藏浅、变幅大的地带(地段)；地下水位在基岩面上下频繁波动的地段；双层(上为孔隙、下为岩溶)含水介质分布的地段，或地下水位急剧变化的地段;地下水与地表水转移密切的地段等地下水径流集中和强烈的地带。

3. 岩溶塌陷的诱发因素

除了上述岩溶塌陷形成的3个基本条件外,一些自然和人为因素都会诱发岩溶塌陷的产生。例如暴雨、洪水、重力、地震等自然因素引起的塌陷,以及由于抽取岩溶地下水、坑道排水或突水、地表水入渗、荷载及振动等人为因素引起的塌陷。

(1)自然塌陷。

①暴雨引起的塌陷。暴雨可导致地表水的强烈渗透进入土体,并在一定条件下引起岩溶地下水位的急剧上升而产生正压冲爆作用,易产生塌陷。

②洪水引起的塌陷。在近岸地带第四系冲积层中潜水位和岩溶地下水位均随洪水位而波动,由于两者渗透性的差异,在波动过程中不但可产生有利于渗透潜蚀作用的附加水头,而且还产生正(负)压力的作用,这些作用都可导致塌陷的产生。

③重力引起的塌陷。在塌陷形成过程中自始至终受到重力的作用,在溶洞和土洞扩展过程中,当达到一定的条件就会引起塌陷。

④地震引起的塌陷。在构造地震作用下,在覆盖层比较薄弱的地段也可产生一系列的塌陷。

(2)人为塌陷。

人为塌陷按成因分为坑道排水或突水、抽取岩溶地下水、水库蓄(引)水、地表水或污水下渗引起等类型。

①坑道排水或突水引起的塌陷。坑道排水或突水引起的塌陷是指由于矿坑、隧道、人防及其他地下工程排水或突水引起的塌陷,其中以矿坑排水、突水塌陷为主。岩溶地区由于矿产资源的开发,矿坑排水或突水引起的塌陷较为频繁。处于覆盖岩溶区的矿区,在其排水疏干过程中,几乎不可避免地产生塌陷。

②抽取岩溶地下水引起的塌陷。抽取岩溶地下水引起的塌陷主要由于水井抽水引起,常为土层塌陷。当覆盖层厚度较薄,抽水降深达到5~10 m时,较易产生塌陷。

③水库蓄水或引水引起的塌陷。岩溶山区、洼地、谷地的小型水库及少量中型水库,在水体增荷、渗漏潜蚀及雨季地下水位迅猛变化产生的正(负)压力和冲爆等多种作用下而在库内产生塌陷,成为废库或病库。

④地表水或污水下渗引起的塌陷。由于场地排水不良造成地表水下渗或化学污水下渗溶滤也能导致塌陷的产生。如在覆盖型岩溶区,人为开挖的场地、道路等,降雨下渗后较易产生塌陷。

4. 岩溶塌陷的防治措施

(1)控水措施。

减少岩溶充填物和第四系松散土层被地下水侵蚀、搬运,是避免或减少地面塌陷的产生的根本办法。

①地表水防水措施。在潜在的塌陷区周围修建排水沟,防止地表水进入塌陷区,减少向地下的渗入量。在地势低洼、洪水严重的地区围堤筑坝,防止洪水灌入岩溶孔洞。对塌

陷区内严重淤塞的河道进行清理疏通，加速泄流，减少对岩溶水的渗漏补给。对严重漏水的河溪、库塘进行铺底防漏或者人工改道，以减少地表水的渗入。对严重漏水的塌陷洞隙采用黏土或水泥灌注填实，采用混凝土、石灰土、水泥土等封闭地面，增强地表土层抗蚀强度，均可有效防止地表水冲刷入渗。

②地下水控水措施。依据水资源条件规划地下水开采层位、开采强度和开采时间，合理开采地下水。在浅部岩溶发育、有洞口或裂隙与覆盖层相连通的地区开采地下水时，应主要开采深层地下水，将浅层水封住，这样可以避免地面塌陷的产生。在矿山疏干排水时，在预测可能出现塌陷的地段，对地下岩溶通道进行局部注浆或帷幕灌浆处理，减小矿井外围地段地下水位下降幅度，这样既可避免塌陷的产生，也可减小矿坑涌水量。开采地下水时，要加强动态观测工作，以此用来指导合理开采地下水，避免产生岩溶地面塌陷。必要时进行人工回灌，控制地下水水位的频繁升降，保持岩溶水的承压状态。在地下水主要径流带修建堵水帷幕，减少区域地下水补给。在矿区修建井下防水闸门，建立有效的排水系统，对水量较大的突水点进行注浆封闭，控制矿井突水、溃泥。

(2)工程加固措施。

常用的工程加固法包括旋喷加固法、深基础法、灌注填充法、钻孔充气法、强夯法、跨越法及清除填堵法。

①旋喷加固法。在浅部用旋喷桩形成“硬壳层”，在其上再设置筏形基础。“硬壳层”厚度根据具体地质条件和建筑物的设计而定。

②深基础法。对于一些深度较大，跨越结构无能为力的土洞、塌陷，通常采用桩基工程，将荷载传递到基岩上。

③灌注填充法。在溶洞埋藏较深时，通过钻孔灌注水泥砂浆，填充岩溶孔洞或缝隙、隔断地下水流通道，达到加固建筑物地基的目的。灌注材料主要是水泥、碎料(砂、矿渣等)和速凝剂(水玻璃、氧化钙)等。

④钻孔充气法。随着地下水位的升降，溶洞空腔中的水气压力产生变化，可能出现气爆或冲爆塌陷，因此，在查明地下岩溶通道的情况下，将钻孔深入到基岩面下溶蚀裂隙或溶洞的适当深度，设置各种岩溶管道的通气调压装置，破坏真空腔的岩溶封闭条件，平衡其水、气压力，减少发生冲爆塌陷的机会。

⑤强夯法。在土体厚度较小、地形平坦的情况下，采用强夯砸实覆盖层的方法消除土洞，提高土层的强度。通常利用 10 ~ 12 t 的夯锤对土体进行强力夯实，可压密塌陷后松软的土层或洞内的回填土，提高土体强度，同时消除隐伏土洞和松软带，是一种预防与治理相结合的措施。

⑥跨越法。跨越法用于比较深大的塌陷坑或土洞。对于大的塌陷坑，当开挖回填有困难时，一般采用梁板跨越，两端支承在坚固岩、土体上的方法。对建筑物地基而言，可采用梁式基础、拱形结构，或以刚性大的平板基础跨越、遮盖溶洞，避免塌陷危害。对道路路基而言，可选择塌陷坑直径较小的部位，采用整体网格垫层的措施进行整治。若覆盖层塌陷的周围基岩稳定性良好，也可采用桩基栈桥方式使道路通过。

⑦清除填堵法。清除填堵法通常用在相对较浅的塌坑或埋藏浅的土洞。首先清除其中的松土，填入块石、碎石形成反滤层，其上覆盖以黏土并夯实。对于重要建筑物，一般需要将坑底与基岩面的通道堵塞，可先开挖然后回填混凝土或设置钢筋混凝土板，也可灌浆处理。

(3)非工程性的防治措施。

①开展岩溶地面塌陷风险评价。岩溶地面塌陷评价不应只局限于根据其主要影响因素和由模型试验获得的临界条件进行潜在塌陷危险性分区，还需开展多领域、多学科协作，对潜在塌陷的危险性、生态系统的敏感性、经济与社会结构的脆弱性进行综合分析，才能达到对岩溶地面塌陷进行风险评价的目的。

②开展岩溶地面塌陷试验研究。开展室内模拟试验，确定在不同条件下岩溶地面塌陷发育的机理、主要影响因素及塌陷发育的临界条件，进一步揭示岩溶地面塌陷发育的内在规律，为岩溶地面塌陷防治提供理论依据。

③增强防灾意识，建立防灾体系。在矿山资源开发之前，要充分论证工程地质环境效应，预防人为地质灾害的发生。建立防治岩溶地面塌陷灾害的信息系统和决策系统。在此基础上，按轻重缓急对岩溶地面塌陷灾害开展分级、分期的整治计划。同时，充分运用现代科学技术手段，积极推广岩溶地面塌陷灾害综合勘查、评价、预测预报和防治的新技术与新方法，逐步建立岩溶地面塌陷灾害的评估体系及监测预报网络。

案例分析

案例场景

2020 年 12 月 25 日 7 时 56 分，A 县的石膏矿因临近的废弃石膏矿地下采空区坍塌引发事故。多人被埋地下，伤亡情况不明。

12 月 25 日上午已有 4 人获救，仍有 25 人被埋地下。傍晚，该石膏矿事故救援现场，6 名被困人员获救，仍有 19 人被困地下。截至 29 日已有 11 人获救，1 人遇难，仍有 17 人被困地下。12 月 30 日，救援人员通过生命信息钻孔探测系统发现 8 名幸存者，并与他们取得了联系，救援人员向地下输送给养。石膏矿发生坍塌事故的第 11 天，救援人员通过 6 号小口径钻孔放下生命钻孔探测信息系统的探测器，但未得到地下回应，未发现生命迹象。在被困地下 36 天后，4 名矿工通过缠绕式钢丝绳顺利回到地面。截至此日，共有17 名地下被困矿工获救，其他 12 名地下被困矿工，3 人已确认遇难，9 人重伤，直接经济损失 4 133.9万元，该石膏矿矿长开始向当地县级人民政府应急管理部门报告事故情况。

经事故后分析，该石膏矿地下采空区经多年风化、蠕变，采场顶板垮塌不断扩展，使上覆巨厚石灰岩悬露面积不断增大，超过极限跨度后突然断裂，灰岩层积聚的弹性能瞬间释放形成矿震，引发相邻石膏矿上覆石灰岩垮塌，地下工程区域性破坏，是造成事故的直接原因。

知识点讲解

考点一　地下采空区大面积塌陷的预防

矿柱面积比率应保持在50%左右，即矿房矿柱的采留宽度比例为1∶1，对于地质条件较差的区域，可适当增大采留高度比。

各采区之间留设不低于20～40 m的隔离矿柱，它能有效地控制采空区垮塌事故的扩大蔓延。尤其是含有强风化易潮解夹层的膏层区域，各采区应留设较大尺寸的隔离矿柱。

断层及破碎带留设一定尺寸的保护矿柱，矿柱尺寸的大小应根据断层的性质、落差、规模和影响范围具体确定，但通常不小于20 m。

及时封闭采空区，封闭质量要高，禁止向采空区漏风，可以大大减弱和延缓矿柱的风化和潮解影响，对矿柱的稳定性具有重要意义。

加强采空区重点部位的监测，遇有异常情况及时处理，确保安全生产。

考点二　地下采空区的安全管理

矿山企业应结合实际情况，建立"灾前预防、灾后治理"的防治体系和"政府主导，预防为主，引发者赔偿，社会化治理"的防治模式。对于新建的采空区内的工程建设项目，需要进行塌陷灾害评估，在项目可行性研究阶段进行预防。同时矿山企业应提前制定好采空区治理计划，在矿山开采完毕后及时对采空区进行处理。

此外，采空区周围有村庄、乡镇的，编制采空区治理步骤时，应尽可能合理避让村庄、乡镇。

矿山企业在生产过程中，应尽可能多地采用充填采矿法进行矿山的回采，以保证采空区的稳定。同时，加强对顶板、地压和采空区的管理，确保井下采场和井巷的稳定性。企业应建立并严格执行采空区监测预报制度和定期巡查制度，对采空区进行在线监测，如发现异常情况，及时通知施工人员撤离现场，避免发生事故。

考点三　地下采空区的探测

1. 地下采空区探测方法

目前预测预报地下采空区边界的方法主要包括物探和钻探。物探方法主要采用地震波、电磁波、红外线等探测方法，受环境噪声、适用性、分辨率、多解性、不确定性等多种条件的限制，预报准确性受经验影响较大，无法做到准确定量预报。钻探可以准确揭露前方地质构造，数据可靠，结论可信，但施工难度大、成本高，探测成果受钻孔数量限制，分辨率较低，无法查清周边采空区准确边界。

选择地下采空区探测方法的原则是安全便捷、劳动强度低、成本低和精确度高。目前我国采用钻探为主、物探为辅的探测方法。

提示

为保证掘进作业安全，应事先探明采空区的位置和含水情况的探测方法是井下钻探法。

地下采空区探测技术与方法分类如图 5-1 所示。

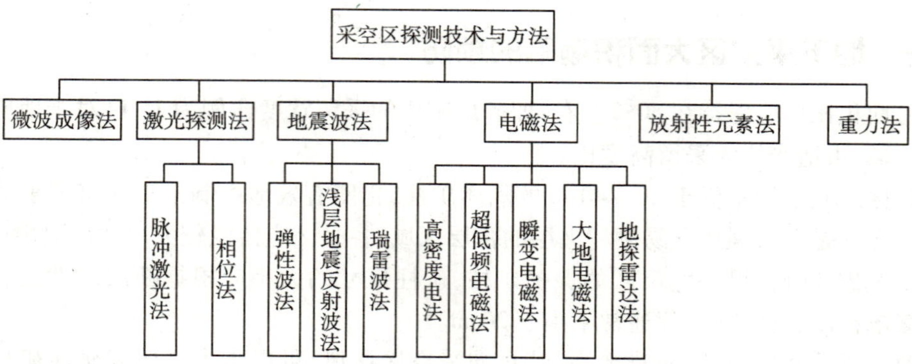

图 5-1　地下采空区探测技术与方法

2. 地下采空区精密探测技术与发展趋势

随着科技进步，地下采空区探测将朝着高精度、快速测量方向发展。三维激光扫描技术由于其非接触、高精度、高效率、测距远等优势，被广泛应用于矿山采空区精密探测。通过三维激光扫描技术，可准确探测采空区空间形状、大小和积水等情况，进而精准地探明采空区位置和形态，可以提高采空区治理的有效性。

同步自测

一、单项选择题（每题的备选项中，只有 1 个最符合题意）

1. 采空区的存在使得矿山的安全生产面临很大的安全问题。金属矿山采空区的分类中，(　　)为主要类型。

A. 空场法采空区　　B. 崩落法采空区

C. 充填法采空区　　D. 全面法采空区

2. 采空区与矿山生产密切相关，威胁矿山生产的第二大灾害是(　　)。

A. 火灾　　B. 老空水

C. 中毒窒息　　D. 地压灾害

3. 下列选项中，不属于地下采空区的处理方法的是(　　)。

A. 充填法　　B. 陷落法

C. 隔离法　　D. 崩落围岩法

4. 某地下铜矿开采已形成近 $12 \times 104\ m^3$ 采空区，且采空区上方有一村庄。下列采空区处理方法中，最适合该铜矿采空区处理的是(　　)。

A. 隔离法　　B. 充填法

C. 崩落围岩法　　D. 自然冒落法

5. 下列选项中，属于地下采空区防治模式的原则是(　　)。

A. 政府主导，属地监管，灾前预防，灾后治理

B. 政府主导，属地监管，灾前预防，社会化治理

C. 政府主导，预防为主，引发者赔偿，综合治理

D. 政府主导，预防为主，引发者赔偿，社会化治理

6. 目前我国地下采空区采用的探测方法为(　　)。

A. 钻探方法　　B. 物探方法

C. 钻探为主、物探为辅　　D. 物探为主、钻探为辅

二、案例分析题

2021 年 3 月 8 日，A 矿山企业采掘班 3 名出渣人员入井至 254 中段西部回风巷掘进面进行出渣作业。晚 23 点 20 分，巷道左壁一块约 1.3 m×1.28 m×0.25 m 的石头突然滑落，将正在装岩作业的装岩机手李某从身后砸压，致使其头部被挤压在石头和装岩机之间，导致其头部开放性颅骨骨折，当场死亡。

经过调查发现事故的直接原因为巷道左壁一块不易发现的片帮(重约 1 t)突然滑落。间接原因为：采矿作业顺序不合理，导致井巷顶部松动；作业人员松石处理经验不足，没能及时发现并处理隐性的片帮浮石；作业人员安全意识淡薄，对作业场所存在的危险因素辨识能力不够。

该井巷作业区为地下采空区，经过检查发现该采空区顶板发生局部冒落事故，并且临近采掘工作面有淋水现象，A 矿山企业对该作业区进行了探测，发现均为连续或基本连续的大矿床，于是选择采用隔离法处理。

A 矿山企业为了加强和规范应急工作，委托某咨询机构负责编制应急预案。

根据以上场景，回答下列问题：

1. 简述 A 矿山企业选择探测方法的原则。

2. 简述 A 矿山企业对地下采空区的处理要求。

3. 简述 A 矿山企业采用隔离法处理的具体措施。

4. 根据《生产安全事故应急预案管理办法》，应急预案的编制应符合什么要求？

答案详解

一、单项选择题

1. A。**【解析】**金属矿山采空区可分为空场法采空区、崩落法采空区和充填法采空区 3 类。其中，空场法采空区是主要类型。

2. B。**【解析】**采空区引发的主要灾害有地压灾害、水害、火灾、中毒窒息灾害等。其中，地压灾害和水害是采空区事故的主要类型。金属矿山采空区的首要灾害是地压灾害。采空水是指采空区内的积水，亦称老空水、老窖水、老窿水，是威胁矿山生产的第二大灾害。

3. B。**【解析】**地下采空区的处理方法可分为充填法、隔离法、崩落围岩法和加固法。

4. B。**【解析】**对于在其上部存在露天采场或有建筑物的采空区，由于地表绝对不允许大面积塌陷，通常采用充填法对采空区进行处理，可以永久性消除采空区的危险，保证地表村庄的安全。

5. D。**【解析】**在地下采空区防治措施中，应建立“灾前预防、灾后治理”的防治体系和“政府主导，预防为主，引发者赔偿，社会化治理”的防治模式。

6. C。**【解析】**目前预测预报地下采空区边界的方法主要包括物探和钻探，我国采用钻探为主、物探为辅的探测方法。

二、案例分析题

【答案】

1. A 矿山企业选择探测方法的原则是安全便捷、劳动强度低、成本低和精确度高。
2. A 矿山企业对地下采空区的处理要求包括：
   (1)技术经济合理。
   (2)安全可靠，施工方便。
   (3)提高矿床资源回收率。
   (4)尽量缩短影响矿山的生产时间。
3. 具体措施为：A 矿山企业应在其中间设置隔离带，切断各主要采空区的连续，控制地压活动范围。隔离带可以是大的条带形矿柱，也可是大的夹石带、无矿带或人为高强度混凝土料石充填体。
4. 应急预案的编制应符合下列要求：
   (1)有关法律、法规、规章和标准的规定。
   (2)本地区、本部门、本单位的安全生产实际情况。
   (3)本地区、本部门、本单位的危险性分析情况。
   (4)应急组织和人员的职责分工明确，并有具体的落实措施。
   (5)有明确、具体的应急程序和处置措施，并与其应急能力相适应。
   (6)有明确的应急保障措施，满足本地区、本部门、本单位的应急工作需要。
   (7)应急预案基本要素齐全、完整，应急预案附件提供的信息准确。
   (8)应急预案内容与相关应急预案相互衔接。

【解析】

1. 本案例第 1 问主要考查选择地下采空区探测方法的原则。选择地下采空区探测方法的原则是安全便捷、劳动强度低、成本低和精确度高。目前我国采用钻探为主、物探为辅的探测方法。
2. 本案例第 2 问主要考查地下采空区的处理要求。地下采空区是指地下固体矿物开采后形成的废弃空间，包括单一采空区和采空区群。地下采空区的处理要求包括：(1)技术经济合理。(2)安全可靠，施工方便。(3)提高矿床资源回收率。(4)尽量缩短影响矿山的生产时间。
3. 本案例第 3 问主要考查采取隔离法处理地下采空区的具体措施。地下采空区的处理方法可分为充填法、隔离法、崩落围岩法和加固法。根据采空区分布情况的不同，隔离法有 2 种处理方法：(1)对于孤立分散的小采空区，应采取措施隔绝采空区与生产区段之间可能传递危害的一切通道，并在采空区附近开一能向地表的“天窗”。(2)对连续或基本连续的大矿床，在其中间应设置隔离带，切断各主要采空区的连续，控制地压活动范围。隔离带可以是大的条带形矿柱，也可是大的夹石带、无矿带或人为高强度混凝土料石充填体。
4. 本案例第 4 问主要考查应急预案的编制要求。具体内容详见答案。

第六章　矿山水灾防治

考情解读

考·纲·要·求

运用矿山水灾防治相关技术和标准，辨识和分析洪水淹井、井下透水、矿井突泥等灾害，制定相应安全技术措施。

命·题·分·析

本章内容主要介绍矿山水灾主要事故类型及防治措施。矿山水灾的防治措施主要针对的是地表上洪水和地下水两部分。从考试角度分析，可考的内容较为简单，了解相关术语以及常见事故的预防和治理措施即可。本章历年考查比例较低，考查以选择题为主。

考点解读

考点一　矿山水灾的水源

矿山水灾是指渗入、涌入露天矿坑或矿井巷道的水量超过矿山正常排水能力，造成的采矿场、巷道被淹没的灾害。矿山水灾的水源包括：

（1）雨雪水。降雨和冰雪融化是地表水的主要来源。在开采上部矿体时，地表雨雪水多从井口或采区形成的塌陷区进入矿井内，具有淹井的危险性。有时雨水夹着黄泥涌入采场，严重影响生产并威胁安全。

（2）江湖池沼。矿区地表附近的江河、湖泊、海洋、水库、池沼、水塘等，如与井下巷道有断层、裂隙、溶洞相通，则有可能造成突然的井下透水事故。

（3）含水层水。矿体本身一般不含水，但矿体围岩往往具有空隙，其中常有地下水。如石灰岩就是危险的含水层，其中可能含有大量积水，当有裂隙与采掘空间连通时，就会成为井下涌水的来源。

（4）断层裂缝水。断层带通常是破碎松散的，且易于积水，若与其他水源连通，便可能会成为构成透水事故的主要危险。

（5）废坑旧巷空洞积水（老空积水）。这种水源水压比较大，破坏力比较强，造成的透水事故也不少，而且经常伴有硫化氢、二氧化碳等有毒有害气体涌出。

链接

矿山水灾的水源总体可分为两类：一类是地表水，如雨雪水、江河池沼等；一类是地下水，如含水层水、断层裂缝水、老空区积水等。在矿山水灾事故中，事故水源为地表水的占10%～15%，事故水源为地下水的占85%～90%。矿山地下水灾害的主要表现形式有：矿井突水；矿井透水；洪水淹井；地面塌陷；井下泥石流；矿井突泥；片帮、崩落。

考点二　矿山水灾的防治措施

1. 一般要求

(1)矿山建设项目设计之前,应委托相应资质单位对矿区进行工程地质、水文地质勘探,探明矿区水文地质条件,划分水文地质类型。

(2)矿山防治水应坚持“预测预报,有疑必探,先探后掘,先治后采”的原则,采取“防、堵、疏、排、截、避”综合治理措施。

(3)水文地质条件中等矿山应成立相应防治水机构,配置防治水专业技术人员,配备防治水及抢险救灾设备,建立探放水队伍。水文地质条件复杂矿山应设立专门防治水机构,配置专职防治水专业技术人员,建立专业探放水队伍,配备相应的防排水设施、配齐专用探水装备和防治水抢险救灾设备。

(4)矿山在未调查核实矿区内及周边的小矿井、老空区、现有生产矿坑的积水区、含水层、岩溶带、导水构造及周边区域水文地质条件前,严禁进行采矿活动,应先采取物探、钻探、水文试验等手段查清水文地质条件。发现有透(突)水征兆时,应立即停止受水害威胁区域的作业,并立即采用相应紧急处置措施,撤出所有可能受水威胁区域的人员,分析查找透水原因,采取有效安全措施,防止发生透水事故。

(5)矿山应加强井下作业人员防治水知识的培训,提高井下作业人员对地下水风险的辨识能力,提高预见、防护、处理水患的技能和综合素质。

(6)矿山应定期进行安全隐患排查,尤其是雨季前,制定隐患处理措施,及时处理安全隐患。

2. 地表水防治措施

(1)矿山应查清矿区及其附近地表水系的汇水、渗漏情况、排泄能力和有关水利工程等情况,掌握当地历年降水量和矿山布置永久建构筑物及井筒位置处的最高洪水位资料,及建立的疏水、防水和排水系统情况。

(2)矿山应主动与气象、水利、防汛等部门联系,建立灾害性天气预警和预防机制,及时掌握可能危及矿山安全生产的暴雨洪水灾害和灾害性天气的预报预警信息,主动采取措施,并与周边相邻矿井沟通信息,当矿坑出现异常情况时,立即向周边相邻矿井预警。

(3)矿山应对本矿区范围内及周边废弃老井、地面塌陷坑、岩溶裂缝、采动裂隙巡视检查,并建立与可能影响矿井(坑)安全生产的水库、湖泊、河流、涵闸、堤防工程主管部门的通报机制,接到暴雨灾害预警信息和警报后,要实施24 h不间断巡查。矿区每次降大到暴雨前后,应派专业人员及时观测矿坑涌水量变化。

(4)雨季前矿山应全面检查防范暴雨洪水引发事故灾难措施的落实情况,对排查出的隐患,要落实责任,限定在汛期前完成整改。防治水工程要有专门设计和施工方案,竣工后矿山应组织验收。

(5)矿区各井口的标高,应高于当地或矿井所在地形历史最高洪水位1 m以上。工业场地的地面标高,应高于当地历史最高洪水位。达不到要求的,应以历史最高洪水位为防护标准修筑防洪堤,井口应筑人工岛,使井口高于最高洪水位1 m以上。

(6)井口附近或塌陷区内外的地表水体可能溃入井下时,应采取措施并遵守下列规定:

①矿区范围汇水面积较大的,应在采矿错动范围外修筑截洪沟,将降雨径流截出矿区,避免渗入井下。

②严禁开采防隔水矿(岩)柱。

③地表容易积水的地点应修筑沟渠,排泄积水。修筑沟渠时,应避开强含水层露头、裂隙和导水岩层。不能修筑沟渠排水时.应填平压实;范围太大无法填平时,应用水泵或建排洪站排水。

④矿山受到河流、山洪威胁时,应修筑堤坝和泄洪渠。

⑤排到地面的矿坑水,应妥善处理,避免再渗入井下。

⑥漏水的沟渠和河床,应及时堵漏或局部改道。

⑦地面裂缝和塌陷应填塞,填塞前及填塞过程中应有防止人员陷入塌陷坑内的安全措施。具备条件时,清除塌陷体后用块石或混凝土封堵岩溶通道,再用黏土回填塌陷区。

⑧位于频繁发生塌陷区的河道,具备改道条件时,应改道。无法改道时,应采用物探探查、钻探验证的方法对河床下岩溶发育情况进行勘察,并采取有效措施治理河床。

⑨有滑坡危险的地段,应加密观测,可能威胁矿山安全时,应采取防止滑坡措施。

⑩影响矿区安全的落水洞、岩溶漏斗、溶洞等,均应采取填充或注浆等措施严密封闭。

(7)废石、矿石和其他堆积物等杂物严禁堆放在山洪、河流可能冲刷到的地段。

(8)报废的竖井应充填密实或浇注1个大于井筒断面的坚实钢筋混凝土盖板,且覆盖2倍于井口直径的不透水黏土,并应设栅栏和标志。井口封闭盖必须达到防止地表水灌入的要求:

①报废的斜井应充填密实或在井口以下斜长20 m处砌筑砖、石或混凝土墙,再填至井口并加砌封墙。

②报废的平硐,应从硐口向里用泥土填实至少20 m,再砌墙宽600~800 mm厚的混凝土封墙,封墙底部应留设直径不小于150 mm的泄水孔。有地面水影响的报废井口应设置排水沟。

③封填报废的立井、斜井和平硐时,应做好隐蔽工程记录,并填图归档。

④如报废已封闭的立井、斜井和平硐在矿山下一步采矿过程中,受采动影响,应重新封闭严实,保证在矿山生产期间安全。

(9)使用中的钻孔应安装孔口保护装置,报废的钻孔应及时封孔。观测孔、注浆孔、电缆孔、与井下或含水层相通的钻孔,其孔口管应高出当地最高洪水位或具备防止地表水倒灌(下泄)装置。

链接

露天矿的防水措施主要分为地下涌水防水措施和地面防水措施。其中,地下涌水的防水措施有探水钻孔,设置防水墙、防水门、防水矿柱和防渗帷幕等;地面水的防水措施有截水沟、河流改造、调洪水库、拦河护堤等。

典型例题

【单选题】关于地下矿山地表水防治措施的说法，错误的是（　　）。

A. 工业场地的地面标高，应低于当地历史最高洪水位

B. 井口筑人工岛时，应使井口高于最高洪水位 1 m 以上

C. 报废的竖井应充填密实或浇注 1 个大于井筒断面的坚实钢筋混凝土盖板

D. 矿区各井口的标高，应高于当地或矿井所在地形历史最高洪水位 1 m 以上

A。【解析】矿区各井口的标高，应高于当地或矿井所在地形历史最高洪水位 1 m 以上。工业场地的地面标高，应高于当地历史最高洪水位。达不到要求的，应以历史最高洪水位为防护标准修筑防洪堤，井口应筑人工岛，使井口高于最高洪水位 1 m 以上。报废的竖井应充填密实或浇注 1 个大于井筒断面的坚实钢筋混凝土盖板，且覆盖 2 倍于井口直径的不透水黏土，并应设栅栏和标志。

3. 地下水防治措施

（1）要健全防治水组织机构和工作制度，严格按照“预测预报、有疑必探、先探后掘、先治后采”的水害防治原则，落实“防、堵、疏、排、截、避”综合治理措施；水害隐患严重的矿山要成立防治水专门机构，配备专用探放水设备，建立专业探放水队伍，排水作业人员必须经专门的安全技术培训并考核合格，持证上岗。

（2）要调查核实矿区范围内的其他矿山、废弃矿井（露天开采废弃采场）、老采空区，本矿井积水区、含水层、岩溶带、地质构造等详细情况，并填绘矿区水文地质图；要摸清矿井水与地下水、地表水和大气降水的水力关系，预判矿井透水的可能性。

（3）要完善排水系统，按照设计和《金属非金属矿山安全规程》建立排水系统，加强对排水设备的检修、维护，确保排水系统完好可靠。

（4）要强化应急保障，不断完善透水事故应急救援预案，水文地质条件中等及复杂或有透水风险的地下矿山，要至少在最低生产中段设置紧急避险设施，并配备满足抢险救灾必需的大功率水泵等排水设备；要加强对作业人员的安全培训和透水事故应急救援预案的演练，提高作业人员应对透水事故的能力；严禁相邻矿井井下贯通，严禁开采隔水矿柱等各类保安矿柱。

链接

地下水防治措施除上述 4 项外，还可采用超前探水、排水疏干、隔水与堵水等措施。其中，排水疏干是最安全、最有效的地下水防治措施。排水疏干方法主要有地表疏干法、地下疏干法、地表与地下联合疏干法 3 种。

4. 疏干塌陷防治措施

（1）疏干排水时有地表沉降、塌陷的矿山应进行塌陷和沉降观测，分析塌陷和沉降的发展趋势、预测塌陷和沉降范围及灾害程度。裸露型岩溶、地面塌陷发育的矿区，应做好气象观测，降雨、洪水预报；封堵可能影响生产安全的井下揭露的主要岩溶进水通道；对已

采区可构建挡水墙隔离；雨季应加密地下水的动态观测，并进行矿井涌水峰值的预报。危及居民安全的应采取加固措施或搬迁。

(2)应采取有效的物探方法查明塌陷区的岩溶裂隙、过水通道的分布情况及发展规律。推荐采用地面五极纵轴电（激电）探测和高密度电法（浅部），探测网度推荐采用 50 m×20 m，异常密集区加密。塌陷区有河道时，应沿河道延伸方向布置探测剖面，剖面总数不少于 3 条。应布置适量的钻孔验证物探成果，每条剖面至少布置 1 个。

(3)矿山应建立矿区塌陷发生、发展趋势台账，包括塌陷个数、塌陷面积、裂缝位置、规模、时间、降雨量、矿坑排水量。

(4)露天转井下矿山应加强地面泥石流的监测和预防，采用地表地质测绘、钻探、山地工程、物探、试验和测试等方法对可能存在地面泥石流的矿山进行长期动态监测和预测预报，并应制定应急和治理措施。

(5)疏干岩溶塌陷、滑坡、泥石流等地质灾害的评价、设计应由相关资质的单位完成。

5. 矿区截流帷幕防治措施

(1)矿区岩溶发育，矿坑疏排水引起地面岩溶塌陷，并对人民生命财产造成较大损失，且矿区具有以下水文地质条件时，应采用矿区帷幕截流防治水方案：

①在采矿冒落带 20 m 以外有相对狭窄且集中的地下水进水通道。

②有可靠的隔水边界（两端）。

③有可靠的隔水底板。

④包围式帷幕有可靠隔水底板即可。

(2)确定矿区截流帷幕幕址应遵循下列程序和要求：

①采用矿区帷幕注浆方案前，宜在拟建帷幕线区域进行帷幕线勘察，利用物探、钻探、水文地质试验等方法查清岩溶裂隙、过水通道的分布位置和规模，确定矿区截流帷幕线位置，并对矿区帷幕截流方案进行可行性研究。

②开展矿区帷幕注浆试验，确定帷幕参数、注浆材料、制浆和注浆工艺、注浆过程控制、效果检测方法并预计帷幕效果。

③推荐采用数值模拟技术，从技术、经济、资源开发、堵水效果，环境等各方面对帷幕线幕址和方案综合比较，确定最终的幕址和深度。

(3)帷幕线岩溶探测方法及野外工作装置要求：

①帷幕施工前，应采用合适的物探方法查明帷幕线岩溶等过水通道，帷幕注浆结束后，应采用同样的物探方法对注浆效果进行检测。

②帷幕线岩溶探测（或效果检测）方法，宜采用地面五极纵轴、三极、四极电（激电）测深。推荐采用五极纵轴激电（电）测深。

③推荐探测点距：4～10 m。

典型例题

【单选题】帷幕截流是通过切断涌水通道，达到控制矿井涌水量、确保矿井安全的一种防治水措施。选择帷幕截流方式防治水时，应具备一定的水文地质条件。包围式帷幕所需要的水文地质条件是(　　)。

A. 在注浆区域以外有相对狭窄且集中的地下水进水通道

B. 注浆区域水平方向两侧有可靠的隔水边界

C. 注浆区域有可靠的隔水顶板

D. 注浆区域有可靠的隔水底板

D。【解析】包围式帷幕所需要的水文地质条件较简单，只要注浆区域有可靠的隔水底板即可。

考点三　矿山探放水的要求

1. 探放水的基本要求

采掘工作面遇下列情况之一时，应进行探放水，探水前应确定探水线并标绘在图上：

(1)接近水淹或者可能积水的井巷、采空区或者相近的矿山。

(2)接近含水层、导水断层、暗河、溶洞和导水陷落柱。

(3)打开防隔水岩(矿)柱进行放水前。

(4)接近可能与河流、湖泊、水库、水池、水井等相通的断层带。

(5)接近有出水可能的老钻孔。

(6)接近水文地质条件复杂的区域。

(7)采掘破坏影响范围内有承压含水层或含水构造、矿床与含水层间的防隔水矿(岩)柱厚度不清楚可能发生突水。

(8)接近其他可能突水地区。

探放水工程应先设计，设计应包括如下内容：

(1)探放水的采掘工作面及周围的水文地质条件、水害类型、水量及水压预计。

(2)探放水巷道的开拓方向、施工次序、规格和支护方式。

(3)探放水钻孔组数、个数、方向、角度、深度、孔径、施工技术要求和采用的超前距、帮距及探水线确定。

(4)探放钻孔孔口安全装置及耐压要求等。

(5)探放水施工与掘进工作的安全规定。

(6)受水威胁地区信号联系和避灾路线。

(7)通风措施。

(8)防排水设施，如水闸门、水闸墙、水仓、水泵、管路、水沟等排水系统及能力的安排。

(9)水情及避灾联系汇报制度和灾害处理措施。

(10)探放水硐室设计、探放水孔布置的平面图、剖面图等。

探放老采空区水应遵循以下原则：

(1)不在河沟及重要建筑物下面的老空区，宜排放老空区水。

(2)与地表水水力联系密切或雨季接受降水大量补给的老空区水或老空区涌水量很大、水质酸性等，宜先隔离后探放。

(3)水量大、水压高的老空区水，应先从顶、底板岩层打穿层放水孔，降水压后再探放水。

(4)老空区被强含水层或水源所淹没，宜先堵住出水点再探放水。

(5)应分析查明老空区水体的空间位置、积水量和水压，监视放水全过程，核对放水量，直到老空区水放完为止。

探水前，应编制探水设计，确定探水警戒线，并采取防止有害气体危害的安全措施。探水孔的布置、位置、方向、数目、孔径、每次钻进的深度和超前距离，应根据水头高低、矿(岩)层厚度和硬度等确定。并严格按设计进行探放水。

2. 探放水的安全措施

(1)探水的巷道中间不得有低洼积水段。

(2)探水巷应在探水钻孔有效控制范围内掘进，探水孔的超前距、帮距及孔间距应符合设计要求。每次探水后、掘进前，应在起点处设置标志，并建立挂牌制度。

(3)巷道支护应牢固，顶、帮背实，无高吊棚脚，斜巷有撑杆，使巷道有较强的抗水流冲击能力。

(4)探放水地点应安设电话和报警装置。

(5)应向受水威胁地区的施工人员贯彻、交代报警信号及避灾路线。

(6)探水巷道应加强出水征兆的观察，一旦发现异常应立即停止工作，及时处理。情况紧急时应立即发出警报，撤出所有受水威胁地区的人员。

(7)钻孔接近老空区，预计可能有有害气体涌出时，应有矿山救护队员和安全员在现场值班，检查空气成分。有害气体超过有关规定时，应立即停止打钻，切断电源，撤出人员，并报告主管部门，采取措施，进行处理。

(8)放水工作应尽量避免在雨季进行。

(9)探放水人员应按照批准的设计施工，未经审批单位允许，不得擅自改变设计。

3. 探放水的应急处理措施

(1)钻杆接口断开无法退出时，应及时关闭探水钻机，退出钻杆，更换新钻头接口，继续钻进，与断开的钻杆进行套钻，如未能套钻，应重新进行开孔钻探。

(2)探水过程中，如开、关按钮控制器失灵，应切断电源，更换控制按钮。

(3)钻探过程中无法转进时，应检查钻杆是否脱节，检查工作面回水颜色及钻探情况，退出钻杆检查钻头等。待查明原因后，方可继续进行探放水。

(4)探水过程中，水开始变大时，应立即汇报矿相关技术和管理部门，分析后方可进行重新探放或停止探放。

(5)探水中电机烧坏时，及时更换电机。

(6)推进杆折断时,及时退出钻杆、关闭电源,进行检查、更换。

(7)发现钻探松软或有异常响声时,应立即停止钻进,汇报调度室或井下值班矿领导、矿分管领导,待研究决定后,重新进行钻探或停止钻探。

考点四　矿山供水施救系统

供水施救系统是指在矿山发生灾变时,为井下提供生活饮用水的系统,包括水源、过滤装置、供水管路、供水阀门等。生产供水系统是指在矿山正常生产时,为井下作业地点提供生产用水的系统,包括水源、供水管路、供水阀门等。

1. 建设要求

(1)金属非金属地下矿山应根据安全避险的实际需要,建设完善供水施救系统。

(2)供水施救系统应进行设计,并按照设计要求进行建设。

(3)供水施救系统应优先采用静压供水;当不具备条件时,采用动压供水,用水地点、管道出口水压应不小于 0.1 MPa。

(4)供水施救系统可以与生产供水系统共用,施救时水源应满足相关规范要求(放射性指标除外)。

(5)生产用水不符合生活饮用水要求时,供水施救系统中还应建设辅助水池用于储备生活饮用水,容量应不小于 20 m^3。辅助水池应采取封闭保护措施,防止异物污染,每年应对辅助水池进行一次全面清洗、消毒,并对水质进行检验。

(6)供水施救系统管道应采用钢管材料或其他同等强度的阻燃材料,并采取防腐蚀措施。

(7)供水管道敷设应牢固平直,并延伸到井下采掘作业场所、紧急避险设施、爆破时撤离人员集中地点等主要地点。

(8)各主要生产中段和分段进风巷道的供水管道上安设的供水阀门,中段和分段间隔应不大于 200 m。

(9)独头掘进巷道距掘进工作面不大于 100 m 处的供水管道上应安设一组供水阀门,相邻两组供水阀门安设间距应不大于 200 m。

(10)爆破时撤离人员集中地点的供水管道上应安设一组供水阀门。

(11)供水管道应接入紧急避险设施内,并安设阀门及过滤装置,水量和水压应满足额定数量人员避灾时的需要。

(12)供水阀门安装地点应宽敞、稳固,安装位置应便于避灾人员使用;阀门应开关灵活。

(13)供水施救系统管道颜色应符合规定。

(14)供水施救系统安装完毕经验收合格后方可投入使用。

2. 维护与管理

(1)金属非金属地下矿山应指定人员负责供水施救系统的日常检查与维护工作。

(2)金属非金属地下矿山应绘制供水施救系统布置图,并根据井下实际情况的变化及时更新。布置图应标明供水阀门的位置，以及供水管道的走向等。

(3)金属非金属地下矿山应定期对供水施救系统进行巡视和检查，发现故障及时处理。

(4)金属非金属地下矿山应配备足够的备件，确保供水施救系统正常使用。

(5)金属非金属地下矿山应根据各类事故灾害特点，将供水施救系统的使用纳入相应事故应急预案中，并对入井人员进行供水施救系统使用的培训，确保每位入井人员都能正确使用。

(6)相关图纸、技术资料应归档保存。

考点五　矿井排水

1. 排水方式与系统

矿山排水方式有自流式排水和扬升式排水 2 种。在地形允许的条件下，最经济、可靠的排水方式是平硐自流排水，应尽可能采用此方式。在地形受限制的矿井，应采用扬升式排水，依靠水泵将水排至地面。

平排水的水沟断面较多情况下为倒梯形，有效断面积应取决于通过的水量，一般应为 $0.05 \sim 0.15\ m^2$，巷道纵向坡度为 3‰～5‰，水的正常流速为 0.4～0.6 m/s。

每个水平各自设置水泵房直接排水。当下部水平涌水量大、上部涌水量小时，可用管道、钻孔、放水天井将上部的水放至下部水平、再由下部集中排至地表。当下部水平涌水量小、上部水平涌水量大时，可在下部水平面设辅助水泵。

链接

露天矿山应按照下列要求建立防排水系统：

(1)受洪水威胁的露天采场应设置地面防洪工程。

(2)不具备自然外排条件的山坡露天矿，境界外应设截水沟排水。

(3)凹陷露天坑应设机械排水或自流排水设施。

(4)遇设计防洪频率的暴雨时，最低台阶淹没时间不应超过 7 d，淹没前应撤出人员和重要设备。

2. 主水泵房的布置要求

主水泵房一般设在提升材料井附近。要求硐室坚固、干燥，照明和通风良好。主水泵房必须有 2 个通道，一个水平，一个倾斜。

为了集中、沉淀和排出矿井水，在水泵房旁应设置水仓。水仓的容积应能容纳 4 h 正常涌水量。

3. 排水设备和管路的布置要求

卧式电动离心式水泵是最常用的排水设备。

水泵台数和能力的决定因素有雨季的长短、涌水量的大小和扬程的高低。备用水泵必须保证有足够的数量。

排水管路包括排水管道和吸水管道。排水管道的垂直排水管选用铸铁管时，其总长度和水压不得超过100 m和10 kg/cm^2。

有的矿井水是酸性水，会对排水管造成腐蚀，因此必须做防腐处理，并使用耐酸水泵，以提高使用寿命。防腐方法主要是在管内外壁涂喷生漆、沥青等防腐物质。

4. 井下排水设施的布置要求

主要水仓应由2个独立的巷道系统组成。最低中段水仓总容积应能容纳4 h的正常涌水量；正常涌水量超过2 000 m^3/h时，应能容纳2 h的正常涌水量，且不小于8 000 m^3。应及时清理水仓中的淤泥，水仓有效容积不小于总容积的70%。

井下最低中段的主水泵房出口不少于2个；一个通往中段巷道并装设防水门；另一个在水泵房地面7 m以上与安全出口连通，或者直接通达上一水平。水泵房地面应至少高出水泵房入口处巷道底板0.5 m；潜没式泵房应设两个通往中段巷道的出口。

井下主要排水设备应包括工作水泵、备用水泵和检修水泵。工作水泵应能在20 h内排出一昼夜正常涌水量；工作水泵和备用水泵应能在20 h内排出一昼夜的设计最大排水量。备用水泵能力不小于工作水泵能力的50%；检修水泵能力不小于工作水泵能力的25%。只设3台水泵时，水泵型号应相同。

应设工作排水管路和备用排水管路。水泵出口应直接与工作排水管路和备用排水管路连接。工作排水管路应能配合工作水泵在20 h内排出一昼夜正常涌水量；全部排水管路应能配合工作水泵和备用水泵在20 h内排出一昼夜的设计最大排水量。任意一条排水管路检修时，其他排水管路应能完成正常排水任务。

考点六　井下泥石流

矿床疏干或巷道揭露破碎带时，常伴有泥砂随水涌入，发生泥石流，它不仅摧毁设备，甚至可能造成人身伤害。

井下泥石流防治措施包括：

（1）连续大雨时，崩落法开采的矿山应加密地表塌陷坑、井下黄泥点的调查、统计及分析，并及时处理。

（2）加强塌陷区的综合治理，减少塌陷区的汇水量：

①塌陷范围外修建排水沟，拦截部分汇水。

②塌坑安置排水泵，强降雨期间将汇入地表塌坑内的水抽出。

③严禁在塌陷区及周边非法采矿、选矿、碎石加工、耕植。

④严禁向塌坑排灌尾砂及工业用水。

（3）提前对含水层进行疏水降压，施工过程中加强顶板控制，发现淋水加大，条件恶化应停止作业。

（4）存在井下泥石流危害的矿山，应坚持超前探水措施。

考点七　矿井突泥

1. 概念

矿井突泥是由大量泥砂涌入井巷所造成，是一种威胁较大的灾害。泥砂主要来源于岩溶陷落柱、断裂破碎带、松散含水层。

2. 矿井突泥灾害的前兆特征

矿井突泥灾害发生之前一般有先兆，是可预测预报的。矿井突泥灾害的前兆如下：

(1)当采用超前钻孔探测时的前兆。钻进速率突增；钻孔开始出现喷水现象；喷距较大，且呈浑浊状态或时喷时停。

(2)开挖过程中的前兆。掌子面附近围岩出现锈状，且开始出现环状滴水或渗水现象；揭露岩体的岩性发生突变，弱可溶岩进入强可溶岩的边界部位；开挖过程中，发现黏土量增多，而涌水量有减小的趋势或出现大量的剥落碎块，掌子面无涌水现象；突然遇到断层破碎带、褶曲向斜、裂隙密集带或岩溶管道不良地质，且揭露围岩明显湿化。

(3)断层破碎带的前兆。岩层中伴有牵引褶曲、弧形节理组成的小型帚状构造或反倾节理裂隙的出现，节理组数急剧增加可多达 6～12 组；开始有压碎岩、碎裂岩的出现，岩石强度明显降低；邻近富水断层下盘泥岩、页岩等隔水层明显湿化、软化或伴有淋水现象和其他水流痕迹。

(4)临近大型溶洞水体或暗河的前兆。钻孔中涌水量剧增，且夹有泥沙或小砾石，或有凉风冒出，洞中有较大的流水声；施工过程中小溶洞出现的频率增加且多有水流、河沙或水流痕迹，裂隙、溶隙间含有较多的铁染锈或夹黏土，岩层明显湿化、软化，或伴有淋水现象。

(5)岩溶管道的前兆。非断层破碎带出现岩层内倾牵引现象或内倾小断层；附近岩层易发生疏松、变暗等氧化现象且可使岩层潮湿或泥化。

(6)淤泥带的前兆。频繁出现铁染锈裂隙或有水、无水小溶洞；淤泥带中含水较多，钻孔中的涌水量剧增且浑浊，并夹有大量泥沙和棱角尖锐的小碎石。

(7)邻近人为坑洞积水的前兆。掌子面空气变冷或出现雾气；岩层明显湿化、软化；伴有淋水现象以及“嘶嘶”的水声，岩层裂隙有涌水现象。

突泥灾害事故的绝大部分在实行综合超前地质预报与预警机制后是可以避免的。地质条件的复杂性和物探结果的多解性决定了单一的预报方法难以保证结果的准确性和精确度，因此应实施综合超前地质预报。

3. 矿井突泥的预防措施

矿井突泥除造成人员伤亡外，有时还堵塞排水系统，淤埋井下设备，并常伴生地面塌陷，增加了突水灾害的破坏程度和治理难度。由于突泥常常发生在断层、岩溶、采空区等不良地质中，所以预测突泥的关键是确定不良地理位置及查明地下水源体的位置及地质。施工中应加强超前地质预报工作，探明掌子面前方不良地质及地下水状况，确定合理的施工方案。突泥的防治安全措施有：超前地质预报，超前钻孔；注浆封堵或引排水；在突泥前将人员及设备撤离到安全地段；清碴后对相应地段加强支护及衬砌。

考点八 洪水淹井

1. 洪水淹井的概念及其原因

洪水淹井是指矿井中由于突水或其他原因，涌入坑道的地下水大于排水能力，在较短时间内把坑道或整个矿井淹没的现象。淹井的主要原因有：对矿坑涌水量计算错误；对突水规律认识不清；防水措施不当；经不起大量地下水突然袭击。

2. 洪水淹井后应采取的措施

矿井被淹没后，应采取的措施如下：

(1)首先必须对水源、矿井静水容积和动态储量进行调查研究，然后制定恢复方案，选择适当能力的排水设备，组织力量进行排水和恢复工作。

(2)在涌水量不大或补给水源有限的情况下，可采用增加排水能力的办法直接排出矿井内的积水。

(3)若井下涌水量特别大，用增加水泵能力不能将水排干时，则必须先堵住涌水通路，截住水源，然后再排水。

(4)由于被淹井巷内通常积存有大量的二氧化碳、硫化氢等有害气体，因此在整个恢复工作时期必须要十分注意通风工作，且在排水过程中加强对有害气体的监测，并用局扇进行局部通风，排除有害气体。

(5)在井筒内安装排水管或进行其他作业的工作人员必须佩戴安全带，并应配备自救器。在修复井巷时，要特别注意防止冒顶和坠井事故的发生。

案例分析

案例场景

2021 年 1 月 16 日，某铁矿发生透水事故，35 名矿工被困井下，由于应急响应不及时，导致只有 6 人获救，其余 29 人全部死亡。

事故调查技术组分析认定，该事故的直接原因是地质构造、水文地质条件复杂，矿方既未执行开发利用方案，也未按照采矿设计进行采矿，造成矿井透水。

导致该透水事故发生的间接原因包括：

(1)企业管理混乱、以包代管。

(2)培训中介机构不落实教学管理。

(3)政府相关部门疏于管理、监管不到位。

于是，该铁矿采取了相应的防范措施：

(1)强化培训监管，提高人员素质。

(2)加大隐患排查工作力度，规范生产行为。

(3)进一步清理职责，落实监管责任。

知识点讲解

考点一　矿井透水

1. 概念

矿井透水是指采掘工作面与矿山地表水或地下水沟通时突出发生大量涌水，淹没井巷的事故。矿井在建设和生产过程中，地面水和地下水通过裂隙、断层、塌陷区等各种通道涌入矿井，当矿井涌水超过正常排水能力时，将会造成井下透水灾害。

2. 透水预兆

井下采掘工作面发生透水之前，一般都有如下征兆：

(1)工作面“出汗”。这是由于积水渗过微孔裂隙而凝聚于岩石表面。顶板“出汗”多呈尖形水珠，有承压欲滴之势，有别于自燃预兆中的“出汗”，后者常呈平形水珠，为蒸汽凝结于顶板所形成。

(2)顶板来压，淋水加大，有时好似下雨，或底板鼓起并有渗水。这是前方存在高压水的预兆。

(3)工作面温度下降，空气变冷，产生雾气。这是由于地层深处因地热增温等效应，围岩温度随深度增加而增加，如果有径流很快的地下水流从浅部流下，浅部相对低温的地下水和深部相对高温的岩石形成较大温差，使空气变冷，并产生雾气。

(4)工作面“挂红”，酸度大，水味发涩并有臭鸡蛋味。这是由于积水年久，水中溶解了许多杂质的结果。含铁能使水变红，含硫化氢有臭鸡蛋味，酸性水发涩。

(5)岩层里有“嘶嘶”的水叫声。这是由于被淹井巷积水，具有较大的水压，能把水从岩层裂缝中挤压出来，水与裂缝摩擦而发出“嘶嘶”声，这属于险期征兆。

(6)出现压力水流。这表明已经接近水源，应注意观察水流情况，如出水清澈说明水源还远，浑浊则说明离水源很近。

(7)工作面有害气体增加。积水区常散发出来的气体一般是沼气、二氧化碳和硫化氢等。

上述为一般预兆，有时也会遇到预兆不明显，发生突然透水的情况。当发现工作面有涌水预兆或发生大量涌水时，说明已经接近透水区，应停止作业，并迅速报告有关部门及时采取有效措施。

考点二　矿山水灾应急响应安全技术措施

井下重大水灾发生时灾区人员的自救安全撤离措施：

(1)工作面一旦发生重大水灾，如有可能，在场人员首先应在跟班队长或班组长的指挥下，尽可能就地取材，采取加固工作面等措施，堵住出水点，防止事故范围扩大；并立即向单位调度室或井下值班领导汇报水灾地点，初步判断涌水量和水灾发生时间等情况。

(2)若水势过猛，无法抢救，凡受水灾威胁区域人员都应在本班班长带领下撤出危险区域，撤离时应有组织地避开压力水头，沿着规定的避灾路线迅速撤退；同时迅速通知可能受水害威胁区域的人员停止工作，切断电源，快速撤离。

救援措施：

(1)矿山调度室接到事故汇报后，应及时通知救护队前往救护。

(2)救护队员到达现场后，应先向事故附近区域工作的人员了解事故发生原因、事故前人员分布位置，并实地查看巷道状况，保证退路安全畅通。

(3)如果通风系统遭到破坏，应积极恢复事故发生地点的正常通风；如果暂时不能恢复，可利用水管、压风管路等向被水堵截区域的人员输送新鲜空气。当有害气体威胁到抢救人员安全时，救护队应独立担负抢救人员和恢复通风的工作。

(4)抢救人员时，要用灯光、呼喊、敲击等方法，判断遇险人员位置，与遇险人员保持联系，鼓励他们配合工作。必要时，可开掘通向遇险人员所在区域的专用巷道。

(5)恢复被水淹巷道时，应始终坚持由外向里、由高到低的原则，并由专人检查顶板情况，发现异常，立即撤出人员，加强巷道支护。

同步自测

一、单项选择题(每题的备选项中，只有1个最符合题意)

1. 矿山水灾的水源总体可以分为(　　)类。

A. 2　　B. 3

C. 4　　D. 5

2. 下列选项中，不属于矿井水灾主要表现形式的是(　　)。

A. 矿井突水　　B. 片帮、崩落

C. 山体崩塌　　D. 地面塌陷

3. 下列选项中，不属于地下水排水疏干方法的是(　　)。

A. 地表疏干　　B. 地下疏干

C. 设置防水墙　　D. 地表与地下联合疏干

4. 探水孔的布置、位置、方向、数目、孔径、每次钻进的深度和超前距离，应根据(　　)、矿(岩)层厚度和硬度等确定。

A. 水源性质　　B. 水头高低

C. 钻进设备性质　　D. 含水层富水情况

5. 探放水作业过程中发现钻探有异常声响时，应(　　)。

A. 切断电源，更换控制按钮

B. 及时退出钻杆、关闭电源，进行检查、更换

C. 检查钻杆是否脱节，检查工作面回水颜色及钻探情况，退出钻杆检查钻头等

D. 立即停止钻进，汇报调度室或井下值班矿领导、矿分管领导，待研究决定后，重新进行钻探或停止钻探

6. 水文地质条件复杂、有水害威胁的矿井采掘作业，需进行超前探放水。关于探放水安全措施的说法，正确的是（　　）。

A. 探放水钻孔布置由作业人员视现场情况决定

B. 发现异常先向矿领导汇报，再按指令撤人

C. 探放水作业地点设专人现场监护

D. 做好放水量和水质的记录

二、案例分析题

2021 年 5 月 12 日，某金矿 881 平硐有 12 人入井作业。8 时许，3 名掘进工到 +890 m 掘进工作面进行凿岩作业，4 名掘进工到 +835 m 水仓掘进工作面进行出渣作业，矿安全员和生产负责人对 +890 m 掘进工作面进行巡视。12 时 20 分，3 名爆破员到 +890 m 掘进工作面进行爆破作业。

12 时 50 分，矿安全员、生产负责人及 2 名爆破员先行出井，另一爆破员实施放炮作业后出井。+890 m 处的 3 名掘进工等待约 30 min 后，2 人朝井口方向行进至局部通风机处，准备启动风机吹散炮烟，其中一人发现有一股很大的水流从上面涌过来，立即抓住巷道边帮上的电缆线固定木桩，待水流消退后，发现同行工友受伤，遂背其出井。另一掘进工自救脱险。

水流沿 +866 m 主巷向下倾泻，快速淹没了 +845 m 水平以下所有巷道。在 +848 m 水平倒渣的一名掘进工抓住巷道边帮上的电缆线走出淹水区并出井。另 3 名在水仓掘进工作面作业的掘进工因水流封住出口，无法脱险。

15 时 30 分，该矿矿长向当地县人民政府报告事故。16 时许，县人民政府启动了事故抢险和公共突发事件应急预案，迅速将受伤矿工送医院急救。经过 61 h 不间断的抢险救援，发现 3 名掘进工均已遇难。

经查，该金矿 +890 m 探矿巷道越界掘进至 3 号矿体老窑水下部，工作面与老窑水体间的岩层厚度约 0.95 m，该岩层在自重、老窑水和爆破震动的综合作用下被破坏。事故共造成 3 人受伤，3 人死亡，直接经济损失 1 434.66 万元。

根据以上场景，回答下列问题（1 ~2 题为单选题，3 ~5 题为多选题）：

1. 根据《生产安全事故报告和调查处理条例》，该起事故的等级为（　　）。

A. 轻微事故　　B. 一般事故

C. 较大事故　　D. 重大事故

E. 特别重大事故

2. 根据《生产安全事故报告和调查处理条例》，该起事故应当上报至（　　）。

A. 国务院安全生产委员会办公室　　B. 省人民政府应急管理部门

C. 设区的市级人民政府应急管理部门　　D. 县人民政府应急管理部门

E. 乡镇人民政府应急管理部门

3. 导致该起事故发生可能的间接原因有(　　)。

A. 井下探放水技术措施落实不到位
B. 生产部门安排多水平同时作业
C. 未建立安全风险分级管控机制
D. 应急救援预案培训与演练缺失
E. 爆破后未进行作业面安全检查

4. 为预防类似事故再次发生,该矿应采取的技术措施与管理措施包括(　　)。

A. 加强矿山开采期间水文地质调查
B. 严格按照安全设施设计进行开采
C. 加强爆破作业人员安全技术培训
D. 及时评审与更新应急救援预案
E. 及时更新和保存矿井开采现状图

5. 针对该矿的安全生产管理,下列判断正确的有(　　)。

A. 安全生产管理制度更新不及时
B. 生产安全事故应急预案不健全
C. 作业过程危险辨识不充分
D. 入井人员未按规定穿戴防护用品
E. 主要负责人安全生产职责不落实

答案详解

一、单项选择题

1. A。【解析】矿山水灾的水源总体可分为2类:一类是地表水,如雨雪水、江河池沼等;一类是地下水,如含水层水、断层裂缝水、老空积水等。

2. C。【解析】矿山地下水灾害的主要表现形式有:矿井突水;矿井透水;洪水淹井;地面塌陷;井下泥石流;矿井突泥;片帮、崩落。

3. C。【解析】排水疏干是最安全、最有效的地下水防治措施。排水疏干方法主要有地表疏干法、地下疏干法、地表与地下联合疏干法3种。

4. B。【解析】探水前,应编制探水设计,确定探水警戒线,并采取防止有害气体危害的安全措施。探水孔的布置、位置、方向、数目、孔径、每次钻进的深度和超前距离,应根据水头高低、矿(岩)层厚度和硬度等确定。并严格按设计进行探放水。

5. D。【解析】探放水的应急处理措施包括:(1)钻杆接口断开无法退出时,应及时关闭探水钻机,退出钻杆,更换新钻头接口,继续钻进,与断开的钻杆进行套钻,如未能套钻,应重新进行开孔钻探。(2)探水过程中,如开、关按钮控制器失灵,应切断电源,更换控制按钮。(3)钻探过程中无法转进时,应检查钻杆是否脱节,检查工作面回水颜色及钻探情况,退出钻杆检查钻头等。待查明原因后,方可继续进行探放水。(4)探水过程中,水开始变大时,应立即汇报矿相关技术和管理部门,分析后方可进行重新探放或停止探放。(5)探水中电机烧坏时,及时更换电机。(6)推进杆折断时,及时退出钻杆、关闭电源,进行检查、更换。(7)发现钻探松软或有异常响声时,应立即停止钻进,汇报调度室或井下值班矿领导、矿分管领导,待研究决定后,重新进行钻探或停止钻探。

6. C。【解析】矿井探放水前,应由测量人员依据设计现场标定探放水孔位置,与负责探放水工作的人员共同确定钻孔的方位、倾角、深度和钻孔数量等。故选项A错误。发现异常情况时,应立即停止作业,撤出人员,并向领导汇报。故选项B错误。探放水工作结束后，必须填写探放水记录，探放水记录必须包括探水地点、孔号、日期班次、钻探水人员签字、钻孔的方位角、孔深、探放水签字确认移交表等内容，不包括探放水水量和水质的记录。故选项 D 错误。

二、案例分析题

1. C。【解析】《生产安全事故报告和调查处理条例》规定，根据生产安全事故(以下简称事故)造成的人员伤亡或者直接经济损失，事故一般分为以下等级：(1)特别重大事故，是指造成 30 人以上死亡，或者 100 人以上重伤(包括急性工业中毒，下同)，或者1 亿元以上直接经济损失的事故。(2)重大事故，是指造成 10 人以上 30 人以下死亡，或者 50 人以上 100 人以下重伤，或者 5 000 万元以上 1 亿元以下直接经济损失的事故。(3)较大事故，是指造成 3 人以上 10 人以下死亡，或者 10 人以上 50 人以下重伤，或者1 000万元以上 5 000 万元以下直接经济损失的事故。(4)一般事故，是指造成 3 人以下死亡，或者 10 人以下重伤，或者 1 000 万元以下直接经济损失的事故。上述所称的“以上”包括本数，所称的“以下”不包括本数。该事故造成 3 人受伤，3 人死亡，直接经济损失1 434.66万元，所以属于较大事故。
2. B。【解析】《生产安全事故报告和调查处理条例》规定，应急管理部门和负有安全生产监督管理职责的有关部门接到事故报告后，应当按照下列规定上报事故情况，并通知公安机关、劳动保障行政部门、工会和人民检察院：(1)特别重大事故、重大事故逐级上报至国务院应急管理部门和负有安全生产监督管理职责的有关部门。(2)较大事故逐级上报至省、自治区、直辖市人民政府应急管理部门和负有安全生产监督管理职责的有关部门。(3)一般事故上报至设区的市级人民政府应急管理部门和负有安全生产监督管理职责的有关部门。因为该事故为较大事故，所以应逐级上报至省、自治区、直辖市人民政府应急管理部门和负有安全生产监督管理职责的有关部门。
3. AE。【解析】本案例的间接原因有：一是矿区范围内水文地质情况不清，探放水措施不当。二是爆破人员违反爆破作业规程，起爆后未进行是否存在盲炮和其他安全隐患的检查。三是作业人员对出现透水预兆未重视造成透水事故。四是当地监管部门对该矿越界开采监管不力。
4. ABC。【解析】针对本案例发生的透水事故，根据其产生原因，可以采取如下技术与管理措施：加强矿山开采期间的水文地质勘查工作，收集整理资料，以便进行开采时制定相应的防范措施；加强爆破人员以及施工作业人员的安全技术培训；严格按照安全设施设计进行开采。
5. CE。【解析】通过透水事故，可以判断该矿的安全生产管理存在以下几方面问题：一是作业人员安全意识不够，对作业过程中的危险辨识不充分。二是主要负责人安全生产职责不落实，没有健全的安全责任体系。

第七章 爆破危害防治

考情解读

考·纲·要·求

运用爆破危害防治相关技术和标准，辨识和分析早爆、拒爆、爆破震动、爆破飞石、爆破冲击波、炮烟中毒和窒息等危险、有害因素，制定相应安全技术措施。

命·题·分·析

本章内容主要介绍爆破技术和爆破事故的类型及防治措施。爆破是露天矿山和地下矿山常用的矿石开采方式，在矿山生产过程中占据着重要地位，也同样对安全生产的影响重大。历年考试中会同时出现在案例题和选择题中，占据的比例较大，复习过程中要重点备考。本章内容涉及案例题、选择题，有些时候还会考查相关数据的计算。

考点解读

考点一 爆破作业基本概念

爆破作业是指利用炸药的爆炸能量对介质做功，以达到预定工程目标的作业。

在露天矿山开采工艺中，爆破作业占据着相当重要的地位。

在露天矿开采中，常用的爆破方法有如下几种：

(1)按爆破延期时间分类，爆破可分为齐发爆破、秒差爆破、微差爆破。

(2)按爆破方式分类，爆破可分为浅孔爆破、中深孔爆破、硐室爆破、多排孔微差爆破、多排孔微差挤压爆破、药壶爆破、外敷爆破、逐孔起爆技术。

1. 浅孔爆破

浅孔爆破采用的炮孔直径较小，炮孔深度一般在5 m以下，有时可达8 m左右，如用凿岩台车钻孔，孔深还可增加。其主要用于生产规模不大的露天矿或采石场、硐石、隧道掘凿、二次爆碎、新建露天矿山包处理、山坡露天单壁沟运输通路的形成及其他一些特殊爆破。

2. 深孔爆破

深孔爆破就是用钻孔设备钻凿较深的钻孔，作为矿用炸药的装药空间的爆破方法。露天矿的深孔爆破主要以台阶的生产爆破为主。深孔爆破，是露天矿应用广泛的一种爆破方法。炮孔的深度一般为15～20 m。

深孔爆破可采用先进的爆破技术。如微差爆破、挤压爆破以及有特殊要求的爆区可采用抛掷爆破、定向爆破。深孔爆破广泛用于大型矿山的开沟、剥离、采矿等生产环节。其爆破量约占大型矿山总爆破量的90%以上。

3. 硐室爆破

硐室爆破是将炸药放置在预先凿好的硐室中，集中装药。其每次起爆的炸药数量没有规则，有的装几十吨、几百吨或上千吨。由于一次爆破量较大，所以又称大爆破。露天矿仅在基本建设时期和在特定条件下使用，采石场在有条件且在采矿需求量很大时采用。

4. 多排孔微差爆破和多排孔微差挤压爆破

目前我国一次爆破量较大的爆破方法是采用多排孔微差爆破和多排孔微差挤压爆破方法，这两种方法能一次爆破 5～10 排炮孔，爆破矿岩量可达 30 万～50 万 t。

多排孔微差挤压爆破，是指工作面残留有碴堆情况下的多排孔微差爆破。碴堆的存在，为挤压创造了条件，一方面能延长爆破的有效作用时间，改善炸药能的利用和破碎效果；另一方面，能控制爆堆宽度，避免矿岩飞散。多排孔微差挤压爆破微差间隔时间比普通微差爆破大 30%～50% 为宜，我国露天矿常常用 50～100 ms。

5. 预裂爆破和光面爆破

预裂爆破就是沿开挖边界布置密集炮孔，采取不耦合装药或装填低威力炸药，在主爆区之前起爆，从而在爆区与保留区之间形成预裂缝，以减弱主爆孔爆破对保留岩体的破坏形成平整轮廓面的爆破作业。预裂爆破是露天周边深孔控制爆破的一种主要技术，因其具有明显的降震作用而被广泛采用。

光面爆破是在开挖断面的设计轮廓线上布置间距较小、互相平行的炮眼，选用低密度和低爆速的炸药，采用不耦合装药，在主爆区之后起爆，以形成平整轮廓面的爆破作业方式。由于光面爆破炸药的爆炸作用刚好产生炮眼连线上的贯穿裂缝，并沿各炮眼的联线即开挖断面的轮廓线将岩石崩落下来，因此又称之为轮廓爆破或周边爆破。光面爆破在软岩、中硬岩隧道浅眼爆破施工中广泛应用。光面爆破的起爆顺序为：掏槽眼→辅助眼→周边眼，周边眼在其他炮眼爆破后同时起爆。

考点二　爆破事故的类型及其防治措施

矿山爆破事故主要包括早爆、拒爆、爆破震动、爆破飞石、爆破冲击波、炮烟中毒和窒息等事故类型，矿山爆破事故中，早爆事故、盲炮处理不当、炮烟中毒和爆破后过早地进入工作面以及违章打残孔引发的事故较多发生，占到爆破事故总数的 70% 左右。

1. 早爆

（1）概念。早爆是指炸药或爆破器材在预定起爆时间之前起爆。冲击、摩擦、挤压等机械能、热能、爆破器材质量不合格等均能意外引起早爆。对于电力起爆，雷雨、杂散电流或静电亦可能造成电雷管的早爆事故。早爆可对现场施工人员造成严重伤害。

（2）原因。产生早爆事故的主要原因包括：

①矿井内的电流较为杂散，从而引爆电雷管。

②采用压气装药时产生的静电引爆电雷管。

③硫化矿内，硝铵炸药的自爆。

④雷电危害。

（3）防治措施。早爆的防治措施包括：

①制定相关制度和技术操作规程。

②严格遵守爆破安全规程的规定。

③加强爆破作业现场的安全管理。

④起爆器材和炸药的质量应符合规定。

⑤爆破器材的检验严格按照相关规程进行。

⑥炮孔的监督、检查和验收工作要认真执行。

⑦做好准备工作，尽量预估意外事故发生的可能性。

⑧对爆破后的安全检查和应急处理要做好提前安排和设计。

⑨在进行爆破工作前，应先了解天气状况。高温环境和雷雨天气下不能从事爆破工作。

2. 拒爆

(1)概念。拒爆是指起爆后，爆炸材料未发生爆炸的现象。

(2)原因。产生拒爆事故的主要原因包括：

①雷管受潮或因雷管密封导致防水失效。

②采用了不同厂、不同批次生产的雷管。

③雷管质量不合格，又未经质量性能检测。

④装药时雷管脱离药包或导火索脱离火雷管。

⑤通过拒爆雷管的起爆电流太小或通电时间过短，雷管得不到所必需的点燃冲能。

⑥起爆器内电池电压不足。

⑦起爆器充电时间过短，未达到规定的电压值。

⑧起爆器电容容量降低。

⑨交流电电压低，输出功率不够。

⑩爆破网路电阻太大，未经改正即强行起爆。

⑪爆破网路错接或漏接，导致起爆电流小于雷管的最低准爆电流。

⑫爆破网路有短接现象。

⑬爆破网路漏电、导线破损并与积水或泥浆接触，此时实测网路电阻远小于计算电阻值。

⑭爆破网路中的雷管反接、导爆索没搭接好、导爆索浸油或切头受潮。

⑮非防水炸药保管不善而受潮或超过有效期，发生硬化和变质现象。

⑯粉状混合炸药装药时药卷被捣实，致使密度过大，或药卷直径过小。

⑰炸药存在质量问题。

⑱药卷与炮孔壁之间存在间隙效应。

⑲药卷之间有岩渣、岩粉阻隔。

⑳炮孔入水，未清理孔内积水，非防水炸药失效。

㉑连续装药脱节。

㉒粉状炸药流入裂缝、溶洞等原因。

(3)防治措施。拒爆的防治措施包括：

①装药前应清除炮孔内的岩粉。

②检查爆破电源，并确保电源的起爆能力可以引爆炸药。

③炮孔有水时，应先将孔中的水清除，并使用防水袋装炸药。

④对硝铵类炸药在装药时，应尽量避免压得过紧，密度过大。

⑤禁止使用不合格的爆破材料；不同厂家、不同类型、不同批次的雷管不准在爆破中混用。

⑥连接后应认真检查整个线路有无连错或连漏，并对爆破网路准爆电流进行计算，起爆前用专用爆破电桥测量爆破网络的电阻，实测的总电阻与计算值差应小于10%。

典型例题

【单选题】雷管质量不稳定和起爆能力不足，起爆电源通电时的电流、功率达不到要求，及电爆网路连接错误或不规范等可引起电爆网路拒爆。为防止此种拒爆，起爆前应采用专用爆破电桥测量爆破网路的电阻，实测的总电阻与计算值之差最大不超过(　　)。

A. 10%　　B. 15%

C. 20%　　D. 25%

A。【解析】为了防止拒爆，要在连接后认真检查整个线路有无连错或连漏，并对爆破网路准爆电流进行计算，起爆前用专用爆破电桥测量爆破网路的电阻，实测的总电阻与计算值之差应小于10%。

3. 爆破震动

(1)概念。炸药在岩石介质中爆炸，其中有一部分能量以爆破地震波的形式向外传播，使地层产生震动，也使地面上的结构物随之晃动。当结构物的晃动超过一定范围，就会产生破坏，造成一定的人员伤亡和财产损失。在工程中一般用爆破震动速度作为爆破震动强度的衡量指标。

(2)爆破震动主要表现在以下几个方面：

①地面建筑物和物体设施产生晃动。

②地下水位降低，水井水质浑浊，无法正常饮用。

③震动时山体松散岩石和开采矿山边坡已爆岩石位移，造成险石和危险源。

④对农作物生长不利。

(3)防治措施。爆破震动的防治措施包括：

①采用预裂爆破。预裂爆破是指沿开挖边界布置密集炮孔，采取不耦合装药或装填低威力炸药，在主爆区之前起爆，从而在爆区与保留区之间形成预裂缝，以减弱主爆孔爆破对保留岩体的破坏并形成平整轮廓面的爆破作业。

②选取合理的炸药单耗。炸药单耗过低，将会导致岩石的破碎和松动不良，从而使消耗在爆破震动上的能量增大；炸药单耗过高，会使爆破震动增大。因此，必须通过现场爆破试验来确定与选用合理的炸药单耗。

③大力推广多段微差起爆，分段越多，爆破震动就越小。微差爆破是在孔间，排间或孔内以毫秒级的时间间隔，按一定顺序起爆的方法。大量的试验研究表明，在总装药量和其他爆破条件相同的情况下，微差爆破的震速比齐发爆破可降低40%~60%。

④选择合理的孔网参数。应精确地进行炮孔定位，防止采用过大的超深，过大超深会增加爆破震动。

⑤选择适当的装药结构。可通过不耦合装药、空气间隔装药、孔底为空气垫层的装药结构，降低爆破震动。实践证明，装药结构对爆破地震效应有着明显的影响，装药越分散，地震效应越小。

⑥选用合适的炸药。炸药的波阻抗与岩石的波阻抗相匹配时，用于岩石破碎的能量就越多，爆破震动就越小。

⑦调整爆破工程传爆方向，以改变与被保护物的方位关系。实践证明，当采用抛掷爆破时，最小抵抗线方向的震动最小，反向最大，两侧居中；而采用一排的群药包爆破时，在药包中心的连线方向比在垂直于连线方向的震速可降低 30% ~45%。此外，爆破震动在不同高程处的震动强度也不一样，低于爆源处的建筑物的抗震性能比高于爆源处的建筑物的抗震性能要好很多。因此，充分利用爆破震动的这些特点，通过改变爆源与被保护物的相对方位，可适当控制被保护物处的震动大小。

⑧充分利用地形地质条件，如河流、深沟、渠道、断层等，都有显著的隔震减震作用。

链接

总的来说，爆破震动控制措施包括降低地震波强度和采取防护措施两方面。具体措施包括：采用预裂爆破方法或开挖减震沟槽；对每次爆破的最大用药量进行限制；爆破前选择合理爆破器材，对爆破参数进行合理设计；建筑物拆除爆破时，减少爆破钻孔数，加大拆除部位，基础部位采用部分爆破拆除方式、低爆速炸药或静态破碎剂。

4. 爆破飞石

（1）概念。炸药爆炸释放的能量对周围的岩体做功，使岩石破碎，但仍有多余的能量存在，这部分多余的能量作用在碎块上，使碎块获得一定的初速度，向四周飞散。

（2）原因。产生爆破飞石的主要原因包括：

①爆破能量过剩。爆破时所装的炸药不仅能破碎指定的介质，还有多余的爆破能量将导致其他碎石块获得较大的动能而飞向远方。

②软弱面影响。由于被爆介质结构不均匀，如有软弱面和地质构造面时，会沿着这些软弱部位产生飞石。

③爆破参数设计不当。设计时由于某些爆破参数选择不当，如爆破作用指数或炸药单耗取得过大，或最小抵抗线过小等都会产生飞石。

④延迟起爆时间不合理。若微差爆破设计合理，不仅会减少空气冲击波、噪声和爆破飞石的产生，还会降低爆破震动效应，但若延迟时间过短或过长都会导致飞石的产生。

⑤起爆顺序不合理。起爆顺序安排不当，可能造成后起爆破孔的夹制作用太大，岩石不能朝向最小抵抗线移动而向上抛掷，形成“冲天炮”而引起飞石。

⑥堵塞长度不够。炮孔孔口堵塞长度小于最小抵抗线长度时，使爆破碎块抛向孔口，产生飞石；堵塞质量不良，也会产生飞石。

⑦施工不当。由于施工的误差，可能导致最小抵抗线的实际值变小或方向改变等，易产生飞石。其他如装药量过大、起爆顺序改变等都会引起飞石。

⑧覆盖防护质量不合格也是导致飞石的重要原因之一。

(3)防治措施。爆破飞石的防治措施包括:

①认真研究被爆物体的性质和结构。

②优选爆破参数。

③谨慎选择炮孔位置。

④提高堵塞质量。

⑤采用适宜的炸药和装药结构。

⑥设计合理的起爆顺序和最佳的延迟起爆时间。

⑦减少装药集中度。

⑧加强防护。

链接

在露天爆破中,产生爆破飞石是难免的。但是,必须将产生的爆破飞石控制在允许的范围之内,否则将会给人民的生命财产造成威胁。其中,深孔爆破飞石(比如使用牙轮钻机)的安全距离为200 m。

5. 爆破冲击波

(1)概念。药包在空气中爆炸时,由于爆炸反应速度快,药包周围介质来不及发生扰动,使得爆炸产物高速向空气中膨胀,周围空气压缩,形成压力很高的冲击波,易引燃可燃物。

(2)防治措施。爆破冲击波的防治措施包括:

①关注气象条件的变化。

②精心设计,保持设计抵抗线。

③采用良好的爆破技术,如微差爆破技术。

④控制爆破方向及时间,注意爆破对地质构造的影响。

⑤对爆源进行覆盖和堵塞,保证合理的堵塞长度和填塞质量。

⑥采用最优的爆破参数和爆破器材,减少一次爆破的起爆药量,反向起爆,分散装药。

⑦在爆破区或保护物附近构筑阻波墙,在空气冲击波形成的瞬间,利用少数反向布置的辅助药包或彼此反向布置的药包。

提示

减小冲击波的方式有2种:一是防止强烈冲击波的产生;二是加强防护措施。

6. 炮烟中毒和窒息

(1)概念。炮烟即爆破毒气,是炸药爆炸或燃烧后所产生的有毒气体的总称。有毒气体的主要成分为一氧化碳和氮氧化物。如果炸药中含有硫或硫化物时,爆炸过程中,还会生成硫化氢和二氧化硫等有毒气体。这些气体的危害性极大,当人体吸入一定量的有毒气体之后,轻则引起头痛、心悸、呕吐、四肢无力、昏厥,重则使人发生痉挛、呼吸停顿,甚至死亡。

(2)原因。产生炮烟中毒和窒息的主要原因包括:

①违章作业。

②通风设计不合理。

③警戒标志不合理或没有标志。

④未采取防护措施或防护措施不到位。

⑤其他意外情况。

(3)防治措施。炮烟中毒和窒息的防治措施包括:

①应采用不产生有毒气体的炸药,如:零氧平衡的炸药。

②避免过期和变质炸药被使用,平时工作人员应注重对炸药的保管和检验。

③爆破时按照规定进行操作,保证炸药的填塞质量和填塞长度,以免发生不完全爆炸。若要调整填塞长度,应征得现场爆破工程技术人员的同意,并做好变更记录。

④要加强爆破后的通风工作。按规定,露天爆破要等15 min以上,炮烟浓度符合安全要求时,才允许人员进入工作面。

⑤起爆站及观测站不允许设在下风方向,因为爆破后炮烟有可能会进入附近井巷、涵洞和采空区,故未经检查不得入内。

(4)炮烟中毒后的应急处置。炮烟中毒后现场人员的应急处置措施包括:

①立即利用局扇设备,加大对现场的通风排烟,稀释有害气体浓度。

②立即撤离现场工作人员,并组织救援人员对中毒人员进行抢救,切记不可盲目施救。抢救人员必须佩带正压氧气呼吸器(或空气呼吸器)或防毒面具,方可进入事故现场进行抢救。现场无防护用具时,应立即向上级求援。

③人员进入前现场安全人员应用有毒有害测试仪进行现场检测,有害气体超标的要进行通风,达标后,人员方可进入。

④对现场有毒有害气体进行连续监测,有害气体不达标,未佩带防护用具人员严禁进入事故现场和危险区域。

⑤及时进行事故报告。

链接

炮烟的成分中,如一氧化碳、硫化氢等物质,在低浓度的情况下会使人体产生轻微的不适,而在高浓度的情况下则会对人体产生重大影响,进而导致中毒人员快速死亡。因此,在发现炮烟中毒人员时,必须立即转移到安全环境当中实施抢救。

提示

爆破事故防治措施总的归结为:

(1)建立健全规章制度、严格执行爆破规章制度。

(2)合理设计爆破。

(3)严格按照设计进行爆破施工。

(4)使用质量合格的爆破器材。

(5)对爆破本身的危害进行控制和预防。

考点三　露天爆破的相关规定

1.一般规定

在进行露天爆破时,应遵守以下规定:

(1)露天爆破作业时,应建立避炮掩体,避炮掩体应设在冲击波危险范围之外;掩体结构应坚固紧密，位置和方向应能防止飞石和有害气体的危害；通达避炮掩体的道路不应有任何障碍。

(2)起爆站应设在避炮掩体内或设在警戒区外的安全地点。

(3)露天爆破时，起爆前应将机械设备撤至安全地点或采用就地保护措施。

(4)雷雨天气、多雷地区和附近有通讯机站等射频源时，进行露天爆破不应采用普通电雷管起爆网路。

(5)松软岩土或砂矿床爆破后，应在爆区设置明显标识，发现空穴、陷坑时应进行安全检查，确认无危险后，方准许恢复作业。

(6)在寒冷地区的冬季实施爆破，应采用抗冻爆破器材。

(7)硐室爆破爆堆开挖作业遇到未松动地段时，应对药室中心线及标高进行标示，确认是否有硐室盲炮。

(8)当怀疑有盲炮时，应设置明显标识并对爆后挖运作业进行监督和指挥，防止挖掘机盲目作业引发爆炸事故。

(9)露天岩土爆破严禁采用裸露药包。

提示

露天爆破需要等 15 min 以上，浓度符合安全规定时方可允许进入工作面。

2. 深孔爆破

在进行深孔爆破时，应遵守以下规定：

(1)验孔时，应将孔口周围 0.5 m 范围内的碎石、杂物清除干净，孔口岩壁不稳者，应进行维护。

(2)深孔验收标准：孔深允许误差 ±0.2 m，间排距允许误差 ±0.2 m，偏斜度允许误差 2%；发现不合格钻孔应及时处理，未达验收标准不得装药。

(3)爆破工程技术人员在装药前应对第一排各钻孔的最小抵抗线进行测定，对形成反坡或有大裂隙的部位应考虑调整药量或间隔填塞。底盘抵抗线过大的部位，应进行处理，使其符合爆破要求。孔口抵抗线过小者，应适当加大填塞长度。

(4)爆破员应按爆破技术设计的规定进行操作，不得自行增减药量或改变填塞长度；如确需调整，应征得现场爆破工程技术人员同意并做好变更记录。

(5)台阶爆破初期应采取自上而下分层爆破形成台阶，如需进行双层或多层同时爆破，应有可靠的安全措施。

(6)装药过程中发现炮孔可容纳药量与设计药量不符时，应及时报告，由爆破工程技术人员检查校核处理。

(7)装药过程中出现堵塞、卡孔等现象时，应停止装药并及时疏通，如已装入雷管或起爆药包，不得强行疏通，应保护好雷管或起爆药包，报告爆破工程技术人员采取补救措施。

(8)装药结束后，应进行检查验收，验收合格后再进行填塞和联网作业。

(9)高台阶抛掷爆破应与预裂爆破结合使用。

(10)深孔爆破使用空间间隔器时，应确保空气间隔器与使用环境要求相匹配；使用前应进行空气间隔器充气速度测试和负荷试验；使用时不应损伤空气间隔器外防护层。

链接

深孔爆破是指炮孔直径大于50 mm,并且深度大于5 m的爆破作业。该方法具有生产效率高、炸药单位耗量低、单位钻孔量小等特点,在露天和地下开挖工程中应用较为广泛。

3. 预裂爆破和光面爆破

采用预裂爆破或光面爆破时,应遵守以下规定:

(1)采用预裂爆破或光面爆破技术时,验孔、装药等应在现场爆破工程技术人员指导监督下由熟练爆破员操作。

(2)预裂孔、光面孔应按设计要求钻凿在一个布孔面上,钻孔偏斜误差不得超过1.5%。

(3)布置在同一控制面上的预裂孔,应采用导爆索网路同时起爆,如同时起爆药量超过安全允许药量时,也可分段起爆。

(4)预裂爆破、光面爆破应严格按设计的装药结构装药。若采用药串结构药包,在加工和装药过程中应防止药卷滑落;若设计要求药包装于钻孔轴线,应使用专门的定型产品或采取定位措施。

(5)预裂爆破、光面爆破应按设计进行填塞。

(6)预裂爆破孔应超前相邻主爆破孔或缓冲爆破孔起爆,时差应不小于75 ms。光面爆破孔应滞后相邻主爆破孔起爆。

4. 复杂环境深孔爆破

在复杂环境进行深孔爆破时,应遵守以下规定:

(1)复杂环境深孔爆破工程应设立指挥部,统筹安排设计、施工及善后工作;设计前应对爆区周围人员、地面和地下建(构)筑物及各种设备、设施分布情况等进行详细的调查研究,爆破前还应进行复核。

(2)爆破孔深一般应限制在20 m之内,并严格控制钻孔偏差。

(3)应采用毫秒延时爆破,并严格控制可能发生的段数重叠;应按环境要求限制单段最大爆破药量,并采取必要的减振措施。

(4)填塞长度应不小于底盘抵抗线与装药顶部抵抗线平均值的1.2倍。

(5)起爆网路应由有经验的爆破员连接,并经爆破工程技术人员检查验收。

(6)爆破有害效应的监测除按有关规定执行外,对C级及以下级别的复杂环境深孔爆破工程,如认为可能引起民房及其他建(构)筑物、设施损伤,应作相应有害效应监测。

5. 浅孔爆破

在进行浅孔爆破时,应遵守以下规定:

(1)露天浅孔开挖应采用台阶法爆破。

(2)在台阶形成之前进行爆破应加大填塞长度和警戒范围。

(3)装填的炮孔数量,应以一次爆破为限。

(4)采用浅孔爆破平整场地时,应尽量使爆破方向指向一个临空面,并避免指向重要建(构)筑物。

(5)破碎大块时,单位炸药消耗量应控制在150 g/m^3 以内,应采用齐发爆破或短延时毫秒爆破。

考点四　地下爆破的相关规定

1. 一般规定

在进行地下爆破时,应遵守以下规定:

(1)地下爆破可能引起地面塌陷和山坡滚石时,应在通往塌陷区和滚石区的道路上设置警戒,树立醒目的警示标识,防止人员误入。

(2)工作面的空顶距离超过设计或超过作业规程规定的数值时,不应爆破。

(3)采用电力起爆时,爆破主线、区域线、连接线,不应与金属物接触,不应靠近电缆、电线、信号线、铁轨等。

(4)距井下爆破器材库30 m以内的区域不应进行爆破作业。在离爆破器材库30～100 m区域内进行爆破时,人员不应停留在爆破器材库内。

(5)地下爆破时,应明确划定警戒区,设立警戒人员和标识,并应采用适合井下的声响信号。发布的"预警信号""起爆信号""解除警报信号",应确保受影响人员均能辨识。

(6)井下工作面所用炸药、雷管应分别存放在受控加锁的专用爆破器材箱内,爆破器材箱应放在顶板稳定、支架完整、无机械电气设备、无自燃易燃或其他危险物品的地点。每次起爆时均应将爆破器材箱放置于警戒线以外的安全地点。

(7)地下爆破出现不良地质或渗水时,应及时采取相应的支护和防水措施;出现严重地压、岩爆、瓦斯突出、温度异常及炮孔喷水时,应立即停止爆破作业,制定安全方案和处理措施。

(8)爆破后,应进行充分通风,检查处理边帮、顶板安全,做好支护,确认地下爆破作业场所空气质量合格、通风良好、环境安全后方可进行下一循环作业。

(9)在城市、大海、河流、湖泊、水库、地下积水下方及复杂地质条件下实施地下爆破时,应作专项安全设计并应有切实可行的应急预案。

(10)地下爆破应有良好照明,距爆破作业面100 m范围内照明电压不得超过36 V。

2. 地下大跨度硐群开挖爆破

地下大跨度硐群开挖爆破时,应遵守以下规定:

(1)深孔爆破的钻孔,直径不应超过90 mm,台阶高度不应超过8 m。

(2)大跨度硐室边墙、顶板及硐群交汇部位应进行预裂爆破或光面爆破。

(3)当地下厂房需留岩锚梁时,岩锚梁岩壁保护层开挖应采用浅孔爆破法。

(4)大跨度硐群开挖,应按设计的开挖顺序进行,爆破时应监控爆破震动对本硐室及相邻硐室的影响。

3. 地下采场爆破

地下采场爆破时,应遵守以下规定:

(1)浅孔爆破采场应通风良好、支护可靠并应至少有2个人行安全出口;特殊情况下不具备2个安全出口时,应报单位爆破技术负责人批准。

(2)深孔爆破采场爆破前应做好以下准备工作:

①建立通往爆区井巷的良好通行条件和装药现场的作业条件，必要时在适当位置建立防冲击波阻波墙。

②巷道中应设有通往爆破区和安全出口的明显路标，并设联通爆破作业区和地表爆破指挥部的通信线路。

③现场划定爆破危险区，并在通往爆破危险区的所有井巷的入口处设置明显的警示标识。

④验收合格的深孔应用高压风吹干净，列出深孔编号，废孔应作出明显标识。

(3)地下深孔爆破作业，应遵守有关规定，还应符合以下要求：

①装药开始后，爆区 50 m 范围内不应进行其他爆破。

②现场加工起爆药包应选择不受其他作业影响的安全地点。

③现场装药、填塞、联网、起爆，应由专职爆破员进行，遇有装药故障，应在爆破技术人员指导下进行处理。

④需要回收的装药操作台、人行梯子等物，应在起爆网路连接完成，并经现场爆破负责人检查无误后，由专人从工作面开始向起爆站方向依次回收。回收操作不得影响和损坏起爆网路。

(4)地下开采二次爆破时，应遵守下列规定：

①起爆前应通知可能受影响的相邻采场和井巷中的作业人员撤到安全地点。

②人员不应进入溜井与漏斗内爆破大块矿石。

③人员不应进入采场放矿出现的悬拱或立槽下方危险区实施二次爆破。

④在与采场短溜井、溜眼相对或斜对的出矿漏斗处理卡斗或二次爆破时，应待溜井、溜眼下部的放矿作业人员撤到安全地点后方可进行，且爆破作业人员应有可靠的防坠措施。

⑤地下二次破碎地点附近，应设专用炸药箱和起爆器材箱，其存放量不应超过当班二次爆破使用量。

⑥在旋回、漏斗等设备、设施中的裸露药包爆破，应在停电、停机状态下进行，并应采取相应的安全措施。

典型例题

【单选题】某地下矿山采场采用深孔爆破回采。关于深孔爆破的说法，正确的是(　　)。

A. 在通往爆破危险区的主要巷道入口处设置明显的警示标志

B. 遇有装药故障，爆破工应视具体情况自行处理或上报

C. 起爆网路连接完成，应经现场安全员检查确认后方可起爆

D. 装药开始后，爆区 50 m 范围内不应进行其他爆破作业

D。【解析】《爆破安全规程》规定，现场划定爆破危险区，并在通往爆破危险区的所有井巷的入口处设置明显的警示标识。现场装药、填塞、联网、起爆，应由专职爆破员进行，遇有装药故障，应在爆破技术人员指导下进行处理。起爆网路应由有经验的爆破员连接，并经爆破工程技术人员检查验收。装药开始后，爆区 50 m 范围内不应进行其他爆破作业。

案例分析

案例场景一

某铁矿以16号勘探线为界划分为南北两区，井下采切工程、采矿作业由8个外委施工单位承担，施工与生产人员千余人。

北区采用斜井开拓方式，距斜井井底车场变坡点15 m处设有躲避硐室，硐室东壁为砖砌墙，外抹水泥砂浆，硐室长×底宽×高为6 m×3 m×3 m，中间为铝合金隔断，隔断靠近硐室南部有一扇铝合金推拉门，宽约600 mm。硐室东侧靠近北墙东西方向摆放有由床板搭成的床、办公用桌和放电话的小桌子，南墙有1个存放靴子和工作服的铁皮箱，隔断外基本没有放置其他物品。隔断内和隔断外拱顶部各有1盏照明灯。据详细询问，该照明灯为普通200 W白炽灯，其线路由信号硐室引入，并沿硐室南墙通过拱顶连线，电压等级为220 V，照明开关为拉线开关，还有一空气开关，固定在铝合金隔断内框上。

2019年11月30日，某民爆公司运送14箱炸药和600发导爆管雷管至该铁矿北区斜井井口。炸药由施工队工人用矿车运送至井底车场，一部分转运放置于躲避硐室内。10时10分左右，施工队爆破工领取600发导爆管雷管，撕下塑料包装，用软绳捆绑在一起，徒步经斜井人行道送至井下。导爆管雷管被运送至躲避硐室内，此时多名工人在躲避硐室处等待领取炸药和导爆管雷管。10时25分，躲避硐室内发生爆炸。事故共造成16人死亡，6人受伤，直接经济损失1 000万元。

经调查，此事故发生的主要原因有：

(1)导爆管雷管裸露运送。

(2)违规将躲避硐室作为井下爆破器材发放站。

(3)违反《爆破安全规程》相关规定，炸药在井底车场停留。

(4)炸药与导爆管雷管同时放置于躲避硐室，存在混放、混发现象。

(5)爆破器材发放地点的照明电缆、照明灯具、空气开关、拉线开关、电压等级等不符合《爆破安全规程》的规定。

(6)爆破器材运输、分发及使用的相关管理、检查制度欠缺。

(7)外包工程施工单位管理不严格，安全管理责任不落实。

针对此次事故，制定的预防措施如下：

(1)井下爆破器材分库必须进行正规设计。

(2)井下爆破器材分库的建设与使用必须符合设计要求。

(3)严格遵守爆破器材安全管理，爆破器材的运输、储存、分发需符合相关规定要求。爆破材料必须用专车运送，严禁炸药、起爆器材同车运送、混放混发；严禁在无防爆设施的区域发放爆破器材。

(4)从事爆破作业的人员必须经专门的安全技术培训并考核合格，持证上岗。

知识点讲解

考点一　往爆破作业地点运输爆破器材

在竖井、斜井运输爆破器材,应遵守下列规定:

(1)事先通知卷扬司机和信号工。

(2)在上下班或人员集中的时间内,不应运输爆破器材。

(3)除爆破人员和信号工外,其他人员不应与爆破器材同罐乘坐。

(4)运送硝化甘油类炸药或雷管时,罐笼内只准放1层爆破器材料箱,不得滑动;运送其他类炸药1时,炸药箱堆放的高度不得超过罐笼高度的2/3。

(5)用罐笼运输硝化甘油类炸药或雷管时,升降速度不应超过2 m/s;用吊桶或斜坡卷扬设备运输爆破器材时,速度不应超过1 m/s;运输电雷管时应采取绝缘措施。

(6)爆破器材不应在井口房或井底车场停留。

用矿用机车运输爆破器材时,应遵守下列规定:

(1)列车前后设“危险”警示标识。

(2)采用封闭型的专用车厢,车内应铺软垫,运行速度不超过2 m/s。

(3)在装爆破器材的车厢与机车之间,以及装炸药的车厢与装起爆器材的车厢之间,应用空车厢隔开。

(4)运输电雷管时,应采取可靠的绝缘措施。

(5)用架线式电力机车运输爆破器材,在装卸时机车应断电。

用人工搬运爆破器材时,应遵守下列规定:

(1)在夜间或井下,应随身携带完好的矿用灯具。

(2)不应一人同时携带雷管和炸药;雷管和炸药应分别放在专用背包(木箱)内,不应放在衣袋里。

(3)领到爆破器材后,应直接送到爆破地点,不应乱丢乱放。

(4)不应提前班次领取爆破器材,不应携带爆破器材在人群聚集的地方停留。

(5)一人一次运送的爆破器材数量不超过:

①雷管,1 000发。

②拆箱(袋)运搬炸药,20 kg。

③背运原包装炸药1箱(袋)。

④挑运原包装炸药2(袋)。

(6)用手推车运输爆破器材时,载重量不应超过300 kg,运输过程中应防止碰撞并采取防滑、防摩擦产生火花等安全措施。

考点二　爆破器材贮存的一般规定

爆破器材应贮存在爆破器材库内,任何个人不得非法贮存爆破器材。

单库允许存放量及存放方式执行相关规范的规定,总库的总容量不得超过以下规定:

(1)炸药为本单位半年用量。

(2)起爆器材为本单位年用量。

爆破器材单一品种专库存放。若受条件限制,同库存放不同品种的爆破器材则应符合下列规定:

(1)炸药类、射孔弹类和导爆索、导爆管可以同库混存。

(2)雷管类起爆器材应单独库房存放。

(3)黑火药应单独库房存放。

(4)硝酸铵不应和任何物品同库存放。

当不同品种的爆破器材同库存放时,单库允许的最大存药量应符合相关规范的规定。

考点三　地下矿山的井下爆破器材库与发放站

井下只准建分库,库容量不应超过:炸药3天的生产用量;起爆器材10天的生产用量。

井下爆破器材库的布置,应遵守下列规定:

(1)井下爆破器材库不应设在含水层或岩体破碎带内。

(2)井下爆破器材库应设有独立的回风道。

(3)井下爆破器材库距井筒、井底车场和主要巷道的距离:硐室式库不小于100 m,壁槽式库不小于60 m。

(4)井下爆破器材库距行人巷道的距离:硐室式库不小于25 m,壁槽式库不小于20 m。

(5)井下爆破器材库距地面或上下巷道的距离:硐室式库不小于30 m,壁槽式库不小于15 m。

(6)井下爆破器材库应设防爆门,防爆门在发生意外爆炸事故时应可自动关闭,且能限制大量爆炸气体外溢。

(7)井下爆破器材库除设专门贮存爆破器材的硐室和壁槽外,还应设联通硐室或壁槽的巷道和若干辅助硐室。

(8)贮存雷管和硝化甘油类炸药的硐室或壁槽,应设金属丝网门。

(9)贮存爆破器材的各硐室、壁槽的间距应大于殉爆安全距离。

井下爆破器材库和距库房15 m以内的联通巷道,需要支护时应用不燃材料支护;库内应备有足够数量的消防器材。

有瓦斯煤尘爆炸危险的井下爆破器材库附近,应设置岩粉棚,并应定期更换岩粉。

在多水平开采的矿井,爆破器材库距工作面超过2.5 km或井下不设爆破器材库时,允许在各水平设置发放站。

井下爆破器材发放站应符合下列规定:

(1)发放站存放的炸药不应超过0.5 t,雷管不应超过1 000发。

(2)炸药与雷管应分开存放,并用砖或混凝土墙隔开,墙的厚度不小于0.25 m。

井下爆破器材库区,不应设爆破器材检验与销毁场;爆破器材的爆炸性能检验与销毁,应在地面指定的地点进行。

不应在井下爆破器材库房对应的地表修筑永久性建筑物,也不应在距库房30 m范围内掘进巷道。

井下爆破器材库应安装专线电话并装备报警器。

井下爆破器材库的电气照明,应遵守下列规定:

(1)应采用防爆型或矿用密闭型电气设备,电线应采用铜芯铠装电缆。

(2)照明线路的电压不应大于 36 V。

(3)贮存爆破器材的硐室或壁槽,不安装灯具。

(4)电源开关或熔断器,应设在铁制的配电箱内,该箱应设在辅助硐室里。

(5)爆破器材库和发放站的移动式照明,应使用防爆型移动灯具和防爆手电筒。

考点四　爆破器材的收发

新购进的爆破器材,应逐个检查包装情况,并按规定作性能检测。

建立爆破器材收发账、领取和清退制度,定期核对账目,应做到账物相符。

变质的、过期的和性能不详的爆破器材,不应发放使用。

爆破器材应按出厂时间和有效期的先后顺序发放使用。

库房内不准许拆箱(袋)发放爆破器材,只准许整箱(袋)搬出后发放。

爆破器材的发放应在单独的发放间(发放硐室)里进行,不应在库房硐室或壁槽内发放。

退库的爆破器材应单独建账、单独存放。

考点五　爆破安全管理

爆破安全管理上必须做到以下几个方面:

(1)建立健全岗位责任制度。制度是保障,必须做到定岗、定员、定责,如爆破器材的管理和使用,必须专人管理,建立严格的领取和清退制度,没有负责人的批准不得领取,领取时不得超过当日最大领取量;施工时,施工人员的数量及职责需详细规定,调换岗位需向负责人请示,由负责人安排有岗位资质的人进行换岗。

(2)加强安全教育培训及宣传。培养安全意识,提高员工整体素质在矿山爆破作业过程中尤为重要,安全教育培训及宣传,就是把安全理念、安全规章制度转化为职工自觉行为的过程。通过不间断的学习和培训,不断增强全体员工的安全生产意识,营造安全的良好氛围。

(3)惩罚制度的建立。建立与矿山爆破生产一体的安全管理惩罚制度,增强员工的安全责任感。对爆破作业过程中按规章制度安全生产的给予经济奖励,对各类违反规定的不安全行为进行经济处罚,对存在严重不安全行为人员进行处分甚至辞退。

(4)建立健全矿山爆破的安全分析方法,例如事故树的建立,分析作业过程中易出现安全事故的因素,加强此方面的防范措施,降低事故发生的概率。

案例场景二

2019 年 9 月 7 日 8 时,某非金属矿西翼一段前顺槽掘进面共有 5 名人员作业。打眼、装药、放炮都由刘某 1 人操作。该掘进面共放了两遍炮,向前掘进了 3 m 左右。第二遍炮后,工人正常出矿。15 时 40 分左右,掘进处的存矿已经快出完了。郑某站在掘进方向左侧装矿、吴某站在右侧装矿,班长刘某在一旁监护。

这时吴某发现掘进处底帮右角矿较硬并且凸起,雷管脚线露在外面,便告诉刘某可能底帮右侧炮没响。刘某看后,告诉工人说:“你们别动它,我去拿电钻和钎子”,就从工作面出去了。刘某走后,吴某用镐撬了一下那块矿,没撬动。郑某看见吴某拿起镐要刨,忙说:“别刨！别刨!”话音刚落镐已落下了,只听一声“轰”响,“盲炮”响了,将吴某、郑某崩倒在地。

此次事故反映了该矿生产作业人员安全意识淡薄、安全生产知识不足、突发事故处理不当的问题。事后该矿从事故中吸取教训,加强了对生产作业人员的安全教育与培训,以提高生产作业人员的安全意识和安全生产知识,以及处理突发事故的能力。

知识点讲解

考点一　矿山的安全生产教育与培训

矿山企业应对矿山从业人员进行安全生产教育和培训,保证各岗位人员具备必要的安全生产知识,熟悉本矿山安全生产规章制度和本岗位安全操作规程,掌握本岗位的安全操作技能。未经安全生产教育和培训合格的,不准许上岗。

新进露天矿山的生产作业人员应接受不少于72 h的安全培训,经考试合格后上岗。

新进地下矿山的生产作业人员应接受不少于72 h的安全培训;经考试合格后,由从事地下矿山作业2年以上的老工人带领工作至少4个月,熟悉本工种操作技术并经考核合格方可独立工作。

调换工种的生产作业人员应接受新岗位的安全操作培训。考试合格方可进行新工种操作。

所有生产作业人员每年至少应接受20 h的职业安全再培训,并应考试合格。

采用新工艺、新技术、新设备、新材料时,应对有关人员进行专门培训和考试。

入矿参观、考察、实习、学习、检查等的外来人员,应接受安全教育,并由熟悉本矿山安全生产系统的从业人员带领进入作业场所。

矿山从业人员的安全培训情况和考核结果,应记录存档。

考点二　盲炮的概念

盲炮是指因各种原因未能按设计起爆,造成药包拒爆的全部装药或部分装药。

盲炮是产生拒爆事故的原因之一。

考点三　盲炮的防治措施

1. 盲炮处理的一般规定

处理盲炮前应由爆破技术负责人定出警戒范围,并在该区域边界设置警戒,处理盲炮时无关人员不许进入警戒区。

应派有经验的爆破员处理盲炮,硐室爆破的盲炮处理应由爆破工程技术人员提出方案并经单位技术负责人批准。

电力起爆网路发生盲炮时,应立即切断电源,及时将盲炮电路短路。

导爆索和导爆管起爆网路发生盲炮时,应首先检查导爆索和导爆管是否有破损或断裂,发现有破损或断裂的可修复后重新起爆。

严禁强行拉出炮孔中的起爆药包和雷管。

盲炮处理后，应再次仔细检查爆堆，将残余的爆破器材收集起来统一销毁；在不能确认爆堆无残留的爆破器材之前，应采取预防措施并派专人监督爆堆挖运作业。

盲炮处理后应由处理者填写登记卡片或提交报告，说明产生盲炮的原因、处理的方法、效果和预防措施。

2. 我国矿山常用处理盲炮的方法

我国矿山常用处理盲炮的方法有以下几种：

(1)重新连线起爆法。经过检查并确认盲炮中雷管未爆，且线路完好时，应重新连线起爆。起爆时，必须对药包最小抵抗线是否改变进行认真检查，并采取相应的安全措施。重新起爆法适用于漏连、错连、断线等产生的盲炮。

(2)诱爆法。对于使用防水炸药填的炮孔，可用竹制或有色金属制的掏勺，谨慎地掏出炮泥，装起爆药包爆破。如果是硐室爆破，首先需要清除硐室内堵塞物，然后小心地取出起爆体，再处理炸药。还可采用聚能穴药包诱爆盲炮，当聚能穴药包爆炸后，可引爆盲炮里的雷管和炸药。

(3)钻平行孔装药爆破法。此种方法是在距离浅孔盲炮的0.3～0.5 m处，钻1个平行孔装药爆破。对于露天深孔盲炮，须在距离炮孔不小于2 m处，钻平行孔装药起爆。

(4)水冲洗法。若炮孔中的是粉状硝铵类炸药，而堵塞物又松散时，可采用低压水冲洗，以稀释炮泥和炸药，然后再谨慎取出雷管。也可采用高压水或高压风水管冲洗，此法应远距离操作并设置警戒。

提示

裸露爆破、浅孔爆破、深孔爆破、硐室爆破的盲炮处理方法各不相同，应针对具体情形采取相应的处理方法。

3. 盲炮的预防

导致盲炮的主要原因在于爆破器材，其主要的预防措施如下：

(1)妥善保管爆破器材，并在使用前严格进行检验。对于不符合要求的爆破器材，严禁使用。

(2)同一串联支路上使用的电雷管，其电阻差应符合要求。

(3)不同燃速的导火索应分批使用。

(4)提高爆破设计质量。合理设计炮孔布置、起爆方式、延期时间、网路敷设、起爆电流、网路检测等。必要时，应进行网路模拟试验。

(5)改善爆破操作技术，保证施工质量。

(6)在有水的工作面或水下爆破时，应采取可靠的防水措施，避免爆破器材受潮。

案例场景三

S露天铁矿2010年建成投产，设计年采出矿石1 200×10^4 t，采场台阶高度15 m，采用ϕ250 mm及ϕ310 mm电动牙轮钻机穿孔，非电微差爆破，5 m^3液压挖掘机铲装，汽车运输。采场生产全部外包给P公司。

2018 年 12 月 15 日，P 公司技术员王某完成 −30 m 平台的爆破设计方案，具体为：4 排炮孔，每排 10 孔，使用 ϕ310 mm 钻机穿孔，孔深 17.5 m，单孔爆破面积约 63 ~ 66 m^2，总爆破体积约 38 700 m^3，前排单孔装药量 670 kg，其余单孔装药量 770 kg，单位炸药消耗量 0.77 kg/m^3。

12 月 21 日，P 公司钻机班班长赵某安排 ϕ250 mm 钻机，按照王某的爆破设计方案确定的孔距和排距，完成 −30 m 平台的穿孔作业，实际平均孔深 18.2 m。22 日实施爆破作业时，前排单孔实际装药量为 530 kg，其余单孔实际装药量为 590 kg。

12 月 23 日 16 时左右，采场遇大雾，能见度不足 20 m，挖掘机司机张某在 22 日爆破形成的爆堆下进行铲装作业时，爆堆顶部一对角线长度达 2.3 m 的大块岩石突然滑落，将张某挤伤。

事故调查发现，事故爆区大块率达 8.5%；无 S 露天铁矿对 P 公司的相关检查、考核记录；无 ϕ310 mm 钻机变更为 ϕ250 mm 钻机穿孔的记录；无技术员王某对穿孔作业进行检查的记录。

考点一　露天深孔爆破参数的计算

1. 单位炸药消耗量

单位炸药消耗量是指爆破 1.0 m^3 实体岩石所需要的炸药量，也就是工作面一次爆破所需的总炸药量 Q 和工作面一次爆破的岩石总体积 V 之比，即 $q = Q/V$，单位为 kg/m^3。实际情况中，影响单位炸药消耗量的主要因素有炸药性能，岩石的物理力学性质，自由面的大小和数目以及炮眼直径和炮眼深度等。

2. 单孔装药量

深孔爆破时的单孔装药量计算公式如下：

$$Q = q \cdot W_P \cdot a \cdot H$$

式中，Q 代表炮孔装药量；q 代表设计选用的单位炸药消耗量；W_P——炮孔底盘抵抗线；a 代表孔间距；H 代表台阶高度。

提示

计算公式要牢记，并且明白各参数的实际定义。实际案例中，会给出一组或多组计算参数，需要结合具体问题，灵活运用计算公式，选择合适的参数计算。

考点二　爆破大块率的影响因素

爆破中大块率是衡量深孔爆破效果优劣的主要指标，大块率过高不仅增加二次破碎成本，还会使挖装损耗增加。影响大块率的主要因素包括爆破参数、单位炸药消耗量、矿岩结构等。实际施工过程中，可通过采用多排延时挤压爆破方式，减少填塞长度使孔口部位爆破有效能量增加，选择合理的联网起爆方式等措施降低大块率。

考点三　《非煤矿山外包工程安全管理暂行办法》相关规定

发包单位应当依法设置安全生产管理机构或者配备专职安全生产管理人员，对外包工程的安全生产实施管理和监督。发包单位不得擅自压缩外包工程合同约定的工期,不得违章指挥或者强令承包单位及其从业人员冒险作业。发包单位应当依法取得非煤矿山安全生产许可证。

发包单位应当与承包单位签订安全生产管理协议,明确各自的安全生产管理职责。安全生产管理协议应当包括下列内容:安全投入保障;安全设施和施工条件;隐患排查与治理;安全教育与培训;事故应急救援;安全检查与考评;违约责任。

金属非金属矿山分项发包单位,应当将承包单位及其项目部纳入本单位的安全管理体系,实行统一管理,重点加强对地下矿山领导带班下井、地下矿山从业人员出入井统计、特种作业人员、民用爆炸物品、隐患排查与治理、职业病防护等管理,并对外包工程的作业现场实施全过程监督检查。

金属非金属矿山分项发包单位,应当将承包单位及其项目部纳入本单位的安全管理体系,实行统一管理,重点加强对地下矿山领导带班下井、地下矿山从业人员出入井统计、特种作业人员、民用爆炸物品、隐患排查与治理、职业病防护等管理,并对外包工程的作业现场实施全过程监督检查。

发包单位应当建立健全外包工程安全生产考核机制,对承包单位每年至少进行一次安全生产考核。发包单位应当按照国家有关规定建立应急救援组织,编制本单位事故应急预案,并定期组织演练。

承包单位及其项目部应当根据承揽工程的规模和特点,依法健全安全生产责任体系,完善安全生产管理基本制度,设置安全生产管理机构,配备专职安全生产管理人员和有关工程技术人员。承包地下矿山工程的项目部应当配备与工程施工作业相适应的专职工程技术人员,其中至少有1名注册安全工程师或者具有5年以上井下工作经验的安全生产管理人员。项目部具备初中以上文化程度的从业人员比例应当不低于50%。项目部负责人应当取得安全生产管理人员安全资格证后方可上岗。承包地下矿山工程的项目部负责人不得同时兼任其他工程的项目部负责人。

考点四　《关于加强金属非金属地下矿山外包工程安全管理的若干规定》相关规定

金属非金属地下矿山企业对工程进行发包的,严格按照《非煤矿山外包工程安全管理暂行办法》规定进行发包,其中对井下采矿、掘进工程进行发包的,除爆破承包单位外,大中型矿山承包单位不得超过2家、小型矿山承包单位不得超过1家,严禁对采掘工程进行转包。鼓励金属非金属地下矿山企业建立本单位采掘施工队伍,逐步取消采掘工程对外承包,或者实行整体托管。

发包单位应当落实外包工程安全生产主体责任,对承包单位实施统一管理。发包单位应当配备专职安全生产管理人员和采矿、机电、通风、地测(防治水)等工程技术人员,其主要负责人(实际控制人或者法定代表人)应当每月组织相关人员对承包单位执行安全生产法律法规、隐患排查治理、教育培训等情况至少进行一次监督检查。

发包单位应当组织承包单位及其项目部建立健全外包工程协同工作机制,共同成立安全生产委员会,定期研究安全生产问题,将外包工程风险分级管控、隐患排查治理、安全教育培训、领导带班下井、事故报告与快速处置等工作纳入协同工作范围。项目部按规定应当配备与工程施工作业相适应的采矿、机电、通风、地测(防治水)等专业专职工程技术人员,至少配备1名注册安全工程师或者具有5年以上井下工作经验的专职安全生产管理人员。

同步自测

一、单项选择题(每题的备选项中,只有1个最符合题意)

1. 地下矿山爆破产生的炮烟中有毒物质不包括(　　)。

A. 一氧化碳　　B. 硫化氢
C. 过氧化氢　　D. 氮氧化物

2. 在爆破工作中,炸药或爆破器材在预定起爆时间之前起爆的现象称为(　　)。

A. 早爆　　B. 拒爆
C. 迟爆　　D. 爆炸飞石

3. 为了防止爆破震动,适宜采用的爆破方法是(　　)。

A. 深孔爆破　　B. 露天爆破
C. 浅孔爆破　　D. 预裂爆破

4. 在进行露天爆破后,按照规定需等待(　　)min 以上,等炮烟浓度符合要求时再进入工作面。

A. 12　　B. 15
C. 17　　D. 20

5. 关于地下矿山井下爆破器材库的说法,正确的是(　　)。

A. 井下爆破器材库距井筒、井底车场和主要巷道的距离,硐室式库不小于100 m
B. 井下爆破器材库可以与主要巷道共用1个回风道
C. 井下爆破器材库,照明线路的电压不应大于220 V
D. 井下爆破器材库的电气照明,电线应采用铝芯铠装电缆

二、案例分析题

2020年6月22日14时30分,某金矿区发生一起爆炸事故,造成38人死亡,直接经济损失1 000万元。

2020年6月19日左右,A井的主井掘进到位,并于21日晚与副井在三部打透贯通。由于技术水平低,主井井底低于副井的三部平巷1.5 m左右。因此,在事故前几天,A井基本停止了提矿,全力组织力量完善三部运输巷道,但井下采矿并未停止。事故当天主要作业地点是三部、四部和五部。

2020年6月22日上午9时许,股东石某从某民爆公司炸药库购买岩石乳化炸药150箱,共计3.6 t,由A井民工王某组织工人将其中的93箱炸药存放在副井一部平巷炸药库,并违反规定将炸药库放不下的炸药放置到二部、三部平巷。13时30分左右,矿井二部平巷绞车工座位的编织袋等物品着火;14时30分左右,在一部平巷内的炸药库和盲一立井井口向下26 m处相继发生爆炸,燃烧、爆炸产生了大量一氧化碳等有毒有害气体导致38名矿工中毒窒息死亡。

经调查,该起事故的直接原因是:井下作业人员违章用照明白炽灯集中取暖,时间长达18 h,使易燃的编织袋等物品局部升温过热,造成灯泡炸裂引起着火,引燃井下炸药库

燃烧,导致炸药爆炸。

根据以上场景,回答下列问题:

1. 根据《生产安全事故报告和调查处理条例》,指出该起事故的等级。
2. 根据事故过程分析,指出该事故发生的间接原因。
3. 简述炮烟中毒窒息后应该采取的应急措施。
4. 针对此次事故,简述此类事故的防范措施。

答案详解

一、单项选择题

1. C。【解析】地下矿山爆破产生的炮烟中有毒物质的主要成分为一氧化碳和氮氧化物。如果炸药中含有硫或硫化物时,爆炸过程中,还会生成硫化氢和二氧化硫等有毒气体。
2. A。【解析】在爆破作业中,易发生的爆破事故包括早爆、拒爆、爆破震动、爆破飞石、爆破冲击波、炮烟中毒和窒息等。其中,早爆是指炸药或爆破器材在预定起爆时间之前起爆。故选项 A 正确。
3. D。【解析】为了防止爆破震动,适宜采用预裂爆破。预裂爆破是指沿开挖边界布置密集炮孔,采取不耦合装药或装填低威力炸药,在主爆区之前起爆,从而在爆区与保留区之间形成预裂缝,以减弱主爆孔爆破对保留岩体的破坏并形成平整轮廓面的爆破作业。
4. B。【解析】在进行爆破后,必须对其进行通风。按照相关规定,露天爆破需等待 15 min 以上,等炮烟浓度符合规定时方可进入工作面。
5. A。【解析】井下爆破器材库应设有独立的回风道。井下爆破器材库的电气照明,应遵守下列规定:(1)应采用防爆型或矿用密闭型电气设备,电线应采用铜芯铠装电缆。(2)照明线路的电压不应大于 36 V。(3)贮存爆破器材的硐室或壁槽,不安装灯具。(4)电源开关或熔断器,应设在铁制的配电箱内,该箱应设在辅助硐室里。(5)爆破器材库和发放站的移动式照明,应使用防爆型移动灯具和防爆手电筒。

二、案例分析题

【答案】

1. 根据题干,该起事故造成 38 人死亡,直接经济损失 1 000 万元,故属于特别重大事故。
2. 该起事故发生的间接原因主要包括:

(1)违反规定,违章指挥,应急措施不力。

(2)采矿秩序混乱,乱采滥挖现象严重。

(3)主管部门管理失控,企业内部管理混乱。

(4)A 井以采代探,不具备基本的安全生产条件。

(5)民爆器材购买、贮存、使用管理混乱。

(6)企业内部人员安全生产意识不强。

3. 炮烟中毒窒息后应采取的应急处置措施包括:

(1)对事故现场采取强制性的局部通风措施。

(2)避难人员迎着新鲜风流方向撤退。

(3)将伤员转移至新鲜空气处或地表。

(4)根据中毒物质属性,给伤员进行急救。

4. 针对此次事故，要采取的防范措施包括：

(1) 有关部门要坚决取缔非法矿井，关闭不具备基本安全生产条件的矿井，彻底解决采矿秩序混乱问题。

(2) 各级人民政府要充分发挥各行政部门的作用，依法调整矿产资源开发服务中心的职责。

(3) 矿山企业要加强对矿产资源的开发利用和管理工作，合理规划，科学开采。

(4) 要健全市、县应急管理机构，充实监管力量，确保监督执法到位。

(5) 要深化民爆器材专项整治工作，切实加强民爆器材购买、贮存、使用的管理。

(6) 矿山企业要加强对作业人员的安全教育培训。

【解析】

1. 本案例第 1 问主要考查事故等级的划分。《生产安全事故报告和调查处理条例》规定，根据生产安全事故（以下简称事故）造成的人员伤亡或者直接经济损失，事故一般分为以下等级：(1) 特别重大事故，是指造成 30 人以上死亡，或者 100 人以上重伤（包括急性工业中毒，下同），或者 1 亿元以上直接经济损失的事故。(2) 重大事故，是指造成 10 人以上 30 人以下死亡，或者 50 人以上 100 人以下重伤，或者 5 000 万元以上 1 亿元以下直接经济损失的事故。(3) 较大事故，是指造成 3 人以上 10 人以下死亡，或者 10 人以上 50 人以下重伤，或者 1 000 万元以上 5 000 万元以下直接经济损失的事故。(4) 一般事故，是指造成 3 人以下死亡，或者 10 人以下重伤，或者 1 000 万元以下直接经济损失的事故。所称的“以上”包括本数，所称的“以下”不包括本数。
2. 本案例第 2 问主要考查爆炸事故产生的间接原因。具体内容详见答案。
3. 本案例第 3 问主要考查炮烟中毒窒息后应采取的应急处置措施。发生炮烟中毒窒息事故的现场应急处置措施如下：(1) 对事故现场采取强制性的局部通风措施，并按应急程序开、关相关的风门，及时调整风流路线，以稀释有毒有害气体，从而为遇险人员撤离和抢险工作创造条件。(2) 避难人员应迎着新鲜风流方向撤退。(3) 立即将伤员移至新鲜空气处或地表。在搬运途中，如仍受到有害气体威胁，急救者一定要戴好自救器，被救人员也要戴好自救器。(4) 除去伤员口中一切妨碍呼吸的东西，如假牙、黏液、泥土，将伤员领带及腰带松开并使其保暖。(5) 如果是一氧化碳中毒，伤员还没有停止呼吸或呼吸虽已停止但心脏还有跳动，要立即给中毒者闻氨水解毒，并解开衣服，搓摩伤员的皮肤，使伤员温暖以后，立即进行人工呼吸。如果心跳也已停止，就要迅速进行体外心脏按压，同时进行人工呼吸。(6) 如果是硫化氢中毒，在进行人工呼吸以前，要用浸透食盐溶液的棉花和手帕盖住口鼻。(7) 如果是二氧化硫中毒，则迅速将伤者移离中毒现场至通风处，松开衣领，注意保暖，观察病情变化。对有缺氧现象的患者，应立即输氧，保持呼吸道通畅，如有分泌物应立即吸取。如呼吸停止，则立即进行人工呼吸。(8) 如果是氮氧化物中毒，应使伤者迅速脱离中毒现场，保温、静卧休息。有呼吸困难者应吸氧并给予必要的紧急处理。特别注意因氮氧化物中毒时，会使伤员发生肺浮肿，所以不能采用人工呼吸，若必须用苏生器苏生时，在纯氧中不能掺二氧化碳，避免刺激伤员肺脏。最好是在苏生器供氧的情况下，使伤员能进行自主呼吸。(9) 如果是二氧化碳窒息，情况不太严重时，只需把伤员抬到新鲜风流中稍作休息后，就会苏醒。假如窒息时间较长，应进行人工呼吸。在进行人工呼吸前，先要搓擦伤员的皮肤。(10) 在救护中，急救人员一定要沉着，动作要迅速。
4. 本案例第 4 问主要考查爆炸事故应采取的防范措施。具体内容详见答案。

第八章　矿井火灾防治

考情解读

考·纲·要·求

运用矿井火灾防治相关技术和标准，辨识和分析矿井火灾、灼烫、中毒和窒息等危险、有害因素，制定相应安全技术措施。

命·题·分·析

本章内容主要介绍矿山火灾、火灾产生的原因以及火灾的防治措施。火灾是矿山安全生产过程常见的一类事故，通常是由于操作不当或者设备故障等原因引起。因此，考生应重点针对火灾相关的预防措施进行学习，同时也需了解发生火灾时常采用的灭火方法及其他应急救援注意事项。本章内容历年考查比例较低，与水灾防治同程度备考即可，考查以选择题为主。

考点解读

考点一　矿井火灾的相关概述

火灾事故是矿井重大灾害之一。矿井火灾不仅可能烧毁大量机械设备、设施、巷道及工作面，冻结大量的矿产资源，而且燃烧生成的有毒有害烟气，使处于排烟道上的工作人员的生命受到威胁和伤害，甚至引起爆炸事故，给矿井带来更大的灾难。

1. 概念

矿井火灾又称矿内火灾或井下火灾，是指凡发生在矿井内或地面并威胁到井下安全生产、造成损失的失控燃烧均称矿井火灾。

2. 分类

按引火源的不同，矿井火灾分为外因火灾和内因火灾。

外因火灾指由于外部火源如明火、爆破、电流短路、静电、焊接、机械冲击与摩擦、吸烟等引燃可燃物造成的火灾。这种火灾多发生在井口房、井筒、井底车场、石门及机电硐室和有机电设备的巷道等地点，具有火源明显、发生突然、来势凶猛等特点。

内因火灾指由于矿岩自身原因产生的物理和化学反应热引起的火灾。此类火灾的发展是一个较为缓慢的过程，不易被察觉。

3. 危害

矿井发生的火灾（包括危及井下的地面火灾），常导致人员伤亡、设备损失、矿井停产、资源破坏，甚至引起爆炸，具有严重的危害性，具体表现在以下几个方面：

(1)毁坏设备和资源。

(2)产生大量有害气体,引起人员中毒和窒息。

(3)引起爆炸。

(4)产生火风压,破坏通风系统。

(5)产生再生火源。

(6)扑灭火灾耗费人力、财力和物力。

典型例题

【单选题】下列选项中,可以导致内因火灾的是(　　)。

A. 机械作用　　B. 油料

C. 物质自身氧化　　D. 电气设备的绝缘损坏

C。【解析】矿井火灾,根据引火源的不同分为外因火灾和内因火灾。其中,外因火灾的产生原因是外界环境中的各种不利因素,包括明火、炸药、油料、机械作用、电气设备的绝缘损坏和性能不良等。

考点二　矿井外因火灾的产生原因及防治措施

1. 产生原因

矿井外因火灾发生的主要原因包括:

(1)明火引起的火灾。

(2)爆破作业引起的火灾。

(3)焊接作业引起的火灾。

(4)电气原因引起的火灾。

(5)摩擦冲击等引起的火灾。

2. 防治措施

矿井外因火灾防治的具体措施包括:

(1)预防明火引起的火灾的具体措施。严控明火进入井内,加热井内空气应避免采用明火或火炉,同时禁止用明火烤热井口冻结的管道。不得在井下点燃蜡纸作照明和用木材生火取暖,特别对有民工采矿的矿山,更要加强对明火的管理。对井下易燃物进行集中归置,并及时运至地面进行处理,如井下使用过的废油、棉纱、布头、油毡、蜡纸等应统一放入铁桶内并采取措施盖严。爆破作业过程中,要加强对电石灯、吸烟等明火的管制,防止明火与炸药及其包装材料接触引起燃烧或爆炸。

(2)预防爆破作业引起的火灾的具体措施。对于有爆炸危险的矿山,限制装药量,填塞好炮泥,防止矿石严重破碎和喷出明火,爆破后采取喷雾洒水等降尘措施。对于一般的金属矿山,对炸药库照明和防潮设施进行严格检查,防止照明线路短路和产生电火花,引燃炸药发生火灾。爆破时,严禁使用在黄铁矿中钻孔时所产生的粉末作为填塞炮孔的材料。若炮孔有水时,先将孔中的水吹出,用防水袋装炸药。在进行大的爆破作业时,要认真检查运药路线,防止发生事故。在爆破后要进行通风,以防气体汇集,引发烧伤或爆炸事故。

(3)预防焊接作业引起的火灾的具体措施。建立并执行动火制度,在井口建筑物内或井下从事焊接或切割作业时,要报总工程师批准并严格按照安全规程执行,还要制定出相应的防火措施。必须在井筒内进行焊接作业时,须派专人监护矿山地面防灭火工作,焊接完毕后,应严格检查和清理现场。在木材支护的井筒内进行焊接作业时,必须在作业部位的下面设置接收火星、铁渣的设施,并派专人喷水淋湿,及时扑灭火星。在井口或井筒内进行焊接作业时,应停止井筒中的其他作业,必要时设置信号与井口联系以确保安全。

(4)预防电气原因引起的火灾的具体措施。防止发生短路和过负荷,并注意电路中接触不良,电阻增加发生热现象,避免由此造成的电气火灾。电缆接头、铁道接头、临时照明线灯头接头或接地极附近应避免存放易燃易爆材料,以免因电火花引起火灾。通过木质井框、井架和易燃材料的场所输电线路和直流回馈线路必须采取有效地防止漏电或短路的措施。变压器、控制器等用油,在倒入前必须清除杂质并保持干燥状态,按相关规程和标准采样,进行理化性质试验,以防止引起电气火灾。

(5)预防摩擦冲击等引起的火灾的具体措施。加强巷道维护,定期对机械设备进行检测,以预防火灾发生。

提示

注意区别外因火灾与内因火灾的产生原因及防治措施。

典型例题

【单选题】炸药运输、现场存放、装药填塞、爆破等环节,均有可能引发火灾。关于防止此类火灾事故发生的措施,错误的是(   )。

A. 限制一次爆破最大装药量　　B. 爆破前后采取喷雾洒水措施

C. 采用水袋填满堵严炮孔　　D. 爆破后加强局部通风

C。【解析】爆破作业引发火灾的防范措施包括:(1)对于有爆炸危险的矿山,限制装药量,填塞好炮泥,防止矿石严重破碎和喷出明火,爆破后采取喷雾洒水等降尘措施。(2)对于一般的金属矿山,对炸药库照明和防潮设施进行严格检查,防止照明线路短路和产生电火花,引燃炸药发生火灾。(3)爆破时,严禁使用在黄铁矿中钻孔时所产生的粉末作为填塞炮孔的材料。若炮孔有水时,先将孔中的水吹出,用防水袋装炸药。(4)在进行大的爆破作业时,要认真检查运药路线,防止发生事故。(5)在爆破后要进行通风,以防气体汇集,引发烧伤或爆炸事故。

考点三　矿井内因火灾的影响因素及防治措施

1. 影响因素

矿井内因火灾的主要影响因素包括:矿岩理化性质;矿床赋存条件;开采技术条件;水的影响;同时参与反应的矿量的影响。

2. 防治措施

矿井内因火灾防治的具体措施包括:

(1)开拓、开采技术方面的措施。开拓、开采技术方面的措施包括:

①在开拓方式上要尽量采用脉外巷道的方式和少留矿柱，以便尽可能减少矿体暴露于空气中的时间和空间，易于迅速隔离任何采区。

②合理地划分采区尺寸，并快速回采，以便使采区的回采时间短于自燃发火期，采完后立即将其封闭。

③开采顺序上应做到先上层后下层，自井田边界向井田中央回采。

④合理地选择采矿方法。从防火角度比较各种采矿方法时，必须考虑以下因素：矿石的损失量及其集中程度、遗留在采空区中的木料量及其分布、回采强度、对采空区封闭的可能性及其严密性。

⑤及时从采场清除粉矿，做好顶板的管理工作。

(2)建立合理的通风制度。建立合理的通风制度应遵循下列原则：

①采用机械通风。

②结合开拓方式和回采顺序，选择相应的且合理的通风系统，以减少漏风。

③加强通风状况和通风构筑物的检查和管理。

④为调节通风状况而安设风窗、风门、风墙或辅扇时，应安设在地压较小、巷道周壁无裂缝的位置上。

(3)密闭采空区或局部充填隔离。密闭与充填是将可能自然发火的地区封闭，隔绝空气漏入，以防止氧化。对于矿柱的裂缝，一般用泥浆堵塞其入口和出口，而对采空区除堵塞裂缝外，还应在通往采空区的巷道口上建立防火墙。井下防火墙按其作用分临时和永久2种。

(4)预防性灌浆。向可能发生和已经发生内因火灾的采空区注入泥浆，其中的泥土沉降下来后会填充灌浆区内的空隙、钻入缝隙中并包裹矿岩和木料碎块，水则过滤出来，这是一个行之有效的预防和消灭内因火灾的方法。其防火作用在于隔离了矿岩、木料向空气的接触，防止氧化，加强了采空区密闭的严密性，减少漏风。如果矿岩已经自热或自燃，泥浆也能起到冷却作用，降低封闭区内的温度，阻止自燃过程的继续发展。

链接

内因火灾发生前的征兆：(1)井下温度升高。(2)巷道内空气的湿度增加，如巷道内产生雾气或“出汗”现象。(3)硫化井内出现刺激性臭味。(4)人体出现异常状况，如闷热、头痛等。

考点四　矿井火灾的应急救援程序

矿井火灾事故的应急救援程序包括：

(1)井下任何人，一旦发现灾情，应立即用最近的电话报告值班室，当电话损坏时，可跑步快速出井口报告。

(2)在发现刚起火或火灾较轻时，发现者必须呼唤附近人员赶来抢险，并立即切断灾区电源，奋力扑灭火灾。

(3)发生火灾时，灾区进风侧人员应切断电源后，迎着风流撤到地面。灾区回风侧的人员应立即戴好自救器，若没有自救器，必须用毛巾或衣服浸水后捂住鼻、口，在带班或熟悉避灾路线的人员带领下，安全地沿着避灾线路撤退。在独头掘进工作面，要建立临时避难硐室。

(4)值班员接到灾情报告后，按顺序迅速通知到各有关人员。

(5)凡在井下电话机 15 m 范围的人员，一听到电话铃声，应立即接电话。当是报警电话时，立即吩咐在场人员通知该水平面的所有人员按避灾线路撤退。

(6)矿长赶到井口后，立即查清灾情和灾区受威胁人员的撤退情况，并根据灾情和人力、物力的准备情况，确定通风、抢救、灭火的方案，同时迅速组织实施。

(7)当火灾范围不大时，应立即组织人力、物力控制火势直接灭火。无法扑灭时，应采用隔绝灭火，封闭火区。

(8)在救灾期间，要严格控制入井人数，并停止一切与工作无关的工作，入井人员必须经矿长批准后方可入井。

(9)在抢救期间必须做好各种记录。

考点五　矿井火灾的灭火方法

矿井火灾的灭火方法分为直接灭火法、封闭火区灭火法(隔绝灭火法)和联合灭火法。

1. 直接灭火法

(1)挖除可燃物。挖除可燃物就是将已经发热或燃烧的矿物、岩石以及其他可燃物挖出、清除、运出井外。这是扑灭矿井火灾最彻底的方法，采用这种方法的条件是火灾处于初起阶段，涉及范围不大；无爆炸危险；火源位于人员可直接到达的地点。这种灭火方法具有一定的危险性，工作时必须要做好组织措施，同时要制定严格的安全措施。

(2)用水、化学灭火器、惰性气体、泡沫剂、胶体材料、砂子或岩粉等，直接在燃烧区域及其附近灭火，以便在火灾初起时迅速地扑灭。

2. 封闭火区灭火法(隔绝灭火法)

封闭火区灭火法是在通往火区的所有巷道内建筑防火墙、填平地面塌陷区裂隙，以阻止空气进入火源地，从而使火区因缺氧而熄灭。该方法一般在不能用直接灭火法或用其无效时采用。

对火区的封闭，首先应考虑的是将火区迅速而严密地控制和封闭起来的迫切性以及封闭过程中引起爆炸的可能性。因此，对密闭墙的类型和强度、建造地点和施工快慢、封闭过程中的通风、最后封闭的程序等，都必须慎重地作出决定。

火区封闭后，应设法使火灾尽快熄灭。其首要措施是减少火区的漏风。由于任何密闭墙都不能完全地杜绝漏风，所以必须采取补充措施——平衡风压法(均压灭火法)，即尽量减小火区进风与回风两侧的风压差。

利用平衡风压法的原理，针对各种不同情况，提出各种减少向火区或崩落采空区漏风的具体措施。如设置消火巷道、建立平衡压差的响室等。在采用抽出式通风系统的矿井中，为减少从地面渗漏到崩落区的漏风，可在崩落区下面的主通风风流(其风压对地面说为负压)中设置辅扇(在该采区的进风侧)，并在其回风侧设置调节风窗，以便提高该采区通风风流的风压，或者保持该采区的进风风量等于或略大于它的回风量，就能阻挡从地面漏入风量。

3. 联合灭火法

当矿井火灾不能用直接灭火法消灭火灾时，应立即采用联合灭火法。目前常用的方法是先用防火墙封闭火区，再向封闭火区内注入泥浆或惰性气体。

（1）灌浆灭火。消火性灌浆的技术内容大体上与上述预防性灌浆的相同，但灌浆方式和灌浆参数必须根据消灭火灾这一目的和具体条件来确定。一般原则是在确定了火源中心及其发展动向以后，使泥浆包围火源和附近的蔓延区，在该区域内先外围后中心实行全面灌浆，或在火灾蔓延的前方注一带泥浆“篱笆”阻止火灾蔓延。若利用钻孔时，钻孔不能布置在地表塌陷区，更不能将钻孔打入采空区内的矿柱中。若采用消火巷道通达火源来注浆，则应注意在火区附近掘进消火巷道的安全性。

（2）灌注惰性气体灭火。往封闭火区注入惰性气体（CO_2、N_2、炉烟和水蒸气等）可以排挤出火区的空气、降低空气中的含氧量、冷却火源、增加密闭区内的气压，从而达到减少漏风的目的，同时惰性气体易于渗入矿、岩的空隙而包围燃烧体，阻止其氧化。可见其灭火作用还是很好的。但用此方法需要一定的设备，气体消耗量大，成本较高，且要求高质量的封闭措施以防止此类毒害性气体的渗出。

链接

风流调度也是火灾发生时的一种处理方法，根据火灾发生的具体情况使用。当火灾发生在采准巷道、回采工作面等地点，应减少井下风量并维持原风流方向，如采用降低主通风机转速、增加通风阻力；当火灾发生在入风井筒、入风井口建筑物等地点，应调转风流方向；当火灾发生在回风井筒等地点，应维持原风流方向。

典型例题

【单选题】在井下发生内因火灾时，可以使用风窗、局扇等设施对起火区域巷道两端的风压进行干扰和调节，以最大限度地限制和隔绝火区内空气对流，促使火区逐步缺氧，达到灭火的目的。这种扑灭火灾的方法是（　　）。

A. 直接灭火法　　B. 隔绝灭火法

C. 联合灭火法　　D. 均压灭火法

D。【解析】直接灭火法有 2 种灭火方式，一是挖除可燃物，即将已经发热或者燃烧的物体挖出、清除；二是用灭火器在火源附近直接进行灭火。隔绝灭火法是在通向火区的所有巷道内建筑防火墙、填平地面塌陷区裂隙，以阻止空气进入火源地，从而使火区因缺氧而熄灭。联合灭火法是先用防火墙将火区封闭后，再向封闭火区注入泥浆或惰性气体。均压灭火法是设置调压装置或调整通风系统，降低漏风通道两端的风压差，减少漏风量，使火区缺氧而达到灭火目的，即上述平衡风压法。

考点六　地下矿山防灭火一般规定

应结合井下供水系统设置井下消防管路。

下列场所应设消火栓：

（1）内燃自行设备通行频繁的主要斜坡道和主要平硐。

（2）燃油储存硐室和加油站。

（3）主要中段井底车场和无轨设备维修硐室。

斜坡道或巷道中的消火栓设置间距不大于 100 m；每个消火栓应配有水枪和水带，水带的长度应满足消火栓设置间距内的消防要求。

井下消防系统应符合下列规定：

(1)井下消防供水水池应能服务井下所有作业地点，水池容积不小于200 m^3。

(2)消火栓栓口动压力应为0.25～0.5 MPa。供水系统压力过大时应采取减压措施。

(3)消火栓最不利点的水枪充实水柱不小于7 m。

(4)消防主水管内径不小于80 mm。

在下列地点或区域应配置灭火器：

(1)有人员和设备通行的主要进风巷道、进风井井口建筑、主要通风机房和压入式辅助通风机房、风硐及暖风道。

(2)人员提升竖井的马头门、井底车场。

(3)变压器室、变配电所、电机车库、维修硐室、破碎硐室、带式输送机驱动站等主要机电设备硐室、油库和加油站、爆破器材库、材料库、避灾硐室、休息或排班硐室等。

(4)内燃自行设备通行频繁的斜坡道和巷道，灭火器配置点间距不大于300 m。

每个灭火器配置点的灭火器数量不少于2具，灭火器应能扑灭150 m范围内的初始火源。

井口和平硐口50 m范围内的建筑物内不得存放燃油、油脂或其他可燃材料。

井下不得使用乙炔发生装置。不应用明火直接加热井下空气或烘烤井口冻结的管道。井下不应使用电炉和灯泡防潮、烘烤和采暖。

矿山应建立动火制度，在井下和井口建筑物内进行焊接等明火作业，应制定防火措施，经矿山企业主要负责人批准后方可动火。在井筒内进行焊接时应派专人监护；在作业部位的下方应设置收集焊渣的设施；焊接完毕应严格检查清理。

矿井发生火灾时，主通风机是否继续运转或反风，应根据矿井火灾应急预案和当时的具体情况，由矿山企业主要负责人决定。

案例分析

案例场景一

2019年7月9日4时40分，某地矿区井下发生一起运矿卡车失火事故，死亡17人，重伤2人，直接经济损失188万元。

矿山采用竖井、斜井、斜坡道联合开拓方式，机械化盘区下向分层胶结充填采矿法，多风机并串联微正压通风系统。目前矿区有两个主要回采中段：1250中段和1150中段。1250中段回采1218分段，1150中段回采1138分段。1250中段的1198分段和1150中段的1118分段目前正在开拓之中。此次事故发生地点在1138～1118分段的斜坡道岔口处。

运矿卡车着火时，1118中段作业点共有施工人员59名。7月9日5时30分，值班班长孔某在1118中段5号溜井焊钢模时，发现有烟从溜井上面下来，就跑到6号道。待6号道也进烟后，孔某立即根据以往安全培训中学到的关于火灾事故避灾路线及撤退的内容，组织人员往2号道有通风井的地方跑。当时有人提出硬冲1118～1138斜坡道，他制止他们不要去，但仍有多人不听制止往1118～1138斜坡道跑，造成17人死亡，2人重伤。其余40人相继撤离到某通风井处而脱险。

经调查确认，由于运矿卡车油管接口存在渗漏现象，发动机工作时间长，排气管温度过高，经长时间高温烘烤，渗漏的油在启动机周围形成可燃气体，再启动时，因磁力开关触点或启动机搭线产生火花点燃可燃气体，燃烧中油箱油管内压力增大，造成断裂，油料泄漏，遇明火燃烧酿成火灾事故。

知识点讲解

考点一　矿井火灾事故现场处置原则

现场处置应遵循“三优先”原则，即员工和应急救援人员安全优先、防止事故扩展优先、保护环境优先。

迅速查明并组织撤出火灾区域或受火灾威胁区域的人员；井下主要进风巷道发生火灾时，应采取反风措施，撤出井下工作人员；井下回风巷道发生火灾事故时，要先撤出上风侧人员后，再进行反风，抢救下风侧人员。

如不能迅速撤出，应组织矿山救护队抢救遇难人员；同时还要查明火灾地点、波及范围和发火原因；采取措施防止火灾、烟流向有人员的区域蔓延；切断通往火区的所有电源。

灭火人员必须佩戴隔离式呼吸器，在上风侧实施灭火。严禁灭火人员进入下风侧或在下风侧组织灭火。如现场灭火不能控制灾情，应及时撤出人员，采取泡沫、灌浆、密闭等措施灭火。

考点二　火灾事故等级划分

按照一次火灾事故所造成的人员伤亡、受灾户数和直接财产损失，火灾等级划分为3类：

(1)具有下列情形之一的火灾，为特大火灾：死亡10人以上(含本数，下同)；重伤20人以上；死亡、重伤20人以上；受灾50户以上；直接财产损失100万元以上。

(2)具有下列情形之一的火灾，为重大火灾：死亡3人以上；重伤10人以上；死亡、重伤10人以上；受灾30户以上；直接财产损失30万元以上。

(3)不具有前列两项情形的火灾，为一般火灾。

提示

本案例中，火灾事故造成死亡17人，重伤2人，直接经济损失188万元，根据火灾等级划分规定，应判定为特大火灾。

考点三　矿井火灾事故的避灾路线及撤退

1. 矿山火灾事故的避灾路线一般规定

在火源进风侧的人员迎着风流撤退。在火源回风侧的人员迅速佩戴自救器或用湿毛巾捂住口鼻，如果火势不大，尽快穿过火区进入进风侧；如果火势凶猛，切不可强行穿过火区，尽快由回风侧通过就近的风门进入到进风巷道中。在回风系统掘进掌子面工作的人员，应佩戴自救器迅速经就近的风门撤退到进风巷道。如果佩戴自救器在有效时间内不能安全撤出时，切不可盲目撤退，应用木板、风筒等材料将独头巷道构筑成临时避难硐室，等待矿山救护队营救。

2. 矿山火灾事故现场撤退时的注意事项

矿山火灾事故现场撤退时应注意以下事项：

(1)撤退时不要惊慌，不能狂奔乱跑，应在现场负责人及有经验的老工人带领下有组织地撤退。

(2)位于火源进风侧的人员应迎着风流撤退。

(3)位于火源回风侧的人员，应立即佩戴好自救器，尽快绕到新鲜风流中或在烟气未到达之前撤到安全地带。

(4)如果距火源较近而且越过火源没有危险时，可迅速穿过火区撤到火源进风侧。

(5)撤退行动既要迅速果断，又要快而不乱。

(6)撤退中应靠巷道有连通出口的一侧行进，随时观察巷道和风流的变化情况，谨防火风压可能造成的风流逆转。

(7)如果无论是逆风或顺风撤退，都无法躲避着火巷道或火灾烟气可能造成的危害，则应迅速进入避难硐室。

(8)没有避难硐室时，选择合适地点就地利用现场条件，快速构筑临时避难硐室。

(9)逆烟撤退具有很大的危险性，一般情况下不要逆烟撤退，除非是在附近有脱险通道出口，且有把握脱离危险区。

(10)撤退途中，若有平行并列的巷道或交叉巷道，应靠有平行并列巷道和交叉巷道的一侧撤退，并随时注意出口。

(11)在烟雾大、视线不清的情况下，摸着巷道壁前进，以免错过连通出口。

(12)在有烟雾的巷道内撤退时，尽量躬身弯腰，尽量贴近巷道底板前进。

(13)在高温浓烟的巷道撤退，应将衣物、毛巾打湿，或向身上淋水降温，或是利用随身物件遮挡头面部。

(14)撤退时，发现有发生爆炸的前兆时，立即避开爆炸的正面巷道，进入旁侧巷道；若情况紧急，应迅速背向爆源，靠巷道的一帮就地顺着巷道趴卧，面部向下紧贴底板，双臂护住头面部。若巷道有水坑或水沟，应顺势爬入水中。爆炸发生的瞬间，尽力屏住呼吸或将头浸入水中，同时以最快的速度戴好自救器。爆炸后，稍事观察，待没有异常变化迹象后，辨明情况和方向，沿着避灾路线转移到有新鲜风流的安全地带。

考点四　外因火灾的处置措施

外因火灾的处置措施有：

(1)将人员撤离危险区。

(2)组织人员利用现场可使用的工具和器材及时灭火。

(3)采取防止风向反流和有毒有害气体蔓延的措施。

案例场景二

2019年11月29日4时，A铁矿390平巷盲竖井的罐笼在提升矿石时发生卡罐故障。罐笼被撞破损后卡在距离井口2.5 m处，当班绞车工甲随即升井向矿长乙和维修工丙报告，乙和丙下井检修。丙在没有采取任何防护措施的情况下3次对罐笼角、井筒护架进行切割与焊接，切割与焊接作业至7时结束。随后乙和丙升井返回地面。

当日7时29分，甲在绞车房发现提升罐笼的钢丝绳异动，前往井口观察，发现盲竖井内起火冒浓烟，当即返回绞车房，关闭向井下送电的电源开关并立即升井向乙和丙报告。随后甲和丙一起下井，到达 390 平巷时烟雾很大，能见度不足 5 m，甲和丙前行到达离起火盲竖井约 300 m 处，无法继续前行，遂返回地面向乙汇报。乙立即报警，调矿山救护队救援，并启动 A 矿山应急救援预案。

截至 11 月 29 日 10 时，核实井下被困人员共 122 人，其中救护队救出 52 人，70 人遇难。遇难人员中包括周边的 4 座铁矿 61 名井下作业人员。

事故调查发现：A 铁矿与周边的 4 座铁矿越巷开采，井下巷道及未开采区互相贯通。各矿均未形成独立的通风系统，且安全出口和标志均不符合安全规定。

事故调查组确认，该起事故的直接原因是丙在切割与焊接作业时，切割下来的高温金属残块及焊渣掉落在井槽充填护壁的荆芭上，造成荆笆着火，引燃木质护架可燃物，引发火灾。

知识点讲解

考点一　火灾的分类

根据可燃物的类型和燃烧特性可将火灾分为以下 6 类：

(1) A 类火灾：固体物质火灾。

(2) B 类火灾：液体火灾或可熔化的固体物质火灾。

(3) C 类火灾：气体火灾。

(4) D 类火灾：金属火灾。

(5) E 类火灾：带电火灾。物体带电燃烧的火灾。

(6) F 类火灾：烹饪器具内烹饪物火灾。

提示

本考点主要以案例题的形式考查，通常在案例背景给出火灾的特征，要求判断火灾的类别。本案例中，A 铁矿盲竖井发生的火灾类别属于 A 类火灾。

考点二　动火作业安全规定

在禁火区进行焊接与切制作业，在易燃、易爆场所使用喷灯、电钻、砂轮等，以及进行可能产生火焰、火花或赤热表面的临时性作业均属动火作业，在禁火区进行动火作业应办理动火作业许可证，严格履行申请、审核和批准手续。

动火作业应注意以下安全规定：

(1) 动火作业应有专人监火。

(2) 作业前应清除动火现场及周围的易燃物品，或采取其他有效安全防火措施，并配备消防器材，满足作业现场应急需求。

(3) 作业完毕应清理现场，确认无残留火种后方可离开。

提示

焊接作业是引发矿井外因火灾的原因之一。本案例中，在 A 铁矿 390 平巷盲竖井进行切割与焊接作业，应办理动火作业许可证。

考点三 盲竖井冒浓烟的应急措施

发现盲竖井冒浓烟时，应采取的应急措施包括(但不限于)：

(1)防止盲竖井风流反向。

(2)减小盲竖井风速。

(3)立即向主要负责人报告火情。

(4)通知现场人员撤离。

(5)用水灭火。

同步自测

一、单项选择题(每题的备选项中，只有 1 个最符合题意)

1. 按照引火源的不同，矿井火灾可划分为(　　)类。

A. 2　　B. 3

C. 4　　D. 5

2. 下列选项中，不属于矿井火灾事故现场处置“三优先”原则的是(　　)。

A. 员工和应急救援人员安全优先　　B. 紧急报告上级优先

C. 防止事故扩展优先　　D. 保护环境优先

3. 用惰性气体直接在燃烧区域及其附近灭火，以便在火灾初起时迅速地扑灭。此方法属于(　　)。

A. 封闭火区灭火法　　B. 灌注惰性气体灭火法

C. 直接灭火法　　D. 喷浆灭火法

4. 根据《火灾统计管理规定》，属于重大火灾的是(　　)。

A. 死亡 2 人　　B. 重伤 5 人

C. 受灾 30 户　　D. 直接财产损失 20 万元

二、案例分析题

第一题

A 企业为矿山企业，地下金属矿山采用竖井、斜井、斜坡道联合开拓方式和下行分层胶结充填采矿方法。

2019 年 5 月 9 日 8 时，司机甲和司机乙开始在井下 1150 工作面进行铲装作业。9 时，甲使用的铲装车出现故障，无法正常作业，于是来到休息室休息。10 时 30 分，乙完成自己的铲装工作量后也来到休息室。甲见乙来到休息室，便借用了乙的铲装车进行作业。11 时甲发现铲装车的监控系统显示排气管温度已达到 170 ℃，便停止铲装作业，将车开到斜坡道岔口处熄火降温。11 时 10 分，甲再次启动乙的铲装车时，发现发动机下方着火。甲取下车载灭火器灭火，火未灭掉，甲于是去叫休息中的乙，并和乙一起从休息室拿了2 个大容量灭火器进行灭火，但由于已引燃井下临时加油罐中的柴油，火焰蔓延，无法扑灭。11 时 30 分，甲将火情报告给在附近的工区值班员丙，丙向调度室作了电话报告，调度员丁接到丙的火情报告后进行了记录，但未向主管领导报告，也未向消防部门报警。丙向调度室报告火情后，与甲各拿 1 个灭火器赶往着火现场灭火，甲、乙、丙看到火势猛烈、冒出阵阵浓烟，并感觉呼吸困难，遂于 12 时返回地面。

由于未能及时控制火势，造成着火铲装车下风侧巷道和工作面的作业人员 17 人死亡、2 人重伤，直接经济损失 9 421 万元。

事故调查确认该起事故的过程为：铲装车发动机长时间工作，排气管温度过高；铲装车油管泄漏，渗漏的柴油因高温烘烤在发动机周围形成可燃气体，重新启动时产生的火花点燃可燃气体，引燃临时加油罐内的柴油，燃烧产生大量有毒有害气体，造成人员中毒或窒息。

根据以上场景，回答下列问题(1 ~2 题为单选题，3 ~5 题为多选题)：

1. 根据《生产安全事故报告和调查处理条例》，该起事故等级为(　　)。

A. 轻微事故　　B. 一般事故
C. 较大事故　　D. 重大事故
E. 特别重大事故

2. 导致该起事故发生的直接原因是(　　)。

A. 甲的铲装车出现故障
B. 甲使用乙的铲装车
C. 甲将乙的铲装车开到斜坡道岔口处熄火降温
D. 乙的铲装车油管漏油，甲再次启动时引燃发动机周围的可燃气体
E. 丁未向主管领导报告，也未向消防部门报警

3. 该起事故中，造成人员伤亡的燃烧产物有(　　)。

A. CO　　B. N_2
C. CO_2　　D. H_2O
E. NH_3

4. 甲在铲装作业时佩戴和使用的劳动防护用品有(　　)。

A. 电绝缘鞋　　B. 安全帽
C. 防护镜　　D. 便携式矿灯
E. 防尘口罩

5. 根据《安全生产法》及配套法规，关于 A 企业安全生产管理机构设置和人员配置的说法，正确的有(　　)。

A. 应设置安全生产管理机构或配备专职安全生产管理人员
B. 可以委托第三方中介机构负责 A 企业的安全生产管理

C. 安全生产管理人员应取得相应资格

D. 可以委托取得相应资格的注册安全工程师负责 A 企业的安全生产管理

E. A 企业安全生产管理人员必须经过相应的培训

第二题

某金矿企业的二矿区是主力矿山。

为保证安全生产,该金矿企业按照有关规定设置安全生产管理机构,并对主要负责人和安全生产管理人员进行培训,要求其经过培训合格后方可上岗。为保证安全生产,该矿山企业设置专项安全生产费用,但在生产过程中由于资金紧缺,矿山管理人员将安全生产费用临时挪用于购买生产机械。

2021 年 3 月 9 日,井下采油设备由于长时间连续使用,造成电气设备温度过高而着火。发现电气着火,张某立即就去找灭火器,但是灭火器设置数量较少且距离较远,当找到灭火器后,火势已经蔓延。该矿立刻启动应急救援预案并报告相关消防部门,消防部门及时赶到将火扑灭并封闭火区。

根据以上场景,回答下列问题:

1. 指出安全生产培训主要针对人员以及面向生产经营单位主要负责人的安全培训内容。
2. 案例背景中将安全生产费用用于购买生产机械是否正确?说明理由。
3. 根据案例背景,指出电气着火应首先采取的救援措施。
4. 案例背景中应在哪些地方设置灭火器?

答案详解

一、单项选择题

1. A。**【解析】**按照引火源的不同,矿井火灾可划分为外因火灾、内因火灾 2 类。外因火灾是由外部原因(如明火、炸药、油料、机械作用、电气设备的绝缘损坏和性能不良等)引发的。内因火灾是由矿岩本身的物理和化学反应热(如物质自身氧化热)引发的。
2. B。**【解析】**矿井火灾事故现场处置原则应遵循“三优先”原则,即员工和应急救援人员安全优先、防止事故扩展优先、保护环境优先。
3. C。**【解析】**矿井火灾的灭火方法分为直接灭火法、封闭火区灭火法(隔绝灭火法)和联合灭火法。直接灭火法:(1)挖除可燃物。挖除可燃物就是将已经发热或燃烧的矿物、岩石以及其他可燃物挖除、清除、运出井外。这是扑灭矿井火灾最彻底的方法。(2)用水、化学灭火器、惰性气体、泡沫剂、胶体材料、砂子或岩粉等,直接在燃烧区域及其附近灭火,以便在火灾初起时迅速地扑灭。
4. C。**【解析】**《火灾统计管理规定》规定,按照一次火灾事故所造成的人员伤亡、受灾户数和直接财产损失,火灾等级划分为 3 类:(1)具有下列情形之一的火灾,为特大火灾:死亡 10 人以上(含本数,下同);重伤 20 人以上;死亡、重伤 20 人以上;受灾 50 户以上;直接财产损失 100 万元以上。(2)具有下列情形之一的火灾,为重大火灾:死亡 3 人以上;重伤 10 人以上;死亡、重伤 10 人以上;受灾 30 户以上;直接财产损失 30 万元以上。(3)不具有前列两项情形的火灾,为一般火灾。

二、案例分析题

第一题

1. D。【解析】《生产安全事故报告和调查处理条例》规定，根据生产安全事故（以下简称事故）造成的人员伤亡或者直接经济损失，事故一般分为以下等级：(1)特别重大事故，是指造成30人以上死亡，或者100人以上重伤（包括急性工业中毒，下同），或者1亿元以上直接经济损失的事故。(2)重大事故，是指造成10人以上30人以下死亡，或者50人以上100人以下重伤，或者5 000万元以上1亿元以下直接经济损失的事故。(3)较大事故，是指造成3人以上10人以下死亡，或者10人以上50人以下重伤，或者1 000万元以上5 000万元以下直接经济损失的事故。(4)一般事故，是指造成3人以下死亡，或者10人以下重伤，或者1 000万元以下直接经济损失的事故。上述所称的“以上”包括本数，所称的“以下”不包括本数。
2. D。【解析】根据事故的调查分析，事故发生的直接原因是铲装车发动机长时间工作，排气管温度过高；铲装车油管泄漏，渗漏的柴油因高温烘烤在发动机周围形成可燃气体，重新启动时产生的火花点燃了可燃气体。
3. AC。【解析】柴油是石油提炼后的一种油质产物，燃烧后产生氮氧化物、一氧化碳、二氧化碳、醛类和不完全燃烧时的大量黑烟。
4. BDE。【解析】井下安全防护劳动用品是保护工作人员人身安全、防止发生事故的必备物品，主要包括工作服、工作鞋、安全帽、矿灯等。另外防尘口罩可以防止在铲装作业的过程中吸入粉尘。
5. ACE。【解析】《安全生产法》规定，矿山、金属冶炼、建筑施工、运输单位和危险物品的生产、经营、储存、装卸单位，应当设置安全生产管理机构或者配备专职安全生产管理人员。生产经营单位的主要负责人和安全生产管理人员必须具备与本单位所从事的生产经营活动相应的安全生产知识和管理能力。危险物品的生产、经营、储存、装卸单位以及矿山、金属冶炼、建筑施工、运输单位的主要负责人和安全生产管理人员，应当由主管的负有安全生产监督管理职责的部门对其安全生产知识和管理能力考核合格。考核不得收费。危险物品的生产、储存、装卸单位以及矿山、金属冶炼单位应当有注册安全工程师从事安全生产管理工作。鼓励其他生产经营单位聘用注册安全工程师从事安全生产管理工作。注册安全工程师按专业分类管理，具体办法由国务院人力资源和社会保障部门、国务院应急管理部门会同国务院有关部门制定。

第二题

【答案】

1. 安全生产培训对象为主要负责人、安全生产管理人员、特种作业人员和其他从业人员。

   生产经营单位主要负责人的安全培训内容包括：

   (1)国家安全生产方针、政策和有关安全生产的法律、法规、规章及标准。

   (2)安全生产管理基本知识、安全生产技术、安全生产专业知识。

   (3)重大危险源管理、重大事故防范、应急管理和救援组织以及事故调查处理的有关规定。

(4)职业危害及其预防措施。

(5)国内外先进的安全生产管理经验。

(6)典型事故和应急救援案例分析。

(7)其他需要培训的内容。

2. 将安全生产费用用于购买生产机械不正确。理由:安全生产费用只能用于改善安全生产条件,购买生产机械不属于该使用范围。

3. 矿井发生电气着火时,应首先切断电源。

4. 应设置灭火器材的场所包括:

(1)主要进风巷道、进风井井口建筑、主要通风机房和压入式辅助通风机房、风硐及暖风道。

(2)提升人员竖井的马头门、井底车场。

(3)变压器室、变配电所、电机车库、维修硐室、破碎硐室、带式输送机驱动站等主要机电设备硐室、油库和加油站、爆破器材库、材料库、避灾硐室、休息或排班硐室等。

【解析】

1. 本案例第1问主要考查安全生产培训对象及培训内容。《生产经营单位安全培训规定》规定,生产经营单位应当进行安全培训的从业人员包括主要负责人、安全生产管理人员、特种作业人员和其他从业人员。生产经营单位主要负责人的安全培训应当包括下列内容:(1)国家安全生产方针、政策和有关安全生产的法律、法规、规章及标准。(2)安全生产管理基本知识、安全生产技术、安全生产专业知识。(3)重大危险源管理、重大事故防范、应急管理和救援组织以及事故调查处理的有关规定。(4)职业危害及其预防措施。(5)国内外先进的安全生产管理经验。(6)典型事故和应急救援案例分析。(7)其他需要培训的内容。生产经营单位安全生产管理人员的安全培训应当包括下列内容:(1)国家安全生产方针、政策和有关安全生产的法律、法规、规章及标准。(2)安全生产管理、安全生产技术、职业卫生等知识。(3)伤亡事故统计、报告及职业危害的调查处理方法。(4)应急管理、应急预案编制以及应急处置的内容和要求。(5)国内外先进的安全生产管理经验。(6)典型事故和应急救援案例分析。(7)其他需要培训的内容。

2. 本案例第2问主要考查安全生产费用的使用要求。《企业安全生产费用提取和使用管理办法》规定,安全生产费用是指企业按照规定标准提取在成本中列支,专门用于完善和改进企业或者项目安全生产条件的资金。非煤矿山开采企业安全生产费用应当按照以下范围使用:(1)完善、改造和维护安全防护设施设备(不含“三同时”要求初期投入的安全设施)和重大安全隐患治理支出,包括矿山综合防尘、防灭火、防治水、危险气体监测、通风系统、支护及防治边帮滑坡设备、机电设备、供配电系统、运输(提升)系统和尾矿库等完善、改造和维护支出以及实施地压监测监控、露天矿边坡治理、采空区治理等支出。(2)完善非煤矿山监测监控、人员定位、紧急避险、压风自救、供水施救和通信联络等安全避险“六大系统”支出,完善尾矿库全过程在线监控系统和海上石油开采出海人员动态跟踪系统支出,应急救援技术装备、设施设备及维护保养支出,事故逃生和紧急避险设施设备的配置和应急演练支出。(3)开展重大危险源和事故隐患评估、监控和整改支出。(4)安全生产检查、评价(不包括新建、改建、扩建项目安全评价)、咨询、标准化建设支出。(5)配备和更新现场作业人员安全防护用品支出。(6)安全生产宣传、教育、培训支出。(7)安全生产使用的新技术、新标准、新工艺、新装备的推广应用支出。(8)安全设施及特种设备检测检验支出。(9)尾矿库闭库及闭库后维护费用支出。(10)地质勘探单位野外应急食品、应急器械、应急药品支出。(11)其他与安全生产直接相关的支出。

3. 本案例第3问主要考查电气着火的灭火要求。电气火灾发生后,电气设备可能是带电的,这对救火人员是非常危险的,可能会发生触电伤亡事故。因此,发生电气火灾,无论电气设备带电与否,都要首先切断其电源。在电源切断之前,只准用不导电的灭火器材灭火。电气设备本身有的是充油设备,如电力变压器、油断路器、电动机启动补偿器等。当火灾发生后,可能会发生喷油或爆炸,造成火焰蔓延,扩大火灾事故范围。因此,充油的电气设备发生火灾时,如不能立即扑灭,应将油放进事故储油池内。电气火灾发生后,现场电气人员一方面要尽快切断电源,并组织人力用现场的灭火器材或其他可灭火的器材,按照火源的不同情况尽快灭火;另一方面要尽快疏散在场的人员。

4. 本案例第4问主要考查灭火器的设置。对于地下矿山,在下列地点或区域应配置灭火器:(1)有人员和设备通行的主要进风巷道、进风井井口建筑、主要通风机房和压入式辅助通风机房、风硐及暖风道。(2)人员提升竖井的马头门、井底车场。(3)变压器室、变配电所、电机车库、维修硐室、破碎硐室、带式输送机驱动站等主要机电设备硐室、油库和加油站、爆破器材库、材料库、避灾硐室、休息或排班硐室等。(4)内燃自行设备通行频繁的斜坡道和巷道,灭火器配置点间距不大于300 m。每个灭火器配置点的灭火器数量不少于2具,灭火器应能扑灭150 m范围内的初始火源。

第九章　提升与运输危害防治

考情解读

考·纲·要·求

运用提升与运输危害防治相关技术和标准，辨识和分析罐笼与电梯井的断绳坠落、过卷或过放冲击，斜井（斜坡）提升跑车，带式输送机运输的机械伤害，其他运输的车辆伤害等危险、有害因素，制定相应安全技术措施。

命·题·分·析

本章内容主要介绍提升和运输过程中产生的危险因素及防治措施。提升与运输过程中的危险有害因素主要的来源为运行状态的机械，而发生事故的很重要一方面原因是违规操作。因此，在学习本章内容过程中，应侧重于规范操作，安全生产要求的学习。要求考生熟悉相关机械设备的基本分类及特征，并能够识别相关的危险有害因素。本章内容历年考查比例适中，以选择题为主。

考点解读

考点一　矿井提升与运输

1. 概念

矿井提升与运输系统是矿山生产过程中的重要生产系统，担负着矸石、人员、各种材料和机电设备的提升和运送任务，是联系矿井井下和地面的重要生产系统，常被人们称为“咽喉”与“动脉”。

矿井中的提升与运输设备，主要作用是在矿井中沿着井筒进行人员升降运输、材料下放、提升矿石、运输设备。

2. 矿井提升设备

提升设备主要由提升容器、提升钢丝绳、提升机、天轮、井架以及装卸设备等组成。

矿井提升设备根据不同的标准分为不同的种类，具体分类如表 9-1 所示。

表 9-1　矿井提升设备分类

分类方式	设备
按照井筒倾角分类	竖井提升设备、斜井提升设备
按照提升容器类型分类	罐笼提升设备、箕斗提升设备、箕斗－罐笼提升设备、吊桶提升设备（凿井）、串车提升设备（斜井）
按照提升用途分类	主提升设备、副提升设备、辅助提升设备
按照提升机类型分类	单绳缠绕式提升设备、多绳缠绕式提升设备、多绳摩擦式提升设备
按照提升容器个数分类	单容器提升设备、双容器提升设备
按照提升系统的平衡状态分类	不平衡提升设备、静力平衡提升设备
按照拖动类型分类	交流提升设备、直流提升设备

3. 矿井运输设备

矿井地下运输方式包括有轨运输、无轨运输、带式输送机运输。

有轨运输的主要设备包括矿车、牵引设备、辅助机械等。

无轨运输的主要设备是地下矿用汽车。

带式输送机运输的主要设备是带式输送机。

考点二　提升与运输系统存在的主要危害

1. 提升系统

（1）竖井提升：在竖井提升施工时，容易发生高处坠落事故，即坠罐。坠罐高风险因素辨识清单一览表如表 9-2 所示。在竖井提升施工时，也较容易发生过卷或过放冲击事故。提升容器接近终点时，若不及时减速停车，则上行容器容易超过其正常停车位置而出现过卷事故；下行容器容易超过其正常停车位置而出现过放事故。

表 9-2　坠罐高风险因素辨识清单一览表

重大风险点	高风险因素	子要素	表征指标	指标特征因子
矿井坠罐事件	高风险设备	载人罐笼	设备本质安全化水平	危险隔离（替代）、故障安全、故障风险
	高风险工艺	罐笼提升系统	工艺设施完好性	钢丝绳寿命周期、工艺设施的维保状况、提升系统的完好性
	高风险场所	罐笼及其周边	人员因素	人员暴露在危险环境中风险程度
	高风险物品	能量	井深	井筒深度等级
	高风险作业	特种设备操作、危险作业、特种作业	种类、数量	罐笼升降操作、维修作业、竖井/盲竖井提升作业

（2）斜井提升：斜井串车提升由于换钩频繁，钢丝绳容易磨损和断裂等因素，常常发生跑车事故。根据引起事故的不同原因，大致可分为以下几种：

①挂钩工疏忽而未挂钩就将空车下推引起的跑车。

②挂钩工操作不当而引起跑车事故。如在车辆未全部提上来就提前摘钩,导致后面未上来的车辆倒滑下斜坡而发生跑车。

③断绳引起跑车。

④车辆运行中由于挂钩插销跳出而发生跑车。这种事故的发生往往由于轨道质量不好,车辆运行时跳动,插销不合规格或未全部插进。

⑤连接装置断裂引起跑车。如三链环不合要求,矿车底盘槽钢断裂等情况。

⑥提升机制动器失灵引起飞车,这是一种带绳的跑车。

2. 运输系统

(1)有轨运输:有轨运输中存在的主要危害为车辆伤害和触电。列车脱钩、掉道均会对人员造成碰撞或挤压,导致人身伤亡。人员触及漏电的触电电路或电机车可能会造成触电事故。

(2)无轨运输:无轨运输环节存在的主要危害为车辆伤害。车辆碰撞、倾翻均可能造成人员伤亡。

(3)带式输送机运输:带式输送机运输环节存在的主要危害为机械伤害。带式输送机的机械伤害主要指带式输送机的转动(静止)部件直接与人体接触引起的或其他原因引起的伤害。机械伤害可能造成人体肢体伤残,甚至死亡。

考点三　竖井提升危害防治措施

提升容器和平衡锤在竖井中运行时应有罐道导向。缠绕式提升系统应采用木罐道或者钢丝绳罐道,摩擦式提升系统应采用型钢罐道、木罐道或者钢丝绳罐道。

提升容器的导向槽或者滑动罐耳与罐道之间的间隙应符合下列规定:

(1)采用木罐道的,每侧不超过 10 mm。

(2)采用型钢罐道的:采用滚轮罐耳时,导向槽每侧间隙 10 ~ 15 mm;不用滚轮罐耳时,导向槽每侧间隙不超过 5 mm。

(3)采用钢丝绳罐道的,导向器内径比罐道绳直径大 2 ~5 mm。

罐道磨损达到下列程度,应该更换:

(1)木罐道一侧磨损超过 15 mm。

(2)型钢罐道一侧磨损超过型钢壁厚的 50%。

(3)罐道钢丝绳在一个捻距内的表面钢丝断丝超过 15%。

(4)罐道钢丝绳的表面钢丝磨损超过 50%。

导向槽或者导向器磨损达到下列程度,应该更换:

(1)导向槽一侧磨损超过 8 mm。

(2)型钢罐道和容器导向槽一侧总磨损量达到 10 mm。

(3)钢丝绳罐道导向器磨损超过 8 mm。

提升容器之间、提升容器与井壁、罐道梁、井梁之间的间隙,应符合规范规定。钢丝绳罐道应采用密封钢丝绳,罐道绳的刚性系数不小于 500 N/m;每个提升容器的罐道绳张紧力应相差 5% ~10%,内侧张紧力大,外侧张紧力小。罐道钢丝绳采用重锤拉紧时,井上应设钢丝绳固定装置,井下应设钢丝绳导向装置;拉紧重锤的最低位置到井底最高水面的距离不小于 1.5 m。

罐道钢丝绳采用液压拉紧时，应在井上设置罐道绳拉紧力调节装置。罐道钢丝绳应有 20 m 以上备用长度。每 3 个月应对罐道钢丝绳固定装置和拉紧装置进行 1 次检查，及时串动和转动钢丝绳。检查和处理情况应记录存档。采用多绳摩擦式提升时，粉矿仓应设在尾绳之下，粉矿顶面距离尾绳最低位置应不小于 5 m。罐道钢丝绳穿过粉矿仓的，应用隔离套筒保护钢丝绳。罐道钢丝绳直径不小于 28 mm，防撞钢丝绳直径不小于 40 mm。

缠绕式提升系统应符合下列规定：

(1) 卷筒到天轮的钢丝绳最大偏角不超过 1°30″。

(2) 天轮绳槽剖面中心线应与天轮轴中心线垂直；天轮不应有变形和活动现象。

(3) 采用钢丝绳罐道时，提升钢丝绳应采用不旋转钢丝绳。

(4) 双卷筒提升机的提升钢丝绳规格应相同。

摩擦式提升系统应符合下列规定：

(1) 首绳应为同一生产批次的钢丝绳。

(2) 采用扭转钢丝绳作首绳时应按左右捻相间的顺序悬挂。

(3) 首绳悬挂前应去除表面油脂；腐蚀性严重的矿井，应在钢丝绳表面涂增摩脂。

(4) 圆尾绳挂绳前应消除旋转力矩。

(5) 井底应设尾绳隔离装置。

提升竖井的井塔或者井架内和竖井井底应设置过卷段，过卷段高度应符合下列规定：

(1) 提升速度大于 6 m/s 时，不小于最高提升速度下运行 1 s 的距离或者 10 m。

(2) 提升速度为 3 ~ 6 m/s 时，不小于 6 m。

(3) 提升速度小于 3 m/s 时，不小于 4 m。

(4) 凿井期间用吊桶提升时，不小于 4 m。

过卷段终端应设置过卷挡梁；发生过卷事故后过卷挡梁应能正常使用。

竖井提升系统应符合下列规定：

(1) 过卷段应该设过卷缓冲装置或者楔形罐道，使过卷容器能够平稳地在过卷段内停住。

(2) 深度大于 800 m 的竖井应设过卷缓冲装置，使过卷容器在缓冲装置内平稳停住，并不再反向下滑或反弹。

(3) 楔形罐道的楔形部分的斜度为 1%；包括较宽部分的直线段在内的长度不小于过卷段高度的 2/3；摩擦式提升系统的下行容器应比上行容器提前接触楔形罐道，提前距离不小于 1 m。

提升人员的罐笼提升系统应在井架或者井塔的过卷段内设置罐笼防坠装置，使罐笼下坠高度不超过 0.5 m。垂直深度超过 50 m 的竖井用作人员主要出入口时，应采用罐笼或矿用电梯升降人员。

提升人员的罐笼提升系统应符合下列规定：

(1) 井口和井下各中段马头门应设安全门。

(2) 自动安全门应与提升机连锁。

(3) 手动安全门应由信号工负责开闭。

(4)同一层罐笼不应同时升降人员和物料。

(5)负责运输爆破器材的人员应跟罐监护,并通知信号工和提升机司机。

(6)乘罐人员应在距井筒 5 m 以外候罐,并听从信号工指挥。

主要提升矿、废石的罐笼提升系统应符合下列规定:

(1)井口和井下各中段马头门应设自动安全门,并与提升机连锁。

(2)井口和井下各中段马头门应设摇台。

(3)采用钢丝绳罐道时,井下各中段应设稳罐装置。

(4)摇台和稳罐装置应与提升机闭锁。

使用矿用电梯应遵守下列规定:

(1)机房通道应设照明,通道门应向外开,门外应设警示标志。

(2)电梯井井筒应设梯子间。

(3)与电梯井连接的中段马头门铺设轨道时应设阻车器。

(4)井筒底部应设排水设施和通达最低服务水平的梯子。

(5)电梯机房硐室应无渗水,井底不应积水。

(6)曳引电动机、控制柜应接地,接地电阻不大于 2 Ω。

出现下列情况之一,应对矿用电梯进行检验:

(1)安装、改造或者重大维修完成后。

(2)由于安全性能导致停用,再次使用前。

(3)停止使用 3 个月以上,再次使用前。

(4)距上次检验满 1 年。

电梯钢丝绳出现下列情况之一时应报废:

(1)笼状畸变、绳芯挤出、扭结、部分压扁、弯折或严重锈蚀。

(2)一个捻距内单股的断丝数大于 4 根。

(3)钢丝绳直径小于公称直径的 90%。

升降人员的竖井井口和提升机室应悬挂下列布告牌:每班上下井时间表;信号标志;每层罐笼允许乘人数;其他有关升降人员的注意事项。

无隔离设施的混合井升降人员时,箕斗提升系统应停止运行。箕斗提升系统应在箕斗装载地点、卸载地点设置信号装置;信号应与提升机启动有闭锁关系。

罐笼提升信号系统应符合下列规定:

(1)应在井口和井下各中段马头门设信号装置。

(2)不同地点发出的信号应有区别。

(3)跟罐信号工使用的信号装置应便于跟罐信号工从罐内发信号。

(4)井口信号工或跟罐信号工可直接向提升机司机发信号。

(5)中段信号工经过井口信号工同意可以向提升机司机发信号;紧急情况下可直接向提升机司机发出紧急停车信号。

应对井巷进行定期检查。作为安全出口或者升降人员的井筒,每月至少检查 1 次;地压较大的井巷和人员活动频繁的采矿巷道,应每班进行检查。发现问题应及时处理并作好记录。

维修主要提升井筒、运输大巷和大型硐室，应有经矿山企业主要负责人批准的安全技术措施。人员站在提升容器的顶盖上检修、检查井筒时，应遵守下列规定：

(1)应在保护伞下作业。

(2)应佩戴与提升钢丝绳牢固连接的安全带。

(3)提升容器升降速度不超过0.3 m/s。

(4)作业人员应有专用通信装置。

(5)井口及各中段马头门设专人警戒，防止坠物。

考点四　斜井提升危害防治措施

斜井人车应符合下列要求：

(1)有坚固的顶棚，并装有可靠的断绳保险器。

(2)列车每节车厢的断绳保险器应相互联结，并能在断绳时起作用。

(3)断绳保险器应具有自动和手动功能。

(4)各节车厢之间除连接装置外还应附挂保险链并定期进行检查；不合格者立即更换。

(5)在用斜井人车的断绳保险器，每日进行1次手动落闸试验；每月进行1次静止松绳落闸试验；试验结果应记录存档。

斜井提升应遵守下列规定：

(1)严禁人员在提升轨道上行走。

(2)多水平提升时，各水平发出的信号应有区别。

(3)收发信号的地点应悬挂明显的信号编码牌。

斜井升降人员时应遵守下列规定：

(1)不应采用人货混合串车提升。

(2)每节车厢均能向提升机司机发出紧急停车信号。

(3)随车安全员应乘坐在能操纵断绳保险器的第一节车内。

(4)乘车人员应听从随车安全员指挥，按指定地点上、下车；人员应乘坐在人车车厢内；上车后应关好车门，挂好车链。

斜井人车停运时，应停放在专用存车线路上，并采取安全措施防止人车坠落或者下滑。

斜井提升速度应符合下列规定：

(1)串车提升：斜井长度不大于300 m时，不大于3.5 m/s；斜井长度大于300 m时，不大于5 m/s。

(2)箕斗提升：斜井长度不大于300 m时，不大于5 m/s；斜井长度大于300 m时，不大于7 m/s。

加速或者减速过程中不应出现松绳现象。提升人员的加速度或减速度不超过0.5 m/s^2；提升物料的加速度或减速度不超过0.75 m/s^2。倾角大于10°的斜井，应有轨道防滑措施。斜井串车提升系统应设常闭式防跑车装置。斜井各水平车场应设阻车器或挡车栏；下部车场还应设躲避硐室。斜井串车提升时，矿车的连接装置应符合规范的规定，连接钩、环和连接杆的安全系数不小于6。

典型例题

【单选题】跑车事故是斜井提升的常见事故类别。关于防止斜井跑车事故的说法，错误的是(　　)。

A. 倾角大于10°的斜井，应设置轨道防滑装置

B. 专用人车安全员应坐在装有断绳保险器操纵杆的第一节车厢

C. 斜井专用人车各节车厢之间除连接装置外，还应附挂保险链

D. 斜井井口设阻车器或斜井中设常闭式防跑车装置，并保持完好

D。【解析】《金属非金属矿山安全规程》规定，倾角大于10°的斜井，应有轨道防滑措施。随车安全员应乘坐在能操纵断绳保险器的第一节车内。斜井人车各节车厢之间除连接装置外还应附挂保险链并定期进行检查。斜井串车提升系统应设常闭式防跑车装置。斜井各水平车场应设阻车器或挡车栏；下部车场还应设躲避硐室。

考点五　运输危害防治措施

1. 水平和倾斜井巷

行人的有轨运输巷道应设高度不小于1.9 m的人行道，人行道宽度不小于0.8 m；机车、车辆高度超过1.7 m时，人行道宽度不小于1.0 m。

调车场、人员乘车场、井底车场矿车摘挂钩处两侧应各设1条人行道，有效净高不小于1.9 m，人行道宽度不小于1.0 m。

行人的提升斜井应设人行道；提升容器运行通道与人行道之间未设坚固的隔离设施的，提升时不应有人员通行。

提升斜井的人行道应符合下列要求：

(1)宽度不小于1.0 m。

(2)高度不小于1.9 m。

(3)斜井倾角为10°~15°时，设人行踏步；15°~35°时，设踏步及扶手；大于35°时，设梯子和扶手。

2. 无轨运输

无轨设备应符合下列规定：

(1)采用电动机或者柴油发动机驱动；

(2)柴油发动机尾气应符合规范规定；

(3)每台设备均应配备灭火装置；

(4)刹车系统、灯光系统、警报系统应齐全有效；

(5)操作人员上方应有防护板或者防护网；

(6)用于运输人员、油料的无轨设备应采用湿式制动器；

(7)井下专用运人车应有行车制动系统、驻车制动系统和应急制动系统；

(8)行车制动系统和应急制动系统至少有1个为失效安全型。

采用无轨设备运输应遵守下列规定：应采用地下矿山专用无轨设备；行驶速度不超过25 km/h；通过斜坡道运输人员时，应采用井下专用运人车，每辆车乘员数量不超过25人；

油料运输车辆在井下的行驶速度不超过15 km/h,与其他同向运行车辆距离不小于100 m;自动化作业采区应设置门禁系统;按照设备要求定期进行检查和维护保养。

无轨运输系统应符合下列要求:

(1)设备顶部至巷道顶板的距离不小于0.6 m。

(2)斜坡道每400 m应设置一段坡度不大于3%、长度不小于20 m的缓坡段。

(3)错车道应设置在缓坡段。

(4)斜坡道坡度:承载5人以上的运人车辆通行的,不大于16%;承载5人以下的运人车辆通行的,不大于20%。

(5)斜坡道路面应平整;主要斜坡道应有良好的混凝土、沥青或级配均匀的碎石路面。

(6)溜井卸矿口应设置格筛、防坠梁、车挡等防坠设施。车挡的高度不小于运输设备车轮轮胎直径的1/3。

无轨设备运行应遵守下列规定:不超载;不熄火下滑;避让行人;不站在铲斗内作业;不在设备的工作臂、升举的铲斗下方停留;不从设备的工作臂、升举的铲斗下方通过;车辆间距不小于50 m;在斜坡道上停车时采取可靠的挡车措施;司机离开前停车制动并熄灭柴油发动机、切断电动设备电源;维修前柴油设备熄火,切断电动设备电源。

3. 有轨运输

采用电机车运输的矿井,由井底车场或平硐口到作业地点所经平巷长度超过1 500 m时,应设专用人车运送人员。专用人车应有坚固的金属顶棚和确保人员安全的车辆结构,车辆的顶棚、车厢和车架应有良好的连接,通过钢轨实现电气接地。

专用人车运送人员应遵守下列规定:

(1)人员上、下车地点应有良好的照明和声光信号装置。

(2)人员上、下车时,其他车辆不应进入乘车区域。

(3)不应超员。

(4)列车行驶前应挂好安全门链。

(5)列车行驶速度不超过3 m/s。

(6)架线式电机车的滑触线应设分段开关,人员上、下车时应切断电源。

(7)不应用人车运送具有爆炸性、易燃性、腐蚀性等危险特性的物品。

(8)除了处理事故外,不应附挂材料车。

车辆的连接装置不得自行脱钩,车辆两端的碰头或缓冲器的伸出长度不小于100 mm。停放在轨道上的车辆有可能自滑时,应采取有效措施制动。

在运输巷道内,人员应沿人行道行走;不应在轨道上或者两条轨道之间停留;不应横跨列车。

运输线路曲线半径应符合下列规定:

(1)行驶速度不大于1.5 m/s时,不小于车辆最大轴距的7倍。

(2)行驶速度大于1.5 m/s时,不小于车辆最大轴距的10倍。

(3)线路转弯大于90°时,不小于车辆最大轴距的10倍。

(4)采用6 m^3以上大型车辆运输时,不小于车辆固定轴距的20倍。

(5)采用无人驾驶电机车运输时,不小于车辆固定轴距的20倍。

有轨运输线路曲线段轨道应加宽,外轨应设超高,满足车辆稳定运行通过的要求。

维修线路时,应在维修地点前后各 80 m 以外设置警示标志,维修结束后撤除。

禁止使用内燃机车;有发生气体爆炸或自然发火危险的,严禁使用非防爆型电机车。

电机车司机应遵守下列规定:

(1)每班应检查电机车的闸、灯、警铃,任何一项不正常,均不应使用。

(2)驾驶车辆运行时不应将头或身体探出车外。

(3)离开机车前应将机车制动并切断电动机电源。

电机车运行应遵守下列规定:

(1)列车制动距离不超过 80 m;10 t 以下机车牵引运输时,不超过 40 m;运送人员时,不超过 20 m。

(2)列车正常行车时机车应在列车的前端牵引。

(3)双机牵引列车允许 1 台机车在前端牵引,1 台机车在后端推动。

(4)电机车司机视线受阻时应减速行驶并发出警告信号。

(5)任何人发现列车运行前方有障碍物或者危险时,应发出紧急停车信号。

(6)不应采用无连接方式顶车。

(7)顶车速度不大于 0.5 m/s,并应有专人在行驶前方观察监护。

架线式电机车的滑触线架设高度应符合下列规定:

(1)主要运输巷道:线路电压低于 500 V 时,不低于 1.8 m;线路电压高于 500 V 时,不低于 2.0 m。

(2)井下调车场、轨道与人行道交叉点:线路电压低于 500 V 时,不低于 2.0 m;线路电压高于 500 V 时,不低于 2.2 m。

(3)井底车场,不低于 2.2 m。

(4)地表架线高度不低于 2.4 m。

电机车滑触线架设应符合下列规定:

(1)滑触线悬挂点的间距:在直线段内不超过 5 m,在曲线段内不超过 3 m。

(2)滑触线线夹两侧的横拉线应用瓷瓶绝缘,线夹与瓷瓶的距离不超过 0.2 m,线夹与巷道顶板或支架横梁间的距离不小于 0.2 m。

(3)滑触线与管线外缘的距离不小于 0.2 m。

(4)滑触线与金属管线交叉处应用绝缘物隔开。

电机车滑触线应设分段开关,分段距离不超过 500 m。每一条支线也应设分段开关。上下班时间,距井筒 50 m 以内的滑触线应切断电源。

架线式电机车工作中断时间超过 1 个班时,应切断非工作区域内的电机车线路电源。维修电机车线路时应先切断电源,并将线路接地。

同时运行数量多于 2 列车的主要运输水平应设有轨运输信号系统。

无人驾驶电机车运输应遵守下列规定:设置通信系统;设置报警系统;设置视频监视系统;设置装卸矿控制系统;设置具备信集闭、自动控制和人工控制功能的电机车运行控制系统;设置地面或者井下集中控制室;电机车运行时不应有人员进入作业区域。

4. 带式输送机运输

井下带式输送机应采用阻燃型输送带。

使用带式输送机应遵守下列规定：

(1)物料不应从输送带上向下滚落。

(2)带式输送机倾角：向上不大于15°，向下不大于12°；大倾角输送机不受此限。

(3)任何人员均不应搭乘非载人带式输送机。

(4)跨越输送机的地点应设置带有安全栏杆的跨越桥。

(5)清除附着在输送带、滚筒和托辊上的物料，应停车进行。

(6)不应在运行的输送带下清理物料。

(7)输送机运转时不应进行注油、检查和修理等工作。

(8)维修或者更换备件时，应停车并切断电源，并由专人监护不许送电。

带式输送机应有下列安全保护装置：

(1)装料点和卸料点设空仓、满仓等保护和报警装置，并与输送机联锁。

(2)输送带清扫装置以及防大块冲击、防输送带跑偏等的保护装置。

(3)紧急停车装置。

(4)制动装置。

长度超过400 m的带式输送机应设下列保护装置：

(1)防输送带撕裂、断带等保护装置。

(2)防止过速、过载、打滑等的保护装置。

(3)线路上的信号、电气联锁和紧急停车装置。

上行带式输送机应有防止输送带逆转的措施。

典型例题

【单选题】井下平巷人车发车前应由专人负责检查车辆连接装置、轮轴和刹车等系统，确认安全后方可发车。关于井下平巷专用人车运送人员的说法，错误的是(　　)。

A. 需要附挂料车时，料车必须挂在人车的最后一节车厢

B. 架线式电机车的滑触线须设分段开关

C. 列车行驶速度不得超过3 m/s

D. 人员上、下车时，禁止其他车辆进入乘车区域

A。【解析】《金属非金属矿山安全规程》规定，专用人车运送人员应遵守下列规定：(1)人员上、下车地点应有良好的照明和声光信号装置。(2)人员上、下车时，其他车辆不应进入乘车区域。(3)不应超员。(4)列车行驶前应挂好安全门链。(5)列车行驶速度不超过3 m/s。(6)架线式电机车的滑触线应设分段开关，人员上、下车时应切断电源。(7)不应用人车运送具有爆炸性、易燃性、腐蚀性等危险特性的物品。(8)除了处理事故外，不应附挂材料车。

案例分析

案例场景

2021 年 3 月 15 日，某铁矿有限公司基建矿井副井发生坠罐事故，造成 13 人死亡。

事故经过如下：2021 年 3 月 14 日 24 时，副井中班和夜班提升机司机、信号工交接班，当时主罐笼往井下运送铲运机工作还没有完全结束，到 15 日 0 时 33 分左右铲运机卸完。此时，井口信号盘为检修控制模式，井口信号工在没有转换控制模式的情况下，利用副罐笼向井下运送工人。当 13 名工人进入罐笼后，信号工在摇台未完全抬起的情况下，便向提升机司机发出了开车信号。0 时 36 分 24 秒启动提升机。6 秒后罐笼上端被卡住，提升机继续运行，26 秒后罐笼开始向井下坠落，37 分时提升机司机将提升机停止，随后，钢丝绳断裂，罐笼直接坠向井底，13 名工人全部遇难。

事故原因如下：井口信号工违章操作，副罐笼防坠和松绳保护装置失效是发生事故的直接原因。井口信号工未按规定观察集中控制台模拟显示屏上运行控制模式，在提升人员时仍使用“检修”状态；仅用目测摇台抬起、安全门关闭情况。在摇台未完全抬起、安全门未关闭的情况下，向提升机司机发出开车信号，致使罐笼上端被卡在井口进车端焊接在摇台的压接板上。提升机继续运行，松绳约 66 m 后，罐笼开始向下坠落，至钢丝绳拉断瞬间受到的冲击力是其破断拉力的 5.9 倍，钢丝绳被拉断。钢丝绳出绳口临时安装的防寒防尘挡板使松绳保护装置失效；防坠装置日常维修保养不到位，防坠抓捕机构传动装置不灵活，没有起到防坠作用。

这起事故暴露出该矿安全意识不强，施工现场安全措施执行不严格，隐患排查治理不认真、不细致、不彻底，尤其是对提升人员的设备管理维护不得力等问题。

为深刻吸取事故教训，有效防范和坚决遏制类似事故发生，应急管理总局要求，要切实加强金属非金属地下矿山提升系统安全管理工作，金属非金属地下矿山企业要按照有关规定，委托有资质的检测检验机构对提升绞车、提人容器、防坠器、钢丝绳等提升系统设备设施进行定期检测检验，切实加强对提升系统尤其是钢丝绳、绳卡、罐道、安全卡等的日常维护保养；要强化对建设项目施工的安全管理和监督；严肃查处事故，加大责任追究力度。

知识点讲解

考点一　提升系统事故发生的主要原因及坠罐跑车事故防治措施

提升系统事故发生的主要原因包括：

(1)提升钢丝绳强度不够或疲劳破坏、超载等导致钢丝绳断裂引发坠罐、吊桶坠落或斜井跑车事故。

(2)提升机过卷、过速，致使钢丝绳断裂引发坠罐、吊桶坠落。

(3)提升机安全保护装置设置不齐全或失效，导致提升过程中一旦发生异常情况，不能及时制动停机引发事故。

(4)操作人员缺乏安全意识，违章操作。

(5)使用、维护、保养不当，未按规定定期进行安全性能检验等。

坠罐跑车事故的防治措施包括：

(1)确保操作人员具备相应资格。要建立健全提升与运输设备设施安全管理制度，提升机司机、信号工等特种作业人员必须经专门的安全技术培训并考核合格，持证上岗。

(2)确保提升设备符合安全要求。新建、改建或者扩建地下矿山必须使用已取得矿用产品安全标志的提升与运输设备，用于提升人员的竖井应优先选用多绳摩擦式提升机；要限期淘汰非定型罐笼、ϕ1.2 m以下(不含ϕ1.2 m)用于升降人员的提升绞车、KJ、JKA、XKT型矿井提升机、JTK型矿用提升绞车，严禁使用带式制动器的提升绞车作为主提升设备。

(3)严格落实防坠罐跑车措施。罐笼、安全门、摇台(托台)、阻车器必须与提升机信号实现连锁，提升信号必须与提升机控制实现闭锁。斜井人车应并装有可靠的断绳保险器，列车每节车厢的断绳保险器应相互联结，并能在断绳时起作用，各节车厢之间除连接装置外还应附挂保险链并定期进行检查。倾角大于10°的斜井，应有轨道防滑措施。斜井串车提升系统应设常闭式防跑车装置。斜井各水平车场应设阻车器或挡车栏；下部车场还应设躲避硐室。

(4)强化检测检验和维护保养。提升机、提升绞车、罐笼、防坠器、斜井人车、斜井跑车防护装置、提升钢丝绳等主要提升装置，要由具有安全生产检测检验资质的机构定期进行检测检验；要严格按照《金属非金属矿山安全规程》，加强提升与运输系统维护保养，加强日常安全检查，发现隐患要立即停用，及时整改，严防提升设备带病运转；要健全档案管理制度，将检查结果和处理情况记录存档；严禁超员、超载、超速提升人员和物料。

考点二　提升系统定期检验

竖井提升系统应按照下列要求进行检查，发现问题立即处理，并将检查和处理结果记录存档：

(1)提升系统的钢丝绳、悬挂装置、提升容器、防坠器等，每天由专人检查1次，每月由矿机电部门组织检查1次。

(2)提升机的卷筒或摩擦轮、制动装置、调绳装置、传动装置、电动机和控制设备以及各种保护装置和闭锁装置等，每天由专人检查1次，每月由矿机电部门组织检查1次。

(3)提升容器的防坠器、连接装置、保险链、罐门、导向槽、罐体、罐内阻车器等，每天由专人检查1次，每月由矿机电部门组织检查1次。

(4)天轮、导向轮、过卷缓冲装置、罐道、尾绳隔离装置、安全门、摇台、阻车器、装卸矿设施等，每月由专人检查1次。

(5)新安装或大修后的单绳罐笼防坠器应进行脱钩试验，合格后方可使用；在用防坠器每半年进行1次不脱钩试验；每年进行1次脱钩试验；防坠器的抓捕器断面减少20%或者导向套衬瓦一侧磨损超过3 mm时应更换。

井架和多绳提升机井塔，每年检查1次；木质井架每半年检查1次。发现问题应及时处理。检查和处理结果应记录存档。提升系统每年应进行1次检验，发现问题立即处理。检验和处理结果应记录存档。

链接

防坠措施包括设置工作台、安全棚、隔板，佩戴安全带、安全绳等。防坠措施不包括梯子间，梯子间是指井筒内专门为人员上下使用的梯子设置的隔间。

同步自测

一、单项选择题(每题的备选项中,只有1个最符合题意)

1. 按照提升容器的类型进行分类,可以把矿井提升设备分为不同的种类。下列不属于此分类的是(　　)。

A. 串车提升设备　　B. 罐笼提升设备

C. 竖井提升设备　　D. 吊桶提升设备

2. 根据《金属非金属矿山安全规程》,关于竖井提升的要求的说法,正确的是(　　)。

A. 提升系统每年应进行2次检验,发现问题立即处理

B. 垂直深度超过50 m的竖井用作人员主要出入口时,应采用罐笼或矿用电梯升降人员

C. 提升人员的罐笼提升系统应在井架或者井塔的过卷段内设置罐笼防坠装置,使罐笼下坠高度不超过1 m

D. 提升容器的防坠器、连接装置、保险链、罐门、导向槽、罐体、罐内阻车器等,每月由专人检查1次

3. 根据《金属非金属矿山安全规程》,关于斜井提升的要求的说法,错误的是(　　)。

A. 倾角大于10°的斜井,应有轨道防滑措施

B. 用串车提升时,斜井长度不大于300 m时,斜井提升速度不大于5 m/s

C. 加速或者减速过程中不应该出现松绳现象,提升物料的加速度或减速度不超过0.75 m/s^2

D. 在用斜井人车的断绳保险器,每日进行1次手动落闸试验,每月进行1次静止松绳落闸试验

二、案例分析题

第一题

2020年6月13日夜班,采矿部龙班工人景某驾驶7069号卡车在采场1739号电铲装车往1360土场排土作业,工作至凌晨3时45分,该车在1300至1360运输坡道处,由于刹车油管断裂,造成发动机突然起火。景某见状立即按下驾驶室内卡车发动机自动灭火器装置并熄火,同时急忙下车提1具手提式灭火器进一步灭火(当时火几乎扑灭)。在提取第2具灭火器时,车开始向后溜滑。此时景某一边追车,一边喊叫,并用手电筒光亮示意后车避开危险。跟在其后运行的7027号卡车司机狄某见前车溜行过来,便采取躲开措施倒车。当景某追上溜车见后车被撞,急忙爬上7027号卡车驾驶室抢救司机,受伤司机狄某终因伤势过重当场死亡。

经调查,这起事故的直接原因为7069号卡车发动机左侧一根刹车油管接头处断裂,导致前后刹车压力释放,造成前车溜车撞后车(运输大卡车向后车溜72 m);7027号卡车司机载货运行至1300坡道中,由于驾驶经验不足,安全自我保护意识不强,发现前车溜过来,判断失误。

该起事故的间接原因为1300至1360运输坡道路面局部不平整,路面有岩石块,7069号卡车溜车中左轮碾压而改变方向;7069号卡车发动机左侧一根刹车油管接头处断裂,液压油雾喷至发动机机体上而起火,7069号卡车司机在坡道上未按规程停放灭火,从而溜车;7069号卡车刹车油管接头处断裂,前后刹车压力释放并溜车,该卡车带“病”运转,存在

安全隐患。

事故发生后，该矿所在地人民政府针对近3年来金属非金属矿山建设安全设施“三同时”情况进行了专项检查。

根据以上场景，回答下列问题：

1. 指出对该起事故应负责任的相关人员。
2. 安全设施“三同时”指的是什么？
3. 简述在提升与运输系统中存在的主要危害。
4. 针对该起事故，提出相关的防范措施。

第二题

2020年6月12日13时30分，某石灰石矿山发生一起电机车伤害事故，事故造成1人死亡，1人受伤，直接经济损失280万元。该矿为露天石灰石矿山，采场距水泥厂破碎车间4.6 km，采用有轨运输，牵引车为直流式架线电机车。

经过调查，2020年6月12日13时，运输班电车司机刘某从矿山向破碎车间运输矿石，矿工林某因临时有事顺道搭车下山。在距离破碎车间2 000 m处有500 m的下坡，当电机车行驶至下坡处时，司机刘某发现电机车制动系统失灵。刘某立即让林某下车用车上木头垫在轨道上和车轮之间，以便迫使车辆停下来。由于运矿列车惯性较大，林某经过多次尝试都没成功。司机刘某下车跑到电机车前面用石头垫在轨道上，导致电机车脱轨，刘某被撞到岩壁挤压致死，林某被侧翻的矿石砸断左腿。事故造成直接经济损失280万元，企业被应急管理部门要求停产整顿。

根据以上场景，回答下列问题：

1. 有轨运输的主要设备有哪些？
2. 简述电机车司机应遵守的规定。
3. 简述电机车运行应遵守的规定。
4. 简述电机车滑触线架设应符合的规定。

答案详解

一、单项选择题

1. C。【解析】按照提升容器类型进行分类，矿井提升设备可分为罐笼提升设备、箕斗提升设备、箕斗-罐笼提升设备、吊桶提升设备（凿井）、串车提升设备（斜井）。
2. B。【解析】《金属非金属矿山安全规程》规定，提升人员的罐笼提升系统应在井架或者井塔的过卷段内设置罐笼防坠装置，使罐笼下坠高度不超过0.5 m。垂直深度超过50 m的竖井用作人员主要出入口时，应采用罐笼或矿用电梯升降人员。提升容器的防坠器、连接装置、保险链、罐门、导向槽、罐体、罐内阻车器等，每天由专人检查1次，每月由矿机电部门组织检查1次。提升系统每年应进行1次检验，发现问题立即处理。
3. B。【解析】《金属非金属矿山安全规程》规定，在用斜井人车的断绳保险器，每日进行1次手动落闸试验；每月进行1次静止松绳落闸试验；试验结果应记录存档。斜井提升速度应符合下列规定：(1)串车提升。斜井长度不大于300 m时，不大于3.5 m/s；斜井长度大于300 m时，不大于5 m/s。(2)箕斗提升。斜井长度不大于300 m时，不大于5 m/s；斜井长度大于300 m时，不大于7 m/s。加速或者减速过程中不应出现松绳现象。提升人员的加速度或减速度不超过0.5 m/s^2；提升物料的加速度或减速度不超过0.75 m/s^2。倾角大于10°的斜井，应有轨道防滑措施。

二、案例分析题

第一题

【答案】

1. 事故责任人如下：

(1)狄某。

(2)当班1739铲组工长。

(3)龙班值班经理、总工长。

(4)部门副经理、工会副主席。

(5)部门经理、主任工程师。

(6)7069号卡车司机。

(7)分管采矿部工作副总经理。

(8)采矿部相关负责人。

2. 安全设施“三同时”是指同时设计、同时施工、同时投入生产和使用。

3. 在提升与运输系统中存在的主要危害包括：

(1)在竖井提升施工时，容易发生高处坠落事故，即坠罐，也较容易发生过卷或过放冲击事故。

(2)在斜井提升过程中，常常发生跑车事故。

(3)有轨运输中存在的危害为车辆伤害和触电。

(4)无轨运输环节存在的主要危害为车辆伤害。

(5)带式输送机运输环节存在的主要危害为机械伤害。

4. 针对该起事故，提出的相关防范措施包括：

(1)对所有卡车的刹车油管进行一次彻底的检查，发现问题或超期服役，立即更换。

(2)对所有的卡车司机进行安全培训教育，加强自我保护意识。

(3)对所有的运输干道进行检查，发现有不符合规程要求的，要立即整改。

【解析】

1. 本案例第1问主要考查事故的责任人。具体内容详见答案。

2. 本案例第2问主要考查安全设施“三同时”。《安全生产法》规定，生产经营单位新建、改建、扩建工程项目的安全设施，必须与主体工程同时设计、同时施工、同时投入生产和使用。

3. 本案例第3问主要考查在提升与运输系统中存在的主要危害。具体内容详见答案。

4. 本案例第4问主要考查运输事故的相关防范措施。具体内容详见答案。

第二题

【答案】

1. 有轨运输的主要设备包括矿车、牵引设备、辅助机械等。

2. 电机车司机应遵守下列规定：

(1)每班应检查电机车的闸、灯、警铃，任何一项不正常，均不应使用。

(2)驾驶车辆运行时不应将头或身体探出车外。

(3)离开机车前应将机车制动并切断电动机电源。

3. 电机车运行应遵守下列规定：

(1)列车制动距离不超过80 m；10 t以下机车牵引运输时，不超过40 m；运送人员时，不超过20 m。

(2)列车正常行车时机车应在列车的前端牵引。

(3)双机牵引列车允许1台机车在前端牵引,1台机车在后端推动。

(4)电机车司机视线受阻时应减速行驶并发出警告信号。

(5)任何人发现列车运行前方有障碍物或者危险时,应发出紧急停车信号。

(6)不应采用无连接方式顶车。

(7)顶车速度不大于0.5 m/s,并应有专人在行驶前方观察监护。

4. 电机车滑触线架设应符合下列规定:

(1)滑触线悬挂点的间距:在直线段内不超过5 m,在曲线段内不超过3 m。

(2)滑触线线夹两侧的横拉线应用瓷瓶绝缘,线夹与瓷瓶的距离不超过0.2 m,线夹与巷道顶板或支架横梁间的距离不小于0.2 m。

(3)滑触线与管线外缘的距离不小于0.2 m。

(4)滑触线与金属管线交叉处应用绝缘物隔开。

【解析】

1. 本案例第1问主要考查有轨运输的主要设备。矿井地下运输方式包括有轨运输、无轨运输、带式输送机运输。有轨运输的主要设备包括矿车、牵引设备、辅助机械等。无轨运输的主要设备是地下矿用汽车。带式输送机运输的主要设备是带式输送机。
2. 本案例第2问主要考查电机车司机应遵守的规定。为了保证安全,电机车司机应遵守下列规定:(1)每班应检查电机车的闸、灯、警铃,任何一项不正常,均不应使用。(2)驾驶车辆运行时不应将头或身体探出车外。(3)离开机车前应将机车制动并切断电动机电源。本案例中,电机车司机刘某在出车前未检查出电机车制动系统失灵,在下车跑到车前用石头垫在上时未将机车制动并切断电动机电源,均是导致事故的原因。
3. 本案例第3问主要考查电机车运行应遵守的规定。禁止使用内燃机车;有发生气体爆炸或自然发火危险的,严禁使用非防爆型电机车。电机车运行应遵守下列规定:(1)列车制动距离不超过80 m;10 t以下机车牵引运输时,不超过40 m;运送人员时,不超过20 m。(2)列车正常行车时机车应在列车的前端牵引。(3)双机牵引列车允许1台机车在前端牵引,1台机车在后端推动。(4)电机车司机视线受阻时应减速行驶并发出警告信号。(5)任何人发现列车运行前方有障碍物或者危险时,应发出紧急停车信号。(6)不应采用无连接方式顶车。(7)顶车速度不大于0.5 m/s,并应有专人在行驶前方观察监护。为了保证运输安全,除了电机车运行应遵守相应规定外,运输线路也应符合相应要求。运输线路曲线半径应符合下列规定:(1)行驶速度不大于1.5 m/s时,不小于车辆最大轴距的7倍。(2)行驶速度大于1.5 m/s时,不小于车辆最大轴距的10倍。(3)线路转弯大于90°时,不小于车辆最大轴距的10倍。(4)采用6 m^3以上大型车辆运输时,不小于车辆固定轴距的20倍。(5)采用无人驾驶电机车运输时,不小于车辆固定轴距的20倍。有轨运输线路曲线段轨道应加宽,外轨应设超高,满足车辆稳定运行通过的要求。
4. 本案例第4问主要考查电机车滑触线架设应符合的规定。《金属非金属矿山安全规程》规定,电机车滑触线架设应符合下列规定:(1)滑触线悬挂点的间距:在直线段内不超过5 m,在曲线段内不超过3 m。(2)滑触线线夹两侧的横拉线应用瓷瓶绝缘,线夹与瓷瓶的距离不超过0.2 m,线夹与巷道顶板或支架横梁间的距离不小于0.2 m。(3)滑触线与管线外缘的距离不小于0.2 m。(4)滑触线与金属管线交叉处应用绝缘物隔开。电机车滑触线应设分段开关,分段距离不超过500 m。每一条支线也应设分段开关。上下班时间,距井筒50 m以内的滑触线应切断电源。架线式电机车工作中断时间超过1个班时,应切断非工作区域内的电机车线路电源。修整电机车线路时应先切断电源,并将线路接地。

第十章　矿山边坡灾害防治

考情解读

考·纲·要·求

运用矿山边坡灾害防治相关技术和标准，辨识和分析露天矿山开采过程中的边坡滑坡、滚石、泥石流等灾害，制定相应安全技术措施。

命·题·分·析

本章内容主要介绍边坡灾害的分类、产生原理及防治措施。矿山生产现场往往在边坡附近，边坡的稳定在一定程度上关系着矿山生产现场的安全运行。因此，本章内容要求考生能够熟练掌握边坡的相关基本概念以及边坡灾害的产生机理，并能够提出针对性的防治措施。考查以单选题为主。

考点解读

考点一　露天矿山开采的一般规定

露天矿山开采应符合下列规定：

(1)露天开采应遵循自上而下的开采顺序，分台阶开采。生产台阶高度应符合表 10-1 的规定。

表 10-1　生产台阶高度

矿岩性质	作业方式		台阶高度
松软的岩土、砂状的矿岩	机械铲装	不爆破	不大于机械的最大挖掘高度
坚硬稳固的矿岩		爆破	不大于机械最大挖掘高度的 1.5 倍

(2)露天矿山应该采用机械方式进行开采。

(3)多台阶并段时并段数量不超过 3 个，且不应影响边坡稳定性及下部作业安全。

(4)露天采场应设安全平台和清扫平台。人工清扫平台宽度不小于 6 m，机械清扫平台宽度应满足设备要求且不小于 8 m。

(5)采场运输道路以及供电、通信线路均应设置在稳定区域内。

露天边坡应符合设计要求，保证边坡整体的安全稳定。

邻近最终边坡作业应遵守下列规定：

(1)采用控制爆破减震。

(2)保持台阶的安全坡面角，不应超挖坡底。

遇有下列情况时，应采取有效的安全措施：

（1）岩层内倾于采场，且设计边坡角大于岩层倾角。

（2）有多组节理、裂隙空间组合结构面内倾于采场。

（3）有较大软弱结构面切割边坡。

（4）构成不稳定的潜在滑坡体的边坡。

边坡浮石清除完毕之前不应在边坡底部作业；人员和设备不应在边坡底部停留。

矿山应建立健全边坡安全管理和检查制度。每 5 年至少进行 1 次边坡稳定性分析。

露天采场工作边坡应每季度检查 1 次，运输或者行人的非工作边坡每半年检查 1 次；边坡出现滑坡或者坍塌迹象时，应立即停止受影响区域的生产作业，撤出相关人员和设备，采取安全措施；高度超过 200 m 的露天边坡应进行在线监测，对承受水压的边坡应进行水压监测。

矿山应制定针对边坡滑塌事故的应急预案。

提示

须牢记露天矿山开采的顺序及相关规定。

典型例题

【单选题】露天矿山开采时，对于坚硬稳固的矿岩，其生产台阶高度应不大于机械最大挖掘高度的（　　）倍。

A. 1.0　　B. 1.2

C. 1.5　　D. 1.8

C。【解析】《金属非金属矿山安全规程》规定，露天矿山开采时，对于坚硬稳固的矿岩，其生产台阶高度应不大于机械最大挖掘高度的 1.5 倍；松软的岩土、砂状的矿岩其生产台阶高度不大于机械的最大挖掘高度。

【单选题】关于露天采场的安全平台和清扫平台的说法，正确的是（　　）。

A. 露天采场应设安全平台和清扫平台

B. 露天采场人工清扫平台宽度不小于 5 m

C. 露天采场的工作平台宽度不小于 8 m

D. 露天采场机械清扫平台宽度不小于 9 m

A。【解析】露天采场应设安全平台和清扫平台。人工清扫平台宽度不小于 6 m，机械清扫平台宽度应满足设备要求且不小于 8 m。采场运输道路以及供电、通信线路均应设置在稳定区域内。

考点二　露天矿山边坡概述

1. 概念

露天矿山边坡是指在露天矿山采场或其周边，因采矿作业形成的人工边坡和对矿山安全有影响的自然边坡。

2. 露天矿山边坡的等级

根据《非煤露天矿边坡工程技术规范》，露天矿边坡工程安全等级应按表 10-2 划分。

表 10-2　边坡工程安全等级划分

边坡工程安全等级	边坡高度 H/m	边坡危害等级
Ⅰ	$H>500$	Ⅰ、Ⅱ、Ⅲ
	$300<H\leqslant500$	Ⅰ、Ⅱ
	$100<H\leqslant300$	Ⅰ
Ⅱ	$300<H\leqslant500$	Ⅲ
	$100<H\leqslant300$	Ⅱ、Ⅲ
	$H\leqslant100$	Ⅰ
Ⅲ	$100<H\leqslant300$	Ⅲ
	$H\leqslant100$	Ⅱ、Ⅲ

3. 露天矿山边坡的结构

台阶是边坡结构中的基本单元。边坡结构是由不同用途的台阶组成的。最终边坡角的大小由各台阶参数组合而成。

最终边坡的一般结构是：在非运输一帮边坡是由几个安全平台加上一个清扫平台组成；在运输帮边坡上由安全平台、清扫平台、运输平台组成。在有运输线一帮的边坡角比无运输线一帮的边坡角要缓些。需要注意的是，有些采石场往往是不分层的高台阶开采，作业环境极不安全，容易发生高处坠落、坍塌、爆破飞石、物体打击等事故。因此，如何控制开采高度与坡度，选取合理的边坡形式与几何形状等，对边坡的稳定性有很大影响。

边坡的边坡形式与几何形状的选择包括：

(1)台阶高度。台阶高度的确定需考虑矿岩的埋藏条件和力学性质；穿爆工作和采掘工作的要求。矿岩的力学性质决定台阶的稳定性，合理的台阶高度是边坡稳定的重要因素，因此各类露天矿山必须根据规范规定，结合矿山开采的实际情况，对矿山台阶高度做出明确的规定。

(2)平台宽度。平台按其用途分为安全平台、工作平台、清扫平台、运输平台。平台的宽度不但影响边坡角度的大小，也影响边坡的稳定性，因此必须做出明确规定。

(3)台阶坡面角。台阶坡面角一般分为工作台阶坡面角和最终台阶坡面角。

典型例题

【单选题】露天矿山边坡结构中的基本单元是(　　)。

A. 采空区　　B. 平台

C. 台阶　　D. 封闭圈

C。【解析】台阶是露天矿山边坡结构中的基本单元。露天矿山边坡结构是由不同用途的台阶组成的。最终露天矿山边坡角的大小由各台阶参数组合而成。

4. 露天矿山边坡的特点

露天矿山边坡有如下特点：

(1)露天矿山边坡一般比较高,因而边坡暴露的岩层多,边坡各部分地质条件差异大,变化复杂。

(2)露天矿山最终边坡是由上而下逐步形成,下部边坡服务年限比上部边坡的服务年限较短,底部边坡在采矿时即可废止,因此上下部边坡的稳定性要求也不相同。

(3)露天矿山边坡依附于采矿作业而存在,在形态上受采矿工程的制约,是采矿系统的一个子系统。露天矿山开采过程中的穿孔、爆破作业和设备运行,会使边坡岩体受到振动的影响。

(4)露天矿山边坡的坡度是采取爆破、机械开挖等手段进行的人为的强制控制,一般不对暴露坡体施加维护,边坡岩体较破碎,在风化作用下使岩体的完整性和强度遭到破坏。

(5)露天矿山边坡是历经几十年的开采过程逐步形成的,具有工程构筑与使用同步、工程实践与认识同步的特点。随着开采作业的进行,露天矿边坡的稳定性不断发生变化。

链接

露天边坡的分级如表 10-3 所示。

表 10-3 露天边坡的分级

分级	最终高度/m
超高边坡	$H \geqslant 500$
高边坡	$300 < H \leqslant 500$
中边坡	$100 < H \leqslant 300$
低边坡	$H \leqslant 100$

考点三 露天矿山边坡稳定性分析

影响露天矿边坡稳定性的因素包括内在因素与外在因素。内在因素是从岩石组成、岩体构造、地下水、风化作用、气候与气象、地震等方面进行分析。外在因素是从边坡内部或下部开挖扰动、爆破震动的影响、坡体开挖形态、降排水、坡顶堆载等方面进行分析。

1. 内在因素

(1)岩石组成。岩石的成分和结构构造对岩石的工程地质性质起主要作用。通常,岩石的强度越高边坡稳定性也越高,相比而言,片理、层理发育的岩石边坡稳定性较差。

(2)岩体结构。岩体中存在一定的软弱结构面。这些软弱结构面常由松散、松软或软弱的物质组成,这些组成物质的物理力学属性与相邻岩块有很大差别。在地下水作用下往往出现软化、泥化、崩解甚至液化的现象,有的还具有溶解和膨胀的特性,给边坡岩体失稳创造了有利的条件。

边坡岩体的破坏主要受岩体中不连续面(结构面)的控制。影响边坡稳定的岩体结构因素主要包括下列方面：

①结构面的倾向和倾角。对于结构面倾向和边坡坡面倾向一致,倾角小于坡角的同

向缓倾边坡，其稳定性比反向坡差。同向缓倾边坡中，岩层倾角愈陡，稳定性愈差；水平岩层的稳定性一般较好。

②结构面的走向。当倾向不利的结构面走向和坡面平行时，整个坡面都具有临空自由滑动的条件，对边坡的稳定不利。结构面走向与坡面走向夹角愈大，对边坡的稳定愈有利。

③结构面的组数和数量。当边坡受多组相交的结构面切割时，滑动面、切割面和临空面多，易于产生滑动的块体，且为地下水活动提供了较好的条件，不利于边坡稳定。其次，结构面的数量直接影响到被切割的岩块的大小，同时影响边坡的稳定性和边坡变形破坏的形式。当边坡岩体破碎严重时，可能会出现类似圆弧形滑动破坏。

④结构面的不连续性。在边坡稳定计算中，通常假定结构面是连续的，但在解决实际工程问题时，还需对结构面的不连续性进行研究。

⑤结构面的起伏和表面性质。结构面的光滑程度对结构面的力学性质影响极大。边坡岩体沿起伏不平的结构面滑动时，可能出现两种情况：一种情况是在低正应力情况下，结构面的起伏差将使有效摩擦角增大。另一种情况是当结构面上的正应力过大，在滑动过程中不允许因为爬坡而产生岩体的隆胀时，必须剪断结构面上互相咬合的起伏岩石才会引起滑动，因而结构面的抗剪性能大为提高。如果结构面起伏差的高度小于结构面上充填的软弱物质的厚度时，就应当以软弱充填物的抗剪强度为计算依据，无须考虑结构面起伏差的影响。

（3）地下水。露天矿山的滑坡多发生在雨季或解冻期间，说明地下水对边坡稳定性的影响很大。分析矿山边坡稳定性时，对岩体中地下水的赋存情况、动态变化等都要进行详细研究并做出定量评价。地下水对边坡稳定性的影响主要表现在以下几方面：

①静水压力和浮托力。当地下水赋存于岩石裂隙中时，水对岩石裂隙两壁产生静水压力，如图 10-1 所示。当由于边坡岩体位移而产生张裂隙充水时，则沿裂隙壁产生静水压力。静水压力垂直于岩石裂隙，并作用在 Z_w 下 1/3 处。在此静水压力作用下，会促使边坡失稳而破坏。当张裂隙中的水沿破坏面继续向下流动，流至坡脚逸出坡面时，则沿 AB 面产生浮托力。此力会抵消沿 AB 面作用的正应力，降低该面的摩擦力，对边坡稳定不利。

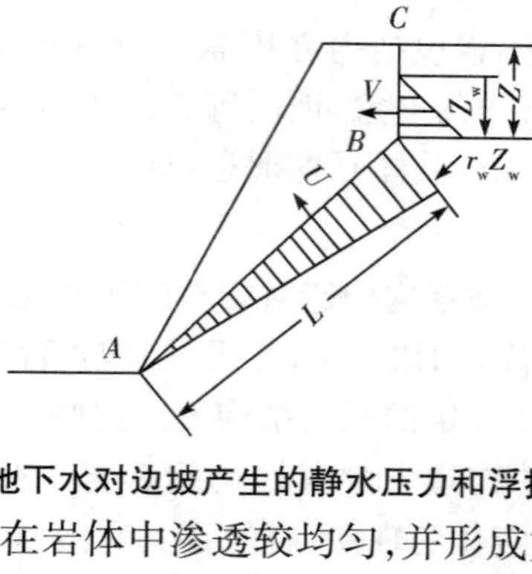

图 10-1　地下水对边坡产生的静水压力和浮托力示意图

当岩体比较破碎，地下水在岩体中渗透较均匀，并形成如图 10-2 所示的统一潜水面，而且当滑动面为平面时，则作用于滑动面上的浮托力可用图 10-2 中滑面下的三角形水压分布来表示。

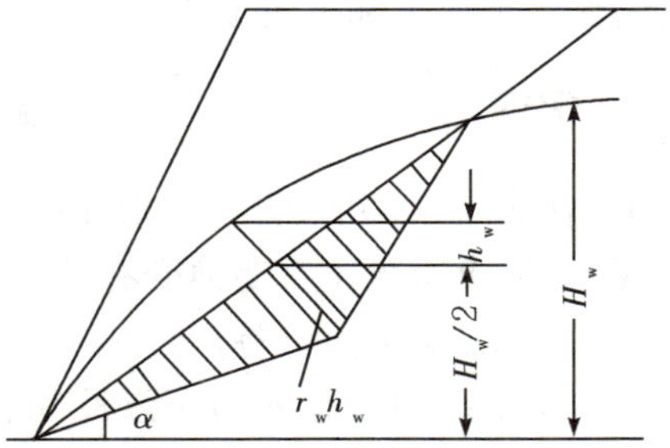

图 10-2　作用于滑动面上的浮托力示意图

②动水压力(或渗透力)。渗透水流作用对土骨架产生的阻力称为动水压力或渗透力。动水压力是一种体积力,作用方向与渗透方向一致。在计算土边坡和散体结构的岩石边坡时,要考虑动水压力的影响。

③水对某些岩石的软化作用。某些岩石浸水后发生软化作用,强度显著降低,如含有大量蒙脱石黏土矿物岩体或边坡中的泥质软弱夹层等。对于主要是由坚硬的岩石(岩浆岩、变质岩等)构成的边坡岩体,水的软化作用一般不显著,但这些边坡的断层破碎带中常有大量黏土质充填物存在,要特别注意水对这些岩石的软化作用。

2. 外在因素

(1)边坡内部或下部受到开挖的扰动。矿山开挖易改变岩土体内部应力,导致岩体以位移的形式将积聚的弹性能量释放出来,而使边坡结构发生变形破坏。尤其是在坡体内部或下部进行开挖,造成滑坡的风险更加难以预测。

(2)爆破震动的影响。大范围的工程爆破对山体有很大的破坏作用,瞬时激发的强大地震加速度和冲击能量会导致岩层或土层裂隙的增加,使边坡整体稳定性减弱。

(3)坡体开挖形态。露天边坡角设计偏大,或台阶没按设计施工,会增大边坡滑动的风险。发生采动滑坡的坡体几何形态有如下特点:从平面形状来看,采动滑坡大多发生在凸形或突出的梁峁坡体上。在竖直剖面上看,采动滑坡或崩塌主滑轴线方向的剖面在总体上大多呈凸形状态,即坡顶较缓,坡面外凸,坡角为陡坎;或坡体中间有起伏的不规则斜坡或直线斜坡,上、下部均成陡坎状,如图 10-3 所示。

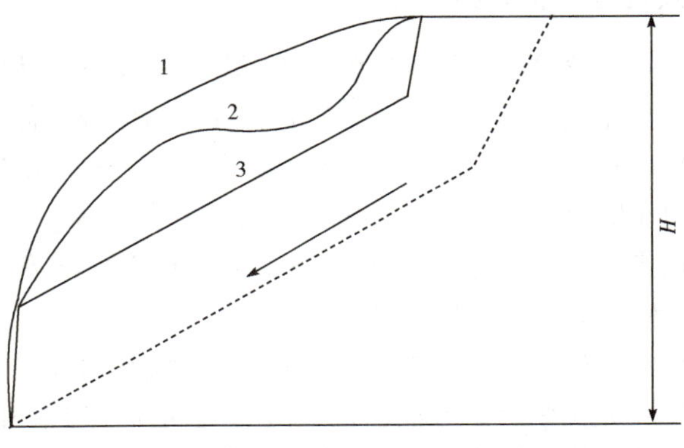

图 10-3　容易发生采动滑坡的坡体剖面形态示意图

(4)降排水。由于人为地向边坡灌溉、排放废水、堵塞边坡地下水排泄通道,或破坏防排水设施,使边坡地下水位平衡遭到破坏,进而破坏边坡岩土体的应力平衡,增加岩层容重，增加滑动带孔隙水压力，增大动水压力和下滑力，减小抗滑力，引发滑坡。

(5)坡顶堆载。将固体废弃物堆放在坡顶，可能导致下滑力增加，当下滑力大于坡体的抗滑力时，会引起边坡失稳。

(6)风化作用。风化作用是在大气条件下，岩石的物理性状和化学成分发生变化的作用。风化速度与岩石的矿物成分、结构构造和后期蚀变有关，同时也与温度、湿度、降雨等自然因素有关。岩层越风化，则其边坡稳定性越差。

(7)气候与气象。在渗水性的岩土层中，雨水可下渗浸润岩土体内，加大岩体的重力，降低其凝聚力及内摩擦角，导致边坡变形。此外，气温、湿度的交替变化，风的吹蚀，雨雪的侵袭、冻融循环等，使边坡岩体发生膨胀、收缩、崩解，改变边坡岩体性质，影响边坡的稳定。

(8)地震。地震力较复杂，可以使边坡产生水平、垂直和扭转的运动，引发滑坡灾害。地震触发滑坡的程度与地震烈度有关。

提示

区分并掌握内在因素和外在因素的特征。

典型例题

【单选题】关于露天矿边坡稳定性影响因素的说法，错误的是(　　)。

A. 岩石的强度越高，边坡稳定性也越高，片理、层理发育的岩石边坡稳定性较差

B. 结构面倾向和边坡坡面倾向一致，倾角小于坡角的同向缓倾边坡，其稳定性比反向坡好

C. 结构面走向与坡面走向夹角愈大，对边坡的稳定性愈有利

D. 结构面的光滑程度对结构面的力学性质影响极大

B。【解析】对于结构面倾向和边坡坡面倾向一致，倾角小于坡角的同向缓倾边坡，其稳定性比反向坡差。同向缓倾边坡中，岩层倾角愈陡，稳定性愈差；水平岩层的稳定性一般较好。故选项 B 错误。

考点四　露天边坡危害的类型

露天边坡危害主要有 4 种类型，包括松弛张裂、蠕动变形、崩塌和滑坡。

(1)松弛张裂。是指在边坡形成过程中，由于在河谷部位的岩体被冲刷侵蚀掉或人工开挖，使边坡岩体失去约束，应力重新调整分布，从而使岸坡岩体发生向临空面方向的回弹变形及产生近平行于边坡的拉张裂隙，一般称为边坡卸荷裂隙。

(2)蠕动变形。是指边坡岩体主要在重力作用下向临空方向发生长期缓慢的塑性变形的现象，有表层蠕动和深层蠕动两种类型。

(3)崩塌。是指高陡的边坡岩体突然发生倾倒崩落，块状岩体与岩坡分离向前翻滚而下，堆积于坡脚的现象。在坚硬岩体中发生的崩塌也称岩崩，而在土体中发生的则称土崩。

(4)滑坡。是指边坡岩体主要在重力作用下沿贯通的剪切破坏面发生滑动破坏的现象。在边坡的破坏形式中，滑坡是分布最广、危害最大的一种。它在坚硬或松软岩层、陡倾或缓倾岩层以及陡坡或缓坡地形中均可发生。

典型例题

【单选题】岩质边坡的破坏方式可分为不同类型。块状岩体与岩坡分离向前翻滚而下属于(　　)类型。

A. 滑塌　　B. 滑坡

C. 崩塌　　D. 崩滑

C。【解析】滑坡是指岩土体在重力作用下,沿坡内软弱结构面产生的整体滑动。崩塌是指块状岩体与岩坡分离向前翻滚而下。松软岩土的坡角大于它的内摩擦角时,表层蠕动使它沿着剪切带表现为顺坡滑移、滚动,从而重新达到稳定坡角的破坏过程,称为滑塌或崩塌。

考点五　露天矿山边坡事故的产生原因及预防措施

1. 产生原因

影响边坡稳定,产生边坡事故的原因包括:

(1)领导重视不够,安全管理人员配备欠缺。

(2)管理不善,乱采滥挖,不按有关要求和规定进行生产。

(3)开采技术条件,包括边坡角、边坡形式、开采程序、推进方向及穿爆工艺等。

(4)岩石的物理力学性质,主要有岩石的硬度、凝聚力和内摩擦角等。

(5)水文地质条件,包括地表水的渗入和地下水。

(6)地质构造,主要有节理、裂隙、层理、断层和破碎带,以及极不稳定的软岩夹层和遇水膨胀的软岩石等形成的弱石。

链接

露天开采破坏了岩体内原始的应力平衡,在次生应力场的作用下,发生了边坡破坏。为防止边坡垮塌,应每季度检查 1 次采场工作帮,每月检查 1 次高陡边坡。

2. 预防措施

边坡事故的预防措施包括:

(1)认真贯彻“采剥并举,剥离先行”的方针。

(2)坚持从上到下逐层开采的原则。严禁一面坡的开采方式,按要求设置台阶高度和台阶坡面角。

(3)选择合理的边坡形式、开采顺序和推进方向;严禁“掏采”作业行为。

(4)注重边坡的检查和问题的处理工作。

(5)加强雨季边帮、采场的安全工作。

(6)精心组织,控制爆破。

(7)加强安全教育,规范员工的行为。

(8)做好疏干排水工作,提高边坡的稳定性。

(9)经常对边坡进行清理和修整。

(10)做好人工加固边坡工作。

(11)边坡监测与预报。

(12)加强地质勘查。

考点六　边坡滑坡的防治措施

边坡滑坡的防治措施主要包括减小爆破扰动及减重反压、疏干排水、抗滑支挡、支护加固等。

1. 减小爆破扰动及减重反压

(1)减小爆破扰动。在爆破过程中对周围边坡产生的扰动很容易引发边坡滑塌的事故,因此,在爆破过程中,应精确控制爆破参数,实现精准爆破,尽量减小对周围边坡的影响。

(2)减重反压。减重即挖除边坡滑体上部的岩(土)体,减少下滑的重力。反压则是将上部挖除的岩(土)体反填到坡脚,以增大边坡的抗滑力。通过减重反压,实现减小边坡角的效果,提高边坡的稳定性。

2. 疏干排水

边坡中含水量过多会增加边坡下滑的风险。通过降低边坡岩体含水量,可以增加岩土体间有效应力,进而实现提高边坡稳定性的效果。疏干排水主要可通过地表排水和地下水疏干两方面进行。

(1)地表排水。即修筑排水沟,主要防止地表水对边坡的冲刷和切割。边坡顶面设置反坡,应避免积水。对地面较大裂缝、施工钻孔等应采用砾石、碎石充填,并对裂隙、钻孔口进行封堵。

(2)地下水疏干。地下水疏干可通过天然疏干和人工疏干两种方式进行。人工疏干可采用水平孔疏干、垂直井疏干和地下巷道疏干等方法。地下水在渗流力作用下一般可自然流入采场,施工中通过采场排水使边坡水位降低,形成天然疏干。而在实际过程中,天然疏干常常应配合人工疏干共同作业。

下列情况,地下水控制宜采用地下巷道疏干:可通过平硐自流排水疏干;水文地质条件复杂、水力联系小的多含水层,或含水层厚度、水压及透水性变化较大,埋藏较深且不适用降水孔法疏干。

3. 抗滑支挡

抗滑支挡的方法主要有设置挡土墙和抗滑桩。

(1)挡土墙。在边坡坡脚部位修建的挡土墙,可依靠自身的重力,来抵抗滑体的下滑力,以实现边坡的稳定。

(2)抗滑桩。抗滑桩是指在边坡面上垂直向下打入滑体的深桩,可以为滑体提供足够的抗剪力,以支挡滑坡体的下滑。抗滑桩承载能力大,工艺简单,施工速度快,布置灵活,在矿山治理边坡中应用较为广泛,多与其他支护手段联合使用,可以达到很好的滑坡治理效果。

4. 支护加固

支护加固的方式有锚杆(索)加固、喷射混凝土加固、注浆加固、综合加固四种。

(1)锚杆(索)加固。锚杆的作用是使滑坡体与稳固岩层连在一起,在锚杆的挤压作用下,使边坡中形成压缩带,改变边坡岩体的应力状态,从而提高边坡中不稳定岩体的整体性和强度,增强边坡的稳定性。

(2)喷射混凝土加固。即向边坡表面喷射混凝土,并辅以钢筋网、钢格栅等加强结构,可增强滑体表面的强度,保护其不受外部环境的影响。

(3)注浆加固。主要通过化学的方法,改善土体本身的性质,提高稳定性。

(4)综合加固。即上述方式相互组合使用。

支护加固的方式除上述4种外,还可以采用植物防护。通过种草、植树等方式,可以调节生态平衡,减少水土流失,稳固边坡表面土体,保护边坡坡面免受雨水冲刷,减少温差及温度变化的影响,防止和延缓较弱岩土表面的风化、碎裂、剥蚀演变过程。

链接

矿山滑坡的防治工作主要包括边坡勘测评估、预报监测、整治。滑坡灾害防治的原则应是以预防为主,治理为辅,防患于未然。

典型例题

【单选题】露天矿山边坡滑坡的防治方法分为4个类别,可归纳为(　　)。

A. 减、排、压、固　　B. 减、排、挡、固

C. 减、疏、压、固　　D. 减、疏、挡、固

B。【解析】国内外露天矿山在滑坡实践中积累了丰富的经验,提出了一系列整治滑坡的有效措施,从防治方法上来看,分为4个类别,可归纳为"减、排、挡、固"四字经验。"减、排、挡、固"四字经验内容为:(1)减:减重反压;减小爆破带来的扰动。(2)排:地表排水;地下水疏干。(3)挡:挡土墙;抗滑桩。(4)固:锚杆(索)加固;混凝土喷层加固;注浆加固;综合加固。其中,注浆加固是指通过一定的压力,向边坡岩体裂隙中灌注混凝土浆液的加固方法。

【单选题】关于滑坡灾害防治的说法,错误的是(　　)。

A. 矿山滑坡灾害防治的主要工作包括滑坡勘测评估、预报监测、整治

B. 矿山滑坡灾害防治的原则是预防为主,治理为辅,防患于未然

C. 矿山滑坡灾害防治方法有减小爆破扰动及减重反压、疏干排水、抗滑支挡、支护加固几种方式

D. 矿山滑坡灾害防治措施有危岩清除、加固、截石沟、挡土墙、拦石网

D。【解析】矿山滑坡灾害是指斜坡部分岩(土)体主要在重力作用下发生整体下滑,对人类生命财产造成损害的自然灾害。矿山滑坡的防治工作主要包括边坡勘测评估、预报监测、整治。滑坡灾害防治的原则应是以预防为主,治理为辅,防患于未然。防治方法有减小爆破扰动及减重反压、疏干排水、抗滑支挡、支护加固几种方式。选项D属于滚石灾害的防治措施。

考点七　滚石的防治措施

滚石运动多种多样,滚石灾害的防治措施有危岩清除、加固、截石沟、挡石墙、拦石网等。

(1)危岩清除。用爆破、人工和机械方法清除基岩坡面上受节理裂隙切割所形成的危石、孤石和浮石。通常,危岩清除的方法是比较经济的措施。

(2)加固。利用一种或多种手段加固危岩体或个别危石,使其变得稳定,从而避免滚石的发生。加固法的具体措施主要包括坡面固网、锚喷、嵌补、危岩拴系等。

(3)截石沟。当滚石的物源区与矿山防护区域之间的坡面上有平台或缓坡时,可以在平台或缓坡的合适位置开挖截石沟来拦截滚石。坡面或坡脚处沿边坡走向的自然沟稍加修改也可用于滚石的拦截。为防止高速运动的滚石从截石沟内弹跳至防护区域而造成滚石灾害,可在截石沟内设置一些碎石等缓冲材料。

(4)挡石墙。挡石墙具有拦截滚石和堆存滚石的作用。挡石墙可以截获直径达1.5~2 m以滑动或滚动方式运动的滚石,同时还可以存储一定数量的滚石,减少其清理次数。为了最大限度地发挥挡石墙拦截滚石的作用,以及便于施工和运输,挡石墙一般修建于矿山坡脚靠近防护区域处。可用于拦截滚石的挡石墙有多种,如钢筋混凝土挡墙、浆砌石挡墙、石笼挡墙等。

(5)拦石网。拦石网能够通过自身的位移、变形、振动等方式有效的消散滚石冲击该系统时所携带的能量。拦石网的组成包括柔性网、支撑系统、锚拉连接系统和减压环四部分。

考点八　泥石流的防治措施

当边坡中存在软弱岩层、断层发育、节理发育等各种构造,结构面由于切割边坡使岩体形成块体,或由于爆破等采矿作业方式导致场地具有较多松散的固体堆积物,在雨后很容易形成泥石流灾害。矿山泥石流灾害的治理重在防范,应从选址、设计、施工等方面,从源头控制泥石流的形成,同时辅以相应的工程措施进行治理。泥石流防治可采取以下措施:

(1)在边坡外设置截水沟,阻止水流深入边坡;在上游严重冲刷地段设置大坝,使水流转向。

(2)在边坡上设置排水沟,将边坡上的降水排走;在边坡前抛石、设石笼、钢筋混凝土排管,将坡脚上方的水排走。

(3)严格按照设计规范的要求,分台阶或由上而下分层开采;爆破作业时,尽量多打眼、少装药,采取分段毫秒延期爆破,并优先采用中深孔爆破技术;定期或长期对边坡进行监测,对有滑动迹象的台阶及时地进行削坡减载。

案例分析

案例场景一

A市石材公司共有3座露天采石场。2019年9月12日15时19分,石材公司位于同省B市的露天采石场发生边坡坍塌事故,事故过程如下:

12日13时,采石场主管安排李某等5人,在第二平台分别进行运输通道清理、钻孔作业、坡面浮石清理、装矿作业,安排冯某在第三平台进行装矿作业。第二、第三平台台阶高度均为10 m,平台宽度分别为16 m、32 m。在第二平台与第三平台进行装矿作业的两台挖掘机水平方向距离约30 m。

15时19分,第二平台坡面突然坍塌,坍塌的矿石约1 600 m^3,将3名作业人员及一台挖掘机掩埋,造成3人死亡。

17时49分,采石场主管向公司负责人报告了事故情况。公司负责人接到报告后,于21时12分向A市应急管理部门报告了事故发生的时间、地点和伤亡人数。

事故调查组调查发现,11日夜间,该采石场所在地区下过中雨,至12日采石场作业平台仍有积水。该采石场北部矿岩节理发育,岩体破碎,发生坍塌的坡面接近地表风化带,在断层上沉积的泥质填塞物因水的作用，降低了岩体的黏聚力。采石场没有配备专职安全生产管理人员，由采石场主管兼任。2 名钻工是 9 日刚入矿的新员工，接受 20 h 培训后进入现场作业。采石场未制定边坡安全管理制度。

知识点讲解

考点一　生产安全事故报告的相关规定

1. 时限要求

《生产安全事故报告和调查处理条例》规定，事故发生后，事故现场有关人员应当立即向本单位负责人报告；单位负责人接到报告后，应当于 1 h 内向事故发生地县级以上人民政府应急管理部门和负有安全生产监督管理职责的有关部门报告。情况紧急时，事故现场有关人员可以直接向事故发生地县级以上人民政府应急管理部门和负有安全生产监督管理职责的有关部门报告。

应急管理部门和负有安全生产监督管理职责的有关部门逐级上报事故情况，每级上报的时间不得超过 2 h。

2. 内容

《生产安全事故报告和调查处理条例》规定，报告事故应当包括下列内容：

(1)事故发生单位概况。

(2)事故发生的时间、地点以及事故现场情况。

(3)事故的简要经过。

(4)事故已经造成或者可能造成的伤亡人数(包括下落不明的人数)和初步估计的直接经济损失。

(5)已经采取的措施。

(6)其他应当报告的情况。

3. 处置

《生产安全事故报告和调查处理条例》规定，事故发生单位负责人接到事故报告后，应当立即启动事故相应应急预案，或者采取有效措施，组织抢救，防止事故扩大，减少人员伤亡和财产损失。

事故发生地有关地方人民政府、应急管理部门和负有安全生产监督管理职责的有关部门接到事故报告后，其负责人应当立即赶赴事故现场，组织事故救援。

4. 职责

《生产安全事故报告和调查处理条例》规定，事故调查组履行下列职责：

(1)查明事故发生的经过、原因、人员伤亡情况及直接经济损失。

(2)认定事故的性质和事故责任。

(3)提出对事故责任者的处理建议。

(4)总结事故教训，提出防范和整改措施。

(5)提交事故调查报告。

考点二　生产经营单位的安全管理规定

《中华人民共和国安全生产法》规定，矿山、金属冶炼、建筑施工、运输单位和危险物品的生产、经营、储存、装卸单位，应当设置安全生产管理机构或者配备专职安全生产管理人员。

上述规定以外的其他生产经营单位，从业人员超过 100 人的，应当设置安全生产管理机构或者配备专职安全生产管理人员；从业人员在 100 人以下的，应当配备专职或者兼职的安全生产管理人员。

考点三 生产经营单位的安全培训

《生产经营单位安全培训规定》规定，生产经营单位应当进行安全培训的从业人员包括主要负责人、安全生产管理人员、特种作业人员和其他从业人员。

生产经营单位主要负责人安全培训应当包括下列内容：

(1)国家安全生产方针、政策和有关安全生产的法律、法规、规章及标准。

(2)安全生产管理基本知识、安全生产技术、安全生产专业知识。

(3)重大危险源管理、重大事故防范、应急管理和救援组织以及事故调查处理的有关规定。

(4)职业危害及其预防措施。

(5)国内外先进的安全生产管理经验。

(6)典型事故和应急救援案例分析。

(7)其他需要培训的内容。

煤矿、非煤矿山、危险化学品、烟花爆竹、金属冶炼等生产经营单位必须对新上岗的临时工、合同工、劳务工、轮换工、协议工等进行强制性安全培训，保证其具备本岗位安全操作、自救互救以及应急处置所需的知识和技能后，方能安排上岗作业。

加工、制造业等生产单位的其他从业人员，在上岗前必须经过厂(矿)、车间(工段、区、队)、班组三级安全培训教育。生产经营单位应当根据工作性质对其他从业人员进行安全培训，保证其具备本岗位安全操作、应急处置等知识和技能。

生产经营单位新上岗的从业人员，岗前安全培训时间不得少于 24 学时。煤矿、非煤矿山、危险化学品、烟花爆竹、金属冶炼等生产经营单位新上岗的从业人员安全培训时间不得少于 72 学时，每年再培训的时间不得少于 20 学时。

提示

生产经营单位的主要负责人和安全生产管理人员必须具备与本单位所从事的生产经营活动相应的安全生产知识和管理能力。生产经营单位应当对从业人员进行安全生产教育和培训，保证从业人员具备必要的安全生产知识，熟悉有关的安全生产规章制度和安全操作规程，掌握本岗位的安全操作技能，了解事故应急处理措施，知悉自身在安全生产方面的权利和义务。未经安全生产教育和培训合格的从业人员，不得上岗作业。

考点四 露天边坡稳定性的影响因素

影响露天边坡稳定性的因素包括内在因素和外在因素。其具体内容详见第十章考点三内容。

链接

考生还需要掌握企业安全生产费用的提取。《企业安全生产费用提取和使用管理办法》第十条规定，非煤矿山开采企业依据当月开采的原矿产量，于月末提取企业安全生产费用。提取标准如下：

(1)金属矿山，其中露天矿山每吨5元，地下矿山每吨15元。

(2)核工业矿山，每吨25元。

(3)非金属矿山，其中露天矿山每吨3元，地下矿山每吨8元。

(4)小型露天采石场，即年生产规模不超过50万t的山坡型露天采石场，每吨2元。

上述所称原矿产量，不含金属、非金属矿山尾矿库和废石场中用于综合利用的尾砂和低品位矿石。

地质勘探单位按地质勘查项目或工程总费用的2%，在项目或工程实施期内逐月提取企业安全生产费用。

案例场景二

某采石场企业进行花岗岩露天开采作业。该采石场的可采储量为133 184万m^3，每年开采规模为5万m^3，采用露天方式进行开采，开采顺序为自上而下进行。凿岩采用风动式YT－18凿岩机，钻孔孔径为32～40 mm，孔深为3～4 m，采用浅孔爆破方式进行爆破。采高达到6 m时，进行分阶段开采。从上部开拓下一工作面，逐步形成多台阶的开场方式。矿石采用反铲挖掘机配自卸汽车进行开采。

2019年5月19日晚8时左右，矿山发生泥石流事故，淹没采石场的工棚。工棚建在一个山谷的小沟旁，上面的山坡很陡峭。工棚有一个小坡作为掩护，小的山洪、泥石流被小坡阻挡，直接流入小沟中。但是此次的泥石流来势凶猛，小沟被填满后，泥石流仍向前移动，直接把工棚给吞没了。整个事故过程历时很短，造成多人未及时逃生。事故发生后，该企业迅速启动应急救援预案，成立救援队伍，将伤员送医救治，并按规定及时进行了报告。该泥石流事故造成8名工人死亡。事故结束后当地人民政府按规定进行事故调查。

经过事故调查，发现引起事故的原因如下：

(1)该采石场地质较软弱，产状不稳定。上部由松散堆积物覆盖。

(2)泥石流发生前采石场遭遇暴雨，暴雨冲刷岩体上部地表。

(3)矿山企业未设置监测小组进行边坡监测，未能针对泥石流事故进行有效预防。

(4)采石场雨水无排泄通道，造成雨水积存。

该事故处理后，采石场为防止类似安全事故发生，针对采石场地质灾害及其他安全隐患编制了处置方案，并严格按照处置方案执行。

知识点讲解

考点一　露天浅孔爆破的相关规定

浅孔爆破是指炮孔直径小于或等于50 mm，炮孔深度不大于5 m的爆破作业。其具体规定详见第七章考点三第5点的内容。

考点二　安全生产事故等级分类

《生产安全事故报告和调查处理条例》规定，根据生产安全事故(以下简称事故)造成的人员伤亡或者直接经济损失，事故一般分为以下等级：

(1)特别重大事故，是指造成30人以上死亡，或者100人以上重伤(包括急性工业中毒，下同)，或者1亿元以上直接经济损失的事故。

(2)重大事故，是指造成10人以上30人以下死亡，或者50人以上100人以下重伤，或者5 000万元以上1亿元以下直接经济损失的事故。

(3)较大事故，是指造成3人以上10人以下死亡，或者10人以上50人以下重伤，或者1 000万元以上5 000万元以下直接经济损失的事故。

(4)一般事故，是指造成3人以下死亡，或者10人以下重伤，或者1 000万元以下直接经济损失的事故。

国务院应急管理部门可以会同国务院有关部门，制定事故等级划分的补充性规定。上述所称的"以上"包括本数，所称的"以下"不包括本数。

考点三　泥石流灾害的防治措施

泥石流灾害的防治措施详见第十章考点七的内容。

考点四　露天矿边坡监测的一般规定

边坡监测内容和方法应根据边坡工程安全等级按表10-4的规定选择。

表10-4　边坡监测内容和方法

监测项目	监测内容	测点布置	边坡工程安全等级		
			Ⅰ级	Ⅱ级	Ⅲ级
变形监测	地表水平位移和垂直位移	采场境界线外坡顶、边坡表面、裂缝、滑带支护结构变形部位	应测	应测	应测
	裂缝、错位		应测	应测	应测
	边坡深部变形		应测	应测	应测
	支护结构变形		应测	应测	宜测
应力监测	边坡应力	边坡内部	应测	应测	可测
	支护结构应力	结构应力最大处	应测	宜测	可测
振动监测	爆破震动监测	爆破震动影响区	应测	应测	宜测
水文监测	降雨监测	采场范围	应测	宜测	可测
	地表水监测	溢流位置	应测	宜测	可测
	地下水监测	出水点、滑面部位	应测	宜测	可测

变形监测断面和测点应根据边坡地质条件与工程特点，分区段设置，并应符合下列规定：

(1)Ⅰ级边坡监测断面不应少于2个。

(2)Ⅱ、Ⅲ级边坡监测断面不应少于1个。

(3)每个监测断面上的地表位移监测点不应少于3个，地下水位监测点不应少于2个，其他监测项目测点不应少于1个。

(4)地质条件复杂的区段应增设监测断面或者测点。

监测仪器选型应根据边坡监测等级要求，所选监测仪器的量程和精度应满足监测等级要求。

监测装置及监测点位应有防护措施，并应设置明显的标识。

边坡监测应采用固定观测地点、仪器、设备、观测人员的固定观测方法。

对安全等级为Ⅰ、Ⅱ级的边坡，应结合采场大地测量基本控制网，设置 GPS 监控站。

具有滑移趋势和已经滑动的Ⅰ级和Ⅱ级边坡应进行实时监测预警。边坡监测数据达到预警值时应反馈。

同步自测

一、单项选择题（每题的备选项中，只有 1 个最符合题意）

1. 某黑色金属矿山现准备开挖新的场地，由于黑色金属矿床的品位变化小，对选别性要求较低，台阶高度可取（　　）m。

A. 8　　B. 12

C. 16　　D. 20

2. 对于边坡潜在危害性大的矿山，除应建立健全边坡管理和检查制度，对边坡重点部位和有潜在滑坡危险的地段采取有效的防治措施外，还应每（　　）年由有资质的中介机构进行一次检测和稳定性分析。

A. 2　　B. 3

C. 4　　D. 5

3. 下列选项中，露天边坡最终高度大于 500 m 的是（　　）。

A. 低边坡　　B. 中边坡

C. 高边坡　　D. 超高边坡

4. 下列不属于影响边坡稳定的岩体结构的因素是（　　）。

A. 结构面的走向　　B. 结构面的起伏和表面性质

C. 结构面的形成过程　　D. 结构面的组数和数量

5. 某矿山采用露天开采，在采场边坡的监控中发现，长期以来，该采场边坡岩体在重力作用下长期向临空方向发生了较缓慢的变形，这属于边坡破坏类型中的（　　）。

A. 蠕动变形　　B. 松弛张裂

C. 滑坡　　D. 崩塌

6. 关于露天矿山严防边坡垮塌事故的说法，错误的是（　　）。

A. 露天矿山必须遵循自上而下的开采顺序，分台阶开采

B. 对采场工作帮要每季度检查 1 次，高陡边坡要每月检查 2 次

C. 小型露天采石场不能采用台阶式开采的，必须自上而下分层开采，并确保台阶（分层）参数符合要求

D. 节理、裂隙等地质构造发育、容易引起边坡垮塌事故的矿山，要采取人工加固措施治理边坡

二、案例分析题

2020 年 7 月 20 日 9 点，某露天铜矿采场发生地下溶洞坍塌引起边坡滑坡事故，事故发生过程如下。

经初步调查，该矿目前开采阶段为 +420 m，边坡共有 12 个台阶。边坡最高处为 +640 m。6 月以来该地区雨量充沛，累计降雨量达 400 mm，比近 4 年平均值偏高 30%。特别是近半个月，多次出现暴雨，导致矿区采场土质变得松软。2020 年 7 月 20 日 9 点，挖掘机司机王某和矿车司机张某、李某、齐某在靠近边坡 15 m 处按顺序进行矿石装运。挖掘机和矿车下方突然出现塌陷，塌陷范围约 120 m^2，塌陷深度 3.6 m，同时导致 +440 m 到

+480 m平台宽约10 m的范围内滑坡。事故造成王某、张某和李某被埋于塌陷区,齐某跳车躲避没被落石砸伤,1台挖掘机和3辆矿车被埋。

事故发生后,该矿立即组织救援,经过3小时营救。被埋3人中王某和张某死亡,李某和齐某2人重伤。直接经济损失约1 440万元。

根据以上场景,回答下列问题(1～2题为单选题,3～5题为多选题):

1. 关于露天矿边坡的说法,正确的是(　　)。
   A. 最终边坡是指矿岩按一定厚度水平分层由上向下逐层采掘时形成的阶梯状边坡
   B. 靠帮边坡是指矿山开采过程中不再推进的工作帮,形成的露天最终边坡,也称为固定边坡
   C. 总体边坡是指最上靠帮边坡台阶底线和最下靠帮边坡坡底线之间的所有靠帮台阶坡构成露天矿的最终边坡整体,对应的边坡角为总体边坡角
   D. 边坡设计安全系数是指为使边坡达到预期安全程度需要的边坡允许特定安全系数
   E. 边坡安全系数是边坡稳定性的重要指标,是抗滑力与滑动力荷载效应组合的比值,也称为边坡稳定性系数
2. 根据《生产安全事故报告和调查处理条例》,该事故属于(　　)。
   A. 特别重大事故　　B. 重大事故
   C. 一般事故　　D. 较大事故
   E. 严重事故
3. 关于边坡开采阶段的边坡工程地质勘查的说法,正确的有(　　)。
   A. 应查明不稳定区工程地质与水文地质条件
   B. 应确定不稳定区的破坏模式
   C. 应确定不稳定区岩土层物理力学指标以及滑动面或潜在滑动面抗剪强度
   D. 应对不稳定区边坡进行稳定性计算,并应提出治理措施和监测的建议
   E. 应对已形成的台阶进行定期的人工观测,并定期对观测数据进行计算,实时掌握边坡的动态
4. 影响露天矿山边坡稳定的因素较多,其中主要因素有(　　)。
   A. 岩体结构　　B. 滑坡
   C. 水文地质　　D. 地震
   E. 气候
5. 下列属于防止露天矿山开采边坡失稳的措施的有(　　)。
   A. 监测气象条件　　B. 控制爆破技术
   C. 完善边坡泄洪设施　　D. 合理安排开采顺序
   E. 建立边坡监测系统

答案详解

一、单项选择题

1. B。【解析】露天开采中最重要的参数之一是台阶高度。对于矿体形态较为规则,品位变化较小,矿物价值与选别性要求均较低的黑色金属矿床,其台阶高度一般取12～15 m。故选项B正确。
2. D。【解析】大、中型矿山或边坡潜在危害性大的矿山,要建立健全边坡管理和检查制度,对边坡重点部位和有潜在滑坡危险的地段采取有效的防治措施,每5年由有资质的中介机构进行一次检测和稳定性评价分析。

3. D。【解析】露天矿山边坡可分为4个等级:(1)低边坡:$H \leqslant 100$ m。(2)中边坡:100 m $< H \leqslant 300$ m。(3)高边坡:300 m $< H \leqslant 500$ m。(4)超高边坡:$H > 500$ m。
4. C。【解析】影响边坡稳定的岩体结构的因素主要包括:(1)结构面的倾向和倾角。(2)结构面的走向。(3)结构面的组数和数量。(4)结构面的不连续性。(5)结构面的起伏和表面性质。
5. A。【解析】根据露天矿石采场边坡的危害类型,露天采场边坡破坏类型主要有蠕动变形、松弛张裂、滑坡、崩塌。蠕动变形是指边坡岩体在重力作用下长期向临空方向发生较缓慢的变形。松弛张裂是指坡体中出现与坡面近乎平行的陡倾张开裂隙,造成边坡向临空方向张开。滑坡是指边坡上的岩土体失去稳定,产生整体滑动。崩塌是指块状岩体与岩坡分离向前翻滚而下。
6. B。【解析】严防边坡垮塌事故,必须强化对边坡的安全检查。应每季度检查1次采场工作帮,每月检查1次高陡边坡。除此之外,作业前也需对工作面进行安全检查。故选项B错误。

二、案例分析题

1. B。【解析】露天矿边坡是指在露天矿采场或其周边,因采矿作业形成的人工边坡和对矿山安全有影响的自然边坡。台阶边坡是指矿岩按一定厚度水平分层由上向下逐层采掘时形成的阶梯状边坡。靠帮边坡是指矿山开采过程中不再推进的工作帮,形成的露天最终边坡,也称为固定边坡。总体边坡是指最上靠帮边坡坡顶线和最下靠帮边坡坡底线之间的所有靠帮台阶坡构成露天矿的最终边坡整体,对应的边坡角为总体边坡角。边坡安全系数是指表征边坡抗滑稳定程度的指标,是抗滑力与滑动力荷载效应组合的比值,也称为边坡稳定性系数。边坡设计安全系数是指为使边坡达到预期安全程度需要的边坡允许最低安全系数。故选项B正确。
2. D。【解析】《生产安全事故报告和调查处理条例》规定,根据生产安全事故(以下简称事故)造成的人员伤亡或者直接经济损失,事故一般分为以下等级:(1)特别重大事故,是指造成30人以上死亡,或者100人以上重伤(包括急性工业中毒,下同),或者1亿元以上直接经济损失的事故。(2)重大事故,是指造成10人以上30人以下死亡,或者50人以上100人以下重伤,或者5 000万元以上1亿元以下直接经济损失的事故。(3)较大事故,是指造成3人以上10人以下死亡,或者10人以上50人以下重伤,或者1 000万元以上5 000万元以下直接经济损失的事故。(4)一般事故,是指造成3人以下死亡,或者10人以下重伤,或者1 000万元以下直接经济损失的事故。上述所称的“以上”包括本数,所称的以下不包括本数。该事故2人死亡,2人重伤,但是直接经济损失达1 440万元,属于较大事故。故选项D正确。
3. ABCD。【解析】开采阶段的边坡工程地质勘查应当符合下列规定:(1)应查明不稳定区工程地质与水文地质条件。(2)应确定不稳定区的破坏模式。(3)应确定不稳定区岩土层物理力学指标以及滑动面或潜在滑动面抗剪强度。(4)应对不稳定区边坡进行稳定性计算,并应提出治理措施和监测的建议。开采阶段应对已形成的台阶进行稳定性调查,标绘出不稳定性区段并预测其变形破坏的发展趋势。
4. ACDE。【解析】影响露天矿边坡稳定的因素较多,包括岩体结构、岩层岩性、水文地质、风化程度、地震等。选项B属于露天矿山边坡的破坏类型。
5. BDE。【解析】防止露天矿山开采边坡失稳的措施有:(1)加强地质勘查。(2)控制爆破技术。(3)降压疏干。(4)人工加固。(5)合理安排开采顺序。(6)采取减重措施。(7)建立边坡监测系统。

第十一章　排土场（废石场）灾害防治

考情解读

考纲要求

运用排土场（废石场）灾害防治相关技术和标准，辨识和分析排土场（废石场）滚石、滑坡、坍塌、泥石流等灾害，制定相应安全技术措施。

命题分析

本章内容主要介绍排土场的相关概念、各类灾害及防治措施以及安全生产要求。排土场具有边坡的特点，同时还有一些不同于边坡的特殊之处。同时，排土场的运行还涉及一些车辆的运行、安全监测、生产管理等相关知识，因其包含内容较多，历年考试中常通过案例题进行考查，考查频率较高。考生应熟练掌握排土场相关的基础知识，并与其他章节内容相结合，以理解为主进行学习。考查以案例题、选择题为主。

考点解读

考点一　排土场相关基础知识

矿山排土场，也称废石场，是指矿山采矿排弃物集中排放的场所。

1. 排土场的结构与分类

排土场基本结构及排土工艺如图 11-1 所示。

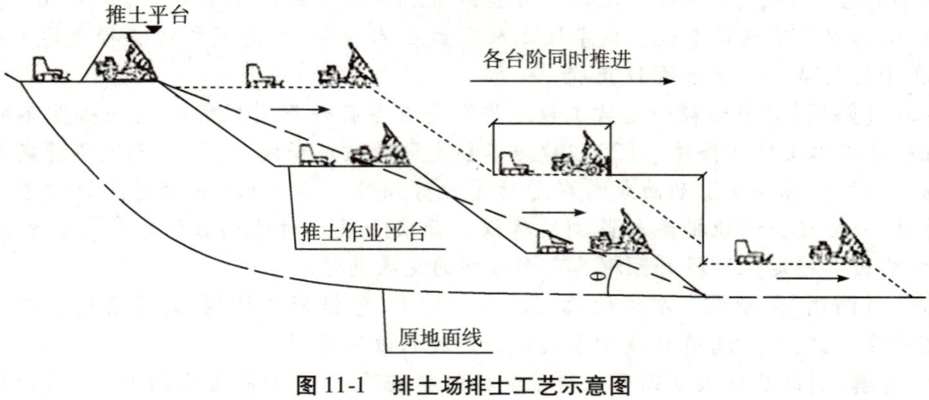

图 11-1　排土场排土工艺示意图

常见的排土场类型如表 11-1 所示。

表 11-1　排土场分类

<table>
<tr><th colspan="2">排土场分类</th><th>特征</th><th>适用条件</th></tr>
<tr><td rowspan="2">按设置地点划分</td><td>内部排土场</td><td>剥离物堆放在开采境界内，剥离物运距较近</td><td>一个采场内有两个不同标高底平面的矿山；露天矿群或分区开采的矿山，合理安排开采顺序，可实现部分内部排弃</td></tr>
<tr><td>外部排土场</td><td>剥离物堆放在开采境界外</td><td>无采用内部排土场条件的矿山</td></tr>
<tr><td rowspan="3">按地形划分</td><td>山坡排土场</td><td>初始沿山坡堆放，逐步向外扩大堆放</td><td>地形起伏较大的山区和重丘区</td></tr>
<tr><td>山沟排土场</td><td>剥离物在山沟堆放</td><td>沟底平缓的沟谷</td></tr>
<tr><td>平地排土场</td><td>在平缓的地面修筑较低的初始路堤，然后交替</td><td>地形平缓的地区</td></tr>
<tr><td rowspan="2">按台阶划分</td><td>单台阶排土场</td><td>在同一场地单层排弃，有利于尽早复垦</td><td>剥离量少、采场出口少、运距短的矿山</td></tr>
<tr><td>多台阶排土场</td><td>在同一场地有两层以上同时排弃，能充分利用空间</td><td>多台阶同时剥离的山坡露天矿，需充分利用排弃空间的矿山</td></tr>
<tr><td rowspan="2">按时间划分</td><td>临时性排土场</td><td>剥离物需要二次搬运</td><td>有综合利用的岩土，剥离物堆置在采场周边或以后开采矿体上，可复垦的表土层</td></tr>
<tr><td>永久性排土场</td><td>剥离物长期堆存</td><td>排弃不再回收的岩土</td></tr>
<tr><td rowspan="3">按排土堆置方式划分</td><td>单台阶排土场</td><td>单台阶由近向远一次性堆置，排土高度较大</td><td>剥离物性质及基底条件好</td></tr>
<tr><td>多台阶压坡脚式排土场</td><td>由高台阶向低台阶逐层降低标高反压上一台阶坡脚</td><td>具有广泛的适用性</td></tr>
<tr><td>多台阶覆盖式排土场</td><td>由低台阶向高台阶水平分层覆盖，台阶间留有安全平台</td><td>原地面平缓，基底强度不高</td></tr>
</table>

2. 排土场场址选择

（1）一般规定。

排土场场址应满足与采矿场、工业场地（厂区）、居民点、铁路、公路、输电及通信干线、水域、隧洞等设施的安全防护距离的要求。

排土场不宜设在工程地质和水文地质不良地带。

不得将排土场选在水源保护区、江河、湖泊、水库上，排土场不得侵占名胜古迹保护区和自然保护区。

排土场宜充分利用山坡、沟谷的荒地。

排土场场址不宜设于居民区和工业厂区常年主导风向的上风侧和生活水源的上游。

排土场的容量应满足矿山服务期内所排弃的全部岩土量。

排土场应一次规划，分期实施。

有回收利用价值的岩土和表土应单独堆存。

(2)外部排土场场址。

排土场不应布置在具有形成泥石流条件、排水不良、可能危及露天采矿场、井(硐)口、工业场地、居住区、村镇、交通干线等重要建(构)筑物的上游。

排土场场址宜设置在原地形坡度不大于12°、场地条件简单的沟谷,不宜设置在汇水面积大、沟谷纵坡陡、出口不易拦截的山谷中。当无法避开时,应采取截排水及安全防护措施。

排土场应靠近采场。

(3)内部排土场场址。

具有多个露天采场的矿山,可按采场开采顺序,将开采结束后的采场作为内部排土场;露天采场进行分期开采,并有两个以上不同标高露天底时,具备内排条件的可利用已靠最终帮的露天采场作为内部排土场。

露天开采缓倾斜矿床矿山,可通过合理安排开采顺序实现内部排弃。

分期开采露天矿山,经过技术经济比较确定后,可在远期开采境界内布置临时排土场。

地下开采的矿山,可将地表错动区域作为内部排土场,但应充分考虑错动区域塌陷可能对排土作业造成的安全影响,并应根据塌陷范围安排排土计划和排土工艺。

露天转地下开采矿山,可利用靠最终帮的露天采场作为地下开采阶段的排土场。

提示

排土场的选址分内部排土场选址和外部排土场选址。

3. 排土场的等级

排土场的等级应根据场地条件、排土场堆置高度及排土容积按照表11-2的规定划分为四级。

表11-2 排土场等级分级表

等级	场地条件	堆置高度 H/m	排土容积 $V/10^4 m^3$
一	不良	$H>180$	$V>20\,000$
二	复杂	$120<H\leqslant180$	$5\,000<V\leqslant20\,000$
三	一般	$60<H\leqslant120$	$1\,000<V\leqslant5\,000$
四	良好	$H\leqslant60$	$V\leqslant1\,000$

4. 排土场的排土工艺

(1)排土方式。

排土方式应根据矿山开拓运输方式、岩土性质、运输量、运输距离,并结合排土场地形、地质条件等因素比较后确定。

排土方式宜符合表11-3的要求。

表 11-3　排土方式

序号	排土方式	作业程序	适用条件及特点
1	汽车-推土机	采用汽车运输，推土机排土	工艺简单，机动性大，各类型矿山都适用
2	铁路-装载挖掘机	采用铁路运输，装载挖掘机转排	运量大，运距长、运输高差小的大型矿山
3	胶带-排土机	采用胶带运输，排土机排土	运量大，运距长、运输高差大的大型矿山
4	铲运机	铲运机装载、运输、排土	运量小，运距短的小型矿山
5	小型机具	窄轨机车牵引（或人力推或自溜），手工机具整平、移道	运输量小的小型矿山

①汽车-推土机排土。汽车-推土机排土应符合下列规定：

排土卸载平台边缘应有固定或移动的挡车设施，其高度不应小于轮胎直径的1/2。

道路应符合现行国家标准的有关规定。

汽车排土作业时，应有专人指挥，指挥人员应经过培训，并经考核合格后上岗工作。非作业人员不应进入排土作业区，凡进入作业区的工作人员、车辆、工程机械应服从指挥人员的指挥。

排土场平台应平整，排土线应整体均衡推进，坡顶线应呈直线形或弧形，排土工作面向坡顶线方向应有2% ~5%的反坡。

排土卸载平台边缘要设置安全车挡，其高度不小于轮胎直径的1/2，车挡顶宽和底宽应不小于轮胎直径的1/4 和3/4；设置移动车挡设施的，要对不同类型移动车挡制定安全作业要求，并按要求作业。

应按规定顺序排弃土岩。在同一地段进行卸车和推土作业时，设备之间应保持足够的安全距离。

卸土时，汽车应垂直于排土工作线；汽车倒车速度应小于5 km/h，严禁高速倒车，冲撞安全车挡。

推土时，在排土场边缘严禁推土机沿平行坡顶线方向推土。

排土安全车挡或反坡不符合规定、坡顶线内侧30 m范围内有大面积裂缝（缝宽0.1 ~0.25 m）或不正常下沉（0.1 ~0.2 m）时，禁止汽车进入该危险区作业，安全管理人员应查明原因及时处理后，方可恢复排土作业。

排土场作业区内烟雾、粉尘、照明等因素使驾驶员视距小于30 m或遇暴雨、大雪、大风等恶劣天气时，应停止排土作业。

汽车进入排土场内应限速行驶。距排土工作面50 ~200 m时限速16 km/h，50 m范围内限速8 km/h；排土作业区应设置一定数量的限速牌等安全标志牌。

排土作业区照明系统应完好，照明角度应符合要求，夜间无照明禁止排土。灯塔与排土车挡距 d 应按以下公式计算：

$$d \geqslant \text{车辆视觉盲区距离} + 10\ \text{m}$$

排土作业区应配备质量合格、适应相应车载量汽车突发事故救援使用的钢丝绳（>4根）、大卸扣（>4个）等应急工具。

排土作业区应配备指挥工作间和通信工具。

②铁路-装载挖掘机排土。铁路-装载挖掘机排土应符合下列规定：

a. 排土线的设置规定。

铁路排土线应设备用线，备用线数量应为生产线数量的20%。当排土场为两处以上时，每处排土场至少应设一条备用排土线。

装载挖掘机排土，一条排土线宜配一台装载挖掘机。排土线的通过能力应比装载挖掘机生产能力高15%～20%。

在独头卸载线端部应设置车挡。车挡应有完好的挡栏指示和灯光示警。独头线的起点和终点应设置铁路障碍指示器。

排土线长度可按表11-4选取。

表11-4　排土线长度（单位：列车长度）

排土设备	条件	准轨	窄轨
装载挖掘机	一般	5～6	
	困难	3	
推土机	一般		4～5
	困难		3
前装机	一般	2～3	
	困难	1～2	

铁路运输线路应符合现行国家标准的有关规定。

b. 铁路移动线路卸车地段的规定。

路基面应向排土场内侧形成反坡。

线路一般为直线，困难条件下，其平曲线半径不小于表11-5的规定，并根据翻卸作业的安全要求设置外轨超高。

表11-5　平曲线半径（m）

卸车方向	准轨铁路	窄轨铁路		
		机车车辆固定轴距≤2.0 m		机车车辆固定轴距2.0～3.0 m，轨距762 mm，900 mm
		轨距600 mm	轨距762 mm，900 mm	
向曲线外侧	150	30	60	80
向曲线内侧	200	50	80	100

线路尽头的一个列车长度内应有2.5%～5%的上升坡度。

卸车线钢轨轨顶外侧至台阶坡顶线的距离，应不小于表11-6的规定。

表11-6　轨顶外侧至台阶坡顶线的距离（m）

准轨		窄轨		
路基稳固	路基不稳	轨距900 mm	轨距762 mm	轨距600 mm
0.62	0.92	0.45	0.43	0.37

牵引网路应符合规范要求。网路始端，应设电源开关，做到先停电后移动网路。

在独头卸载线端部,应设置车挡。车挡应有完好的栏挡指示和红色夜光示警牌。独头线的起点和终点,应设置铁路障碍指示器。

c. 列车在卸车线上运行和卸载时的规定。

列车进入排土线后,由排土人员指挥列车运行。机械排土线的列车运行速度准轨不应超过 10 km/h;窄轨不应超过 8 km/h;接近路端时,不应超过 5 km/h。

严禁运行中卸土(曲轨侧卸式和底卸式除外)。

卸车顺序应从尾部向机车方向依次进行。必要时,机车应以推送方式进入。

列车推送时,应有调车员在前引导指挥。

新移设的线路,首次列车严禁牵引进入。

翻车时应 2 人操作,操作人员应位于车厢内侧。

清扫自翻车宜采用机械化作业。人工清扫时应有安全措施。

卸车完毕,应在排土人员发出出车信号后,列车方可驶出排土线。

d. 排土犁排土规定。

推排作业线上、排土犁犁板和支出机构上,严禁有人。排土犁推排岩土的行走速度,不应超过 5 km/h。

e. 单斗挖掘机排土规定。

单斗挖掘机排土时,受土坑的坡面角不应大于 60°,严禁超挖。

③胶带-排土机排土。胶带-排土机排土应符合下列规定:

排土线长度宜满足 2 ~ 3 个月的移设周期要求。

上排台阶高度应根据排料臂长度、倾角、排弃物料抛出水平距离、排土机中心线至排土台阶坡底线安全距离,以及排土台阶坡面角等因素确定。下排台阶高度应根据排料臂水平投影长度、排土机中心线至排土台阶坡顶线安全距离和稳定性计算综合确定。

排土机排土前应修筑初始路堤。初始路堤宽度应根据移置胶带机中心线至路堤边缘距离、移置胶带机中心线至排土机中心线距离、排土机中心线至路堤边缘距离综合确定。

胶带-排土机应设置初始排土机组装场地,场地面积不宜小于 100 m × 50 m,并应进行碾压。

采用排土机排土,应进行不均匀沉降计算,并应提出反坡坡度。

排土机距坡顶线应留有安全距离,安全距离应根据排土台阶高度、堆排物料性质和设备荷载确定。

胶带机应符合现行国家标准的有关规定。

排土机应在稳定的平盘上作业,外侧履带与台阶坡顶线之间应保持一定的安全距离。

工作场地和行走道路的坡度应符合排土机的技术要求。

排土机长距离行走时,受料臂、排料臂应与行走方向成一直线,并将其吊起、固定;配重小车在靠近回转中心的前端,到位后用销子固定;严禁上坡转弯。

(2)堆置要素。

排土场主要设计堆置要素应包括堆置总高度、台阶高度、平台宽度、排土场边坡角度、容积、占地面积。

排土场台阶高度、总堆置高度、边坡角度、平台宽度应按照排土工艺、剥离物的物理力学性质、地形、水文地质及工程地质、气候条件等因素通过排土场稳定性计算分析确定。

多台阶排土场的总体边坡角应满足排土场整体稳定性要求。

排土场的容积应根据岩土剥离总量、体重、松散系数和沉降系数确定。

排土场有效容积计算应按下式计算：

$$V_y = V_s \times K_s/(1 + K_c)$$

式中，V_y为排土场设计的有效容积（m^3）；V_s为剥离岩土的实方数（m^3）；K_s为剥离岩土的松散系数；K_c为剥离岩土的沉降系数。

排土场的设计总容积应按下式计算：

$$V = K_1 \times V_y$$

式中，V为排土场设计总容积（m^3）；K_1为容积富余系数，取 1.02～1.05；V_y为排土场设计的有效容积（m^3）。

（3）防护距离。

不具有形成泥石流条件、基底工程地质或水文地质条件良好的排土场，设计最终坡底线与主要设施、场地、居住区等的安全距离应满足下列规定：

①当不设置防护工程时，排土场设计安全防护距离应按表 11-7 确定。

表 11-7　排土场设计安全防护距离

序号	保护对象名称	排土场等级			
		一	二	三	四
1	国家铁（公）路、航道、高压输电线路铁塔等重要设施	$1.5H$	$1.5H$	$1.25H$	$1.0H$
2	矿山铁（道）路干线（不含露天采场生产道路）	$1.0H$	$1.0H$	$0.75H$	$0.75H$
3	村庄、居住区、工业场地等	$2.0H$	$2.0H$	$2.0H$	$2.0H$
4	露天采场开采终了境界线	应根据边坡稳定性及坡底线外地面坡度情况确定，当地面坡度为逆坡时，不应小于 30 m；当地面坡度为顺坡时，不应小于 $1.0H$			

注：表中 H 为排土场设计最终堆置高度。安全防护距离，航道应由设计水位的水位线算起；铁路、公路由其设施边缘算起；建（构）筑物应由其边缘算起；工业场地应由其边缘或围墙算起。

②当设置防护工程时，应按采取工程措施要求确定。

复杂及不良场地条件的排土场，其设计最终坡底线与主要设施、场地、居住区等的安全距离应根据所采取的安全措施论证确定，一般场地排土场设计安全防护距离应满足上述表 11-7 的要求。

考点二　排土场滚石灾害防治

边坡滚石是一种常见的工程地质灾害，岩块从坡体（或陡崖）表面分离出来后在空中移动，经过一定的运动方式（如自由落体、弹跳、沿坡面的滚动和滑动）向下快速运动，最后在坡脚附近停下来。当在滚石运动范围内有人类活动或构筑设施时就构成了滚石灾害。

针对排土场滚石灾害，可采取下列防治措施：

（1）在滚石滑动区域以坡面植被覆盖，增大滚石滑动的阻力，可有效减小滚石滑动距离。

（2）按照规范的滚石滑动距离，在排土场下部设置安全警戒线，如果超出征地界线范围，可在坡脚布置松散土层或碎石层，降低滚石反弹系数，最为有效的方法是在坡脚设置3 m高的柔性拦石网。

（3）在滚石多发区段设置防护性挡墙，可有效地限制滚石的滑动范围。

（4）在削坡过程中，边坡附近每隔一定高度设置拦截滚石平台。

提示

熟悉排土场滚石灾害的防治措施。

考点三　排土场滑坡灾害防治

1. 滑坡破坏的类型与成因

排土场滑坡是排土场灾害中最为普遍、发生频率最高的一种，按其产生机理又分为排土场与基底接触面滑坡、排土场沿基岩软弱层滑坡和排土场内部滑坡三种类型。

概括起来，排土场滑坡原因大致有以下几种：

（1）建设初期设计、建设考虑不周。排土场建设初期的工程勘探和排土规划设计等涉及排土场建设质量的许多重要方面常被忽视；排土场在投用前对其底部的软弱层不清理或清理不彻底，这就给排土场滑坡埋下了隐患。

（2）生产中排土不科学。没有严格按照设计要求组织排土作业。初期排土场底部排弃的疏水性块石厚度不够，或在生产的某一时期，进行岩土混排，从而人为地在排土场内部形成了软弱面。该面的物理力学强度低，随着排土场废石堆积高度的加大，当某一弱面的剪应力超过其抗剪强度时，便会沿此弱面发生滑坡。

（3）排水设施不健全。排土的初期排土场为三元介质体，排土场的物质由固体颗粒、空气和附着水三部分组成，中后期随着排土场的下沉，岩石孔隙间的空气便被挤压出，空隙缩小和被充填，形成二元介质体，排土场便逐渐地稳定下来。如果在暴雨时，排土场排水不及时，大量的地表水便汇入排土场。雨水渗入内部后，排土场原来的平衡状态便会发生变化，排土场充水饱和，一方面增加了排土场重量，同时又降低了排土场内部潜在滑动面的摩擦力，从而形成排土场滑坡。

（4）人为因素。临近排土场的爆破震动效应对排土场稳定性的影响是不容忽视的。

（5）其他人力不可抗拒因素。如地震、海啸以及大暴雨等。

排土场的定性是由排土场基底的地质、水文、构造、工程等条件和排弃物的岩种、岩性、粒度以及排土工艺等名方面因素综合决定的，因此要采用合理的排土工艺和正确的排土方法。

2. 排土场滑坡灾害的防治措施

排土场滑坡防治措施应符合下列规定：

（1）排土场区应清理地表植被层及软弱地基。

（2）地形坡度较大的地段应改造成为阶梯状。

(3)在底部应排弃大块岩石。

(4)排土场设计应安排排土顺序和设置排土高度。

(5)排土场的上游区域或周边区域应设置截、排洪沟。

(6)沟谷型排土场应设置压坡脚排土方式。

(7)排土场滑坡防止措施应设置重力式挡土墙、中立式抗滑挡土墙、抗滑片石垛或抗滑桩等抗滑支挡构筑物。

排土场滑坡防治措施具体包括：

(1)完善排土场建设初期设计及建设的论证工作，保证科学性、合理性。

(2)建立健全排土规划体系、排水设施体系，调整排土工艺。

(3)建立防护挡墙。

提示

熟悉排土场滑坡灾害的防治措施。

考点四　排土场坍塌灾害防治

坍塌是指位于陡坡上的岩(土)体，由于与母体间产生垂直裂缝，受到外力作用的情况下，失去稳定向下滑动或倾倒的过程。排土场坍塌多指土体内部滑坡的破坏形式。根据坍塌部分的坍塌形式和移动速度，排土场坍塌可表现为散落型坍塌、滑动型坍塌和流动型坍塌3类。

排土场的坍塌与沉陷属于排土场运行过程中的正常现象。一般通过调整排土顺序、控制排土强度，降低排土场细粒土的混入，并通过监测手段进行控制。设计中应在安全管理要求中予以说明。但对于阶段高度大、场地条件复杂的排土场应按照滑坡防治措施进行防治。

实际施工过程中，可通过对排土过程实施动态性、连续性的监测，以保证排土场的安全稳定。对含土量较大的岩石的排弃，应避免在同一时段、同一部位进行排弃，尽可能排弃到不同位置避免某些部位由于含土量较大而失稳。排土时应尽可能增加排土线长度，控制排土强度，采用间歇式排土，避免对某一处边坡产生较大的压力而产生破坏。

提示

熟悉排土场坍塌的防治措施。

考点五　排土场泥石流灾害防治

泥石流指斜坡上或沟谷中大量的松散固体料在水的作用下形成含有泥、砂、石的固、液相颗粒流体(流体的体积密度一般在1.2～2.3 L/m^3)，大规模向下游方向运动(滑移、流动)的现象。常在暴雨(或融雪、冰川、水体溃决)激发下产生。

矿山泥石流是山地沟槽或河谷在暂时性急水流与流域内大量土石相互作用的洪流过程和现象。其特点是过程短暂、发生突然、结束迅速、复发频繁。根据其产生的成因，泥石流基本可划分为两种类型，即水力型和土石型。

泥石流的形成必须同时具备三个条件：纵坡降较大而易于集水的沟谷地形地貌，丰富的可移动的松散固体物质，充足的降水。

美国 Pata. M. 道格拉斯对美国 24 个露天矿排土场稳定性研究所得观测资料表明：排土场中小于 5 mm 细颗粒超过 40% 时，易失稳；当小于 0.05 mm 的黏粒含量超过 15% ~20%，降水作用下排土场滑坡会转化为泥石流。

排土场泥石流防治措施应符合下列规定：

（1）排土场的上游区域或周边区域应设置截、排洪沟。

（2）排土场区应设置多级坝体控制主沟谷纵坡降。

（3）排土场区宜采取排渗盲沟、泄流基底等控制排土场物料含水量的措施。

针对排土场泥石流，可采取下列防治措施：

（1）合理选择排土场的位置。

（2）对排土场基底进行处理，增加基底稳定性，避免形成基底软弱层。

（3）对排土场坡面进行防渗处理。

（4）合理控制排岩顺序，避免形成软弱结构层。

（5）建立泥石流消能设施。

（6）在排土场安排植树造林工作，避免排土场水土流失。

提示

熟悉排土场泥石流的形成机理，了解泥石流灾害的防治措施。

典型例题

【单选题】某矿山企业需要制定排土场灾害防治措施。下列措施中，属于防治排土场滑坡、泥石流及生态环境破坏这三种灾害的重要措施是（　　）。

A. 建设并完善排水设施　　B. 控制排土强度

C. 排土场上部栽植乔木　　D. 合理设置排土高度

A。【解析】排土场滑坡的主要原因之一就是排水设施不健全；泥石流是山地沟槽或河谷在暂时性急水流与流域内大量土石相互作用的洪流过程和现象，多在纵坡降较大而易于集水的沟谷地形地貌处形成；而生态环境破坏也同排水不利有着密切的关系。因此，想要防治这三种灾害，需建设并完善排土场排水设施。

考点六　排土场安全生产

1. 排土场监测

矿山应建立排土场监测系统，定期进行排土场监测。排土场发生滑坡时，应加强监测工作。发生泥石流的矿山应建立泥石流观测站和专门的气象站。泥石流沟谷应定期进行剖面测量，统计泥沙淤积量，为排土场泥石流防治提供资料。

排土场监测工作应当包括以下内容：

（1）分析排土场产生滑坡和泥石流的边界条件并进行监测，及时进行预报。

（2）对排土场某点在三维坐标上的位移进行监测，并分析影响该点位移的因素。

(3)对排土场进行沉降压缩变形监测,并分析沉降压缩变形与时间的关系。

(4)对排土场内部不同深度的变形特征和位移进行监测并分析其产生的原因。

(4)对基底和排土场内部孔隙水压力和降雨量、地表径流量等进行监测。

排土场监测可利用人工测量方式、红外线测距仪、立体摄影经纬仪、多点位移计、位移传感器(长距离发送信号,无线传送)、水压计等进行相关项目的监测。

山坡排土场存在下列情况时,必须进行安全监测:

(1)坡角大于27°~30°,基底为硬岩的排土场。

(2)坡角近于或略小于27°~30°,基底为软弱岩层、厚层腐殖土或植物腐败层,排弃松散土体的排土场。

(3)坡角小于27°~30°,基底为硬岩,存在着与山坡面倾向一致、倾角较小的构造弱面的排土场。

(4)基底为硬岩较缓山坡,堆料为坚硬岩块,堆置高度大于100 m、总体坡角大于33°,堆置高度超过200 m,总体坡角大于30°的排土场。

(5)考虑复垦区陡边坡稳定性问题时,最终边坡角接近或大于27°的排土场。

(6)排土场局部变形与破坏。

(7)软弱地基排土场。

2. 排土场安全检查

排土场安全检查内容包括规章制度、设计、作业管理、防洪与防震等方面。

(1)排土场作业管理检查。

排土场作业管理检查的内容包括排土参数、变形、裂缝、底鼓、滑坡等。

①排土参数检查。排土参数检查应符合下列规定:

a. 测量各类型排土场段高、排土线长度,测量精度按生产测量精度要求。实测的排土参数应不超过设计的参数,特殊地段应检查是否有相应的措施。

b. 测量各类型排土场的反坡坡度,每100 m不少于2条剖面,测量精度按生产测量精度要求。实测的反坡坡度应在各类型排土场范围内。

c. 测量汽车排土场安全车挡的底宽、顶宽和高度,实测的安全车挡的参数应符合不同型号汽车的安全车挡要求。

d. 测量铁路排土场线路坡度和曲率半径,测量精度按生产测量精度要求;挖掘机排土测量挖掘机至站立台阶坡顶线的距离,测量误差不大于10 mm;各参数应满足规范要求。

e. 测量排土机排土外侧履带与台阶坡顶线之间的距离,测量误差不大于10 mm;安全距离应大于设计要求。

f. 检查排土场变形、裂缝情况。排土场出现不均匀沉降、裂缝时,应查明沉降量,裂缝的长度、宽度、走向等,判断危害程度。

g. 检查排土场地基是否隆起。排土场地面出现隆起、裂缝时,应查明范围和隆起高度等,判断危害程度。

②检查排土场滑坡。排土场滑坡时应检查滑坡位置、范围、形态和滑坡的动态趋势以及成因。

③检查排土场坡脚外围滚石安全距离范围内是否有建构筑物和道路,是否有耕种地

等,是否在该范围内从事非生产活动。

④检查排土场周边环境是否存在危及排土场安全运行的因素。

(2)排土场排水构筑物与防洪安全检查。

①排水构筑物安全检查主要内容:构筑物有无变形、移位、损毁、淤堵,排水能力是否满足要求等。

②截洪沟断面检查内容:截洪沟断面尺寸,沿线山坡滑坡、塌方,护砌变形、破损、断裂和磨蚀,沟内物淤堵等。

③排土场下游设有泥石流拦挡设施的,检查拦挡坝是否完好,拦挡坝的断面尺寸及淤积库容。

3. 排土场防排洪

排土场外围汇水面积较大时,应设置防排洪系统。

排土场防洪设施设计洪水频率,一、二级排土场洪水重现期不应小于 50 年,三、四级排土场洪水重现期不应小于 20 年,临时性排洪工程可降低标准,但洪水重现期不应小于 10 年。

截、排洪沟洪峰流量应根据当地水文站的实测资料计算,缺乏当地水文站的实测资料时,可采用下列方法之一进行计算:形态调查法;公路科学研究所简化公式法;当地经验公式法。

排土场平台应有 2% ~5% 的反坡,场内的地表水应有组织排至场外。

排土场坡脚处宜采用大块石填筑高 5 ~10 m 的渗水层。

山坡或沟谷与排土场发生交叉时,应设置防洪设施,并应符合下列规定:

(1)当排土场上游洪水量较小时,可采用截洪沟。

(2)当排土场上游洪水量较大时,应在上游设置导流堤,并应根据地形条件,沿山坡设置防洪渠或在排土场底部设置暗涵。

排土场内的地下水和滞留水,宜采用盲沟,透水管或涵洞形式将水引出场外。

沟谷型排土场可在山谷间利用岩性坚硬、耐水性较好的大块岩石先行填筑,形成排渗盲沟或泄流基底。

4. 排土场关闭与复垦

(1)排土场关闭。

矿山企业在排土场结束时,应整理排土场资料、编制排土场关闭报告:

①排土场资料应包括排土场设计资料、排土场最终平面图、排土场工程地质、水文地质资料、排土场安全稳定性评价资料及排土场复垦规划资料等。

②排土场关闭报告应包括结束时的排土场平面图、结束时排土场安全稳定性评价报告、结束时的排土场周围状况及排土场复垦规划等。

排土场最终境界应由中介技术服务机构进行安全稳定性评价。不符合安全条件的,评价单位应提出治理措施,企业要按措施要求进行治理,并须报省级以上应急管理部门审查。

关闭后的排土场安全管理工作由原企业负责。破产企业关闭后的排土场,由当地政府落实负责管理的单位或企业。关闭后的排土场重新启用或改作他用时,应经过可行性设计论证,并报应急管理部门审查批准。

排土场关闭设计需要依据大量排土场原设计及评价资料:

①排土场设计文件主要指排土场原初步设计或施工图设计文件等。

②排土场实际堆排状态图是指排土场现状图,同时建议了解排土场堆排过程,即收集不同年份的状态图,为了解和进行排土场稳定性分析提供参考。

③排土场相关工程地质、水文地质勘查资料主要是指排土场区的原始状态下的工程地质、水文地质勘查资料,包括定期检查时的勘查资料,对于一些未进行工程地质和水文地质勘查的老矿山排土场,可收集相关地区资料和地形资料进行分析。

④排土场已采取的安全对策措施设计资料及相关竣工资料主要是指矿山已经实施的排土场安全措施设计及施工资料,了解排土场安全对策措施的可靠性和效果,为最终关闭设计的安全措施采取提出依据,主要包括堆石坝设计资料、截排洪工程设计资料、底部防渗及软弱地基土清除方面资料等。

⑤排土场周边实际状况资料主要是矿山周边设施的等级与类型资料,主要用于安全距离论证和环境影响分析等。包括排土场周边(特别是下游区域)的铁路、公路、村庄、工业实施、水源、湖泊、农田和其他设施等。

⑥矿山排土场关闭的复垦方案制订应与矿山建设之初的土地复垦规划和已经实施的复垦工程相协调,充分考虑原有复垦方案,特别是实施方案,考虑连续性和有效性。

⑦排土场堆排物料的特征及力学性质试验报告主要是指进行排土场安全稳定性研究过程中的物料力学性质试验报告,物料粒度级配调查报告等,未进行相关论证研究的排土场应在关闭设计前进行补充。

⑧排土场相关稳定性论证及监测报告,主要是指在关闭设计前,由具备条件的设计单位或研究单位进行排土场稳定性分析论证,为排土场关闭设计中安全设施设计提出依据。相关研究主要针对排土场堆排现状进行。

排土场关闭设计应提出排土场长期安全稳定性措施及管理方案。排土场关闭设计最重要的原则是保证排土场永久存在的安全可靠性,核心是安全稳定性。对于沟谷型排土场应完善其上游区域的排洪设施。排土场关闭设计的安全设计标准可按照规范的规定有所提高。

排土场关闭设计应包含如下内容:

①排土场稳定性分析应依据具备条件的设计单位或研究单位进行的排土场稳定性分析论证报告进行。具体内容包括排土场地基土特征分析,排土场堆排物料特征及力学性质分析,排土场台阶与总体稳定性计算分析,排土场是否存在病害及等级。

②周边设施的安全影响分析。具体设计内容包括周边设施的类型与等级,安全距离,安全保证措施,环境保护要求等。

③排土场安全及综合治理措施。具体设计内容是根据排土场稳定性分析结论和周边设施特征提出并设计满足排土场永久安全运行的措施工程,保证不对下游和周边设施造成环境与安全影响。综合治理措施应体现出技术合理性、安全可靠性和经济实用性,便于管理,并与后期的复垦方案相协调。同时为排土场的未来利用创造条件。

④安全管理对策。设计内容应结合国家现行标准及相关法律、法规等提出。

⑤由于矿山排土场关闭后，原矿山企业仍对排土场的安全管理负责，但考虑在安全监测方面的可操作性，在关闭设计中主要是通过加强本质安全为设计原则，监测方案应选择简单、可行的方案。最重要的是提出针对极端天气条件下的安全监测要求。

关闭后排土场进行开挖、综合利用应进行详细的设计与安全论证。

关闭后排土场重新启用或改作他用时，应进行可行性论证。

（2）排土场复垦。

矿山企业在排土场生产作业过程中，应制定切实可行的复垦规划，达到最终境界的台阶先行复垦。排土场复垦规划要包括场地的整备、表土的采集与铺垫、覆土厚度、适宜生长植物的选择等。关闭后的排土场未复垦或未完全复垦，应留有足够的复垦资金。

复垦规划内容应包括复垦的基本原则和目标，并应明确复垦方向、复垦措施、复垦率、复垦工作计划。复垦应本着“因地制宜”的方针，宜农则农，宜林则林。条件允许的地方，应优先复垦为耕地。应根据当地自然环境条件和复垦方向制订工程技术措施和生物化学措施。排土场复垦应贯穿于矿山开发的全过程，应合理安排岩石、土排放次序。应根据排土计划合理安排复垦工作计划。排土场最终坡度、土壤质量、生产力水平和配套设施应与复垦方向相适应。复垦配套设施应包括道路设施、排水设施和控制水土流失措施。

提示

了解排土场的关闭和复垦。

典型例题

【单选题】某铁矿新建排土场场地条件复杂，设计总堆置高度 220 m、排土场容积 8 000 万 m^3。根据《冶金矿山排土场设计规范》，该排土场防排洪系统的防洪标准应不小于洪水重现期（　　）年。

A. 50　　B. 20

C. 15　　D. 10

A。【解析】排土场场地条件复杂，设计总堆置高度 220 m、排土场容积 8 000 万 m^3，排土场等级应定为一级。《冶金矿山排土场设计规范》规定，排土场防洪设施设计洪水频率，一、二级排土场洪水重现期不应小于 50 年，三、四级排土场洪水重现期不应小于 20 年，临时性排洪工程可降低标准，但洪水重现期不应小于 10 年。

案例分析

案例场景

2019 年 8 月 1 日 9 时 15 分左右，某安全度为正常的排土场筑排作业区推土机司机张某发现 1632 平台照明车外约 10 m 处出现大面积下沉，下沉宽约 20 m，落差约 400 mm，然后向筑排作业区当班作业长苏某汇报了此情况。苏某赶到现场后，于 9 时 35 分先后给筑排作业区主管侯某、丙班调度郭某打电话，告诉 1632 平台出现大面积下沉，照明车也下沉了，郭某随即通知苏某所有车辆不得进行外排作业。

甲班调度杜某接班后，10 时 20 分左右接护矿消防队采区治安组王某电话，某村发生了垮塌事故，杜某于 10 时 25 分将此情况用电话向值班干部铁矿副矿长李某、调度长陈某汇报，10 时 45 分组织有关人员开展事故抢险救援。并逐户逐人紧急查找，13 时左右公安人员紧急组织撤出了村中受威胁的群众 26 人。

知识点讲解

考点一　危险级排土场

排土场有下列现象之一的为危险级：

(1)在山坡地基上顺坡排土或在软地基上排土，未采取安全措施，经常发生滑坡的。

(2)易发生泥石流的山坡排土场，下游有采矿场、工业场地(厂区)、居民点、铁路、道路、输电网线和通信干线、耕种区、水域、隧道涵洞、旅游景区、固定标志及永久性建筑等设施，未采取切实有效的防治措施的。

(3)排土场存在重大危险源(如汽车排土场未建安全车挡，铁路排土场铁路线顺坡和曲率半径小于规程最小值等)，极易发生车毁人亡事故的。

(4)山坡汇水面积大而未修筑排水沟或排水沟被严重堵塞的。

(5)经验算，用余推力法计算的安全系数小于 1.0 的。

链接

排土场安全度分为危险级、病级和正常级三级。

考点二　病级排土场

排土场有下列现象之一的为病级：

(1)排土场地基条件不好，对排土场的安全影响不大的。

(2)易发生泥石流的山坡排土场，下游有山地、沙漠或农田，未采取切实有效的防治措施的。

(3)未按排土场作业管理要求的参数或规定进行施工的。

(4)经验算，用余推力法计算的安全系数大于 1.0 小于设计规范规定值的。

考点三　正常级排土场

同时满足下列条件的为正常级排土场：

(1)排土场基础较好或不良地基经过有效处理的。

(2)排土场各项参数符合设计要求和排土场作业管理要求，用余推力法计算的安全系数大于 1.15，生产正常的。

(3)排水沟及泥石沉拦挡设施符合设计要求的。

考点四　非正常级排土场的检查周期与处理

企业对非正常级排土场的检查周期：

(1)危险级排土场每周不少于 1 次。

(2)病级排土场每月不少于1次。

在汛期,应根据实际情况对排土场增加检查次数。检查中如发现重大隐患,应立即采取措施进行整改,并向省级以上应急管理部门报告。

对于危险级排土场,企业应停产整治,并采取以下措施:

(1)处理不良地基或调整排土参数。

(2)采取措施防止泥石流发生,建立泥石流拦挡设施。

(3)处理排土场重大危险源。

(4)疏通、加固或修复排水沟。

对于"病级"排土场,企业应采取以下措施限期消除隐患:

(1)采取措施控制不良地基的影响。

(2)将各排土参数修复到排土场作业管理要求的参数或规定的范围内。

典型例题

【单选题】经过具有相应资质的中介服务机构检测评价,某矿山排土场为危险级。关于消除该危险级排土场隐患的做法,错误的是(　　)。

A. 处理不良基底,消除排土场滑坡隐患

B. 处理排土场滑坡,将排土参数修复到设计范围内

C. 采取措施控制排土沉降,将排土参数修复到设计范围内

D. 疏通、加固、修复排土场排水沟

C。【解析】对于危险级排土场,企业应停产整治,并采取以下措施:(1)对不良地基进行处理或调整排土参数。(2)采取措施防止泥石流发生,建立泥石流拦挡设施。(3)处理排土场重大危险源。(4)疏通、加固或修复排水沟。选项C属于病级排土场的隐患治理措施。

考点五　排土场安全评价

企业应把排土场安全评价工作纳入矿山安全评价工作中,由有资质的中介技术服务机构每3年对排土场进行一次安全评价。排土场的安全评价报告应报省级应急管理部门备案。

同步自测

一、单项选择题(每题的备选项中,只有1个最符合题意)

1. 形成泥石流的基本条件不包括(　　)。

A. 泥石流区含有丰富的松散岩土　　B. 地形陡峻和较大的沟床纵坡

C. 上中游有较大的汇水面积和充足的水源　　D. 边坡有大的结构弱面

2. 下列不属于排土场滑动破坏类型的是(　　)。

A. 沿排土体内部滑移破坏　　B. 沿基底接触面滑移破坏

C. 沿土体外侧滑移破坏　　D. 沿基底软弱层滑移破坏

3. 排土场安全度为正常时，余推力法安全系数应大于（　　）。

A. 1.0　　B. 1.15

C. 1.5　　D. 2.0

4. 为确保排土场内没有积水，排土场的平台应有（　　）的反坡。

A. 1% ~3%　　B. 2% ~5%

C. 3% ~6%　　D. 4% ~8%

5. 排土场的设计总容积计算公式时，容积富余系数可取（　　）。

A. 1.00　　B. 1.03

C. 1.10　　D. 1.50

二、案例分析题

某矿业有限公司排土场位于某国道 10.5 km，有简易便道及农民耕作上下山时行走的小路与外界连接，交通较为便利。该排土场原始地形为东侧低，南、西、北面高，整体向东倾斜的倒梨状沟谷斜坡地形，后缘山脊走向 20° ~25°，宽度约 500 m，前缘挡渣坝处窄小，宽度约 250 m。排土场内由南至北发育有两条主冲沟，两条冲沟中间为一缓坡山脊，场地标高介于 1 563 ~1 698 m，地形坡度在场地 1 625 m 以下在 15°左右，1 625 m 以上坡度介于 20° ~40°，排土场北侧冲沟内在标高 1 599 ~1 604 m 之间有一鱼塘，占地面积约为 4 300 m^2。该排土场 2018 年 10 月开始排土，2019 年雨季前已排土 20 余万 m^3，在滑坡前已堆积 180 余万 m^3 由基建剥离的废土石，土石比为 6:4，岩石岩性为强风化到弱风化的辉长岩，堆积标高在 1 600 ~1 690 m，形成了 1 690 m、1 650 m、1 630 m 三个台阶。

2021 年 2 月 27 日，一号排土场发生滑坡坍塌事故，造成附近一居民楼被埋，当时楼内共有 6 户居民，2 户成功逃出，4 户 6 人被塌方石土掩埋。据现场救援人员预测，预计塌方量达 10 万 m^3。

根据以上场景，回答下列问题（1 ~2 题为单选题，3 ~5 题为多选题）：

1. 排土场的安全检查，其中测量各类型排土场的反坡坡度，每 100 m 至少有（　　）条剖面。

A. 2　　B. 3

C. 4　　D. 5

E. 6

2. 对于“危险”级别的排土场每周至少检查（　　）次。

A. 4　　B. 3

C. 2　　D. 1

E. 0

3. 排土场安全度的级别主要有（　　）。

A. 危险　　B. 病级

C. 威胁　　D. 正常

E. 严重

4. 对于病级排土场，排土场管理人员应该采取（　　）措施消除隐患。

A. 处理重大危险源　　B. 控制不良地基的影响

C. 疏通、加固或修复排水沟　　D. 将各排土参数修复到规定的范围内

E. 排土场排土平台反坡

5. 针对排土场滑坡的防治措施主要有(　　)。

A. 采用合理的排土工艺

B. 建设完整的排水设施

C. 修建防护挡墙

D. 科学组织排土场建设初期设计工作

E. 控制排土沉降

答案详解

一、单项选择题

1. D。【解析】泥石流的形成必须同时具备 3 个条件:纵坡降较大而易于集水的沟谷地形地貌,丰富的可移动的松散固体物质,充足的降水。

2. C。【解析】排土场滑坡是排土场灾害中最为普遍、发生频率最高的一种,按其产生机理又分为排土场与基底接触面滑坡、排土场沿基岩软弱层滑坡和排土场内部滑坡 3 种类型。

3. B。【解析】同时满足下列条件的为正常级排土场:(1)排土场基础较好或不良地基经过有效处理的。(2)排土场各项参数符合设计要求和排土场作业管理要求,用余推力法计算的安全系数大于 1.15,生产正常的。(3)排水沟及泥石沉拦挡设施符合设计要求的。

4. B。【解析】排土场设置防排洪系统时,排土场平台应有 2% ~5% 的反坡,场内的地表水应有组织排至场外。

5. B。【解析】排土场的设计总容积应按下式计算:$V = K_1 \times V_y$。式中,V 为排土场设计总容积(m^3);K_1 为容积富余系数,取 1.02 ~1.05;V_y 为排土场设计的有效容积(m^3)。

二、案例分析题

1. A。【解析】排土参数检查时,应测量各类型的排土场的反坡坡度,每 100 m 不少于 2 条剖面,测量精度按生产测量精度要求。实测的反坡坡度应在各类型排土场范围内。

2. D。【解析】企业对非正常级排土场的检查周期:(1)危险级排土场每周不少于 1 次。(2)病级排土场每月不少于 1 次。

3. ABD。【解析】排土场按照安全度分类主要有 3 种:危险、病级和正常。对于危险级排土场,企业应停产整治。对于病级排土场,企业应采取措施限期消除隐患。

4. BD。【解析】对于"病级"排土场,企业应采取以下措施限期消除隐患:(1)采取措施控制不良地基的影响。(2)将各排土参数修复到排土场作业管理要求的参数或规定的范围内。对于危险级排土场,企业应停产整治,并采取以下措施:(1)处理不良地基或调整排土参数。(2)采取措施防止泥石流发生,建立泥石流拦挡设施。(3)处理排土场重大危险源。(4)疏通、加固或修复排水沟。

5. ABCD。【解析】排土场滑坡防治措施具体包括:(1)完善排土场建设初期设计及建设的论证工作,保证科学性、合理性。(2)建立健全排土规划体系、排水设施体系,调整排土工艺。(3)建立防护挡墙。

第十二章 尾矿库灾害防治

考情解读

考·纲·要·求

运用尾矿库灾害防治相关技术和标准，辨识和分析坝坡失稳、地震液化、渗透破坏、洪水漫顶等灾害，制定相应安全技术措施。

命·题·分·析

本章内容主要介绍尾矿库相关基础知识、主要灾害的特点及防治以及安全生产管理。尾矿库相关基础知识较多，专业性较强，历年考试过程中试题占比较大，但较为简单。备考时以记忆为主，侧重于基础概念以及相关指标的记忆。考查方式以选择题为主。

考点解读

考点一 尾矿库相关基础知识

1. 尾矿及尾矿处理

开采出的金属非金属矿进入选矿厂经过破碎、磨矿和选别作业之后，矿石中的有用矿物分选为一种或多种精矿产品，而经选别后产生的“废渣”，称为尾矿。

尾矿处理的方式有多种，目前较为常见的有尾矿堆存、尾矿充填、深海填埋、尾矿综合利用等。尾矿堆存应用较为广泛，即将尾矿妥善、有序地堆存在某一固定场地内，而用于堆存尾矿的场所，称为尾矿库。

经矿选后的尾矿一般以尾矿浆的形式存在，尾矿浆经一定工序的处理后方可进行堆存。根据尾矿浆的处理情况，尾矿堆存的方式具体可分为以下 4 种：

（1）干式堆存，即将尾矿浆进行浓缩、压滤或过滤，然后用汽车、输送带等设备送到尾矿库进行堆存。由于处置费用较高，该方法在黄金矿山、含有氰化物的矿山、重金属等有害物质的矿山中应用较多。

（2）膏体堆存，即将尾矿浆浓缩成膏体，然后再输送到尾矿库堆存。常用在蒸发量较大、降雨量小、地势平缓及地域面积大的丘陵地带。

（3）高浓度堆存，即将尾矿浆浓缩后送至尾矿库堆存。高浓度堆存在我国的矿山工程中应用也比较多，能够节约水资源，降低能耗。

（4）低浓度堆存，即将低浓度尾矿浆直接输送到尾矿库堆存。该方法工艺简单、成本较低、管理方便，适用于尾矿水力充填法堆坝。

2. 尾矿库的组成

尾矿库一般由尾矿水力输送系统、尾矿堆存系统、尾矿库回水系统、尾矿水处理系统等组成：

(1)尾矿水力输送系统，包括尾矿浓缩池、尾矿输送管槽、输送泵站和尾矿分散管土等，用以将选矿厂排出的尾矿浆送往尾矿库堆存。

(2)尾矿堆存系统，一般常简称为尾矿库，包括库区、尾矿库、排洪构筑物和坝的监测设施等，用以储存选矿厂排出的尾矿。

(3)尾矿回水系统，包括回水泵站、回水管道和回水池等，用以回收尾矿库或浓缩池的澄清水，送回选矿厂供选矿生产重复利用。

(4)尾矿水处理系统，包括水处理站和截渗、回收设施等，用以处理不符合重复利用或排放标准要求的尾矿水，使之达到标准。

3. 尾矿库的功能

(1)保护环境。

选矿厂产生的尾矿不仅数量大，颗粒细，且尾矿水中往往含有多种药剂，如不加处理，则必造成选矿厂周围环境严重污染。将尾矿妥善贮存在尾矿库内，尾矿水在库内澄清后回收循环利用，可有效地保护环境。

(2)充分利用水资源。

选矿厂生产是用水大户，通常每处理 1 t 原矿需用水 4 ~ 6 t；有些重力选矿甚至高达 10 ~ 20 t。这些水随尾矿排入尾矿库内，经过澄清和自然净化后，大部分的水可供选矿生产重复利用，起到平衡枯水。季节水源不足的供水补给作用。一般回水利用率达 70% ~90%。

(3)保护矿产资源。

有些尾矿还含有大量有用矿物成分，甚至是稀有和贵重金属成分，由于种种原因，一时无法全部选净，将其暂贮存于尾矿库中，可待将来再进行回收利用。

4. 尾矿库相关术语

(1)全库容：坝顶标高平面以下、库底面以上所围成的空间的容积(不含非尾矿构筑的坝体体积)。

(2)有效库容：沉积滩面以下、库底以上用于贮存尾矿(含悬浮状尾矿浆体)的空间容积。

(3)调洪库容：正常水位以上、设计洪水位以下可蓄积洪水的容积。

(4)总库容：设计最终坝顶标高时的全库容。尾矿库库容示意图如图 12-1 所示。

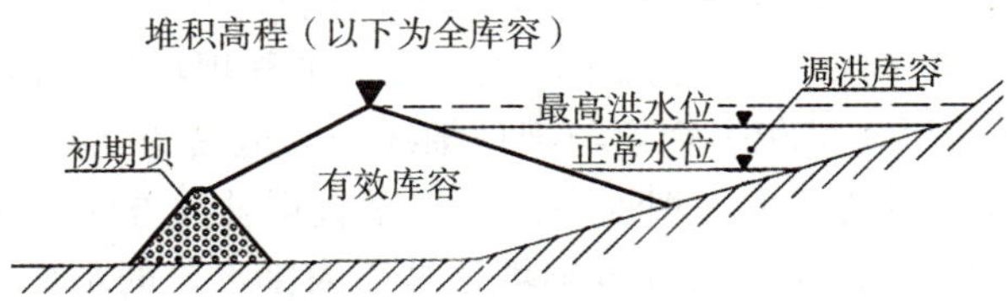

图 12-1　尾矿库库容示意图

(5)尾矿坝:拦挡尾矿和水的尾矿库外围构筑物。通常指初期坝和尾矿堆积坝的总体。如图 12-2 所示。

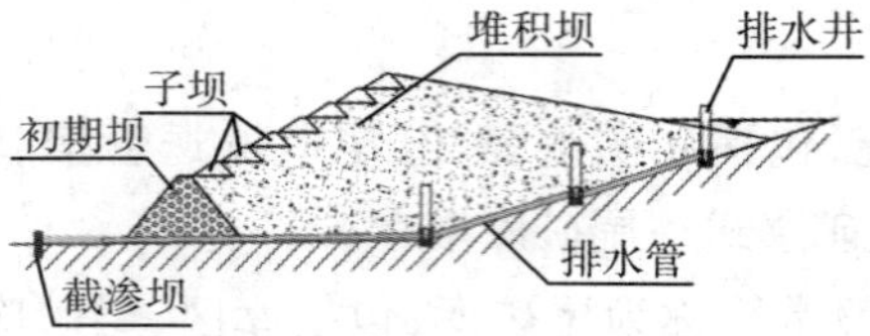

图 12-2　尾矿坝示意图

(6)初期坝:用土、石材料等筑成,作为尾矿堆积坝的排渗或支撑体的坝。

(7)尾矿堆积坝:生产过程中用尾矿堆积而成的坝。

(8)上游式尾矿筑坝法:在初期坝上游方向堆积尾矿的筑坝方式,其特点是堆积坝坝顶轴线逐级向初期坝上游方向推移。

(9)中线式尾矿筑坝法:在初期坝轴线处用旋流器分离粗尾砂筑坝方式,其特点是堆积坝坝顶轴线始终不变。

(10)下游式尾矿筑坝法:在初期坝下游方向用旋流器分离粗尾砂筑坝方式,其特点是堆积坝坝顶轴线逐级向初期坝下游方向推移。

(11)浸润线:坝体中渗流水的自由表面的位置,在横剖面上为一条曲线。

(12)临界浸润线:坝体抗滑稳定安全系数能满足规范最低要求时的坝体浸润线。

(13)控制浸润线:既满足临界浸润线要求、又满足尾矿堆积坝下游坡最小埋深浸润线要求的坝体最高浸润线。

(14)正常生产水位:在用尾矿库内能满足生产回水和排放要求的水位。

(15)沉积滩:水力冲积尾矿形成的沉积体表层,按库内集水区水面划分为水上和水下两部分。

(16)滩顶:沉积滩面与子坝外坡面的交线,为沉积滩的最高点。

(17)干滩长度:库内水边线至滩顶的水平距离。

(18)安全超高:在非地震运行条件下,尾矿堆积坝为滩顶标高与设计洪水位的高差;挡水坝和一次性筑坝尾矿坝为设计洪水位加最大波浪爬高和最大风壅水面高度之和与坝顶标高的高差。在地震运行条件下,尾矿堆积坝为滩顶标高与正常生产水位加地震沉降和地震壅浪高度之和的高差;挡水坝和一次性筑坝尾矿坝为正常生产水位加最大波浪爬高、最大风壅水面高度、地震沉降和地震壅浪高度之和与坝顶标高的高差。

(19)调洪高度:正常泄洪起始水位与设计洪水位的高差。

(20)尾矿坝高:上游式筑坝为堆积坝坝顶与初期坝坝轴线处原地面的高差;中线式、下游式筑坝为坝顶与坝轴线处原地面的高差。

(21)总坝高:与总库容相对应的最终堆积标高时的坝高。

(22)堆坝高度(堆积高度):上游式尾矿坝为尾矿堆积坝坝顶与初期坝坝顶的高差;中线式和下游式尾矿坝为尾矿堆积坝坝顶与坝顶轴线处原地面的高差。

(23)库长:由滩顶(对初期坝为坝轴线)起,沿垂直坝轴线方向至尾矿库最远水边线的距离,对于多面堆坝的尾矿库则为各处堆坝坝顶至库内排水口的距离。

(24)一次建坝:全部用除尾矿以外的筑坝材料一次或分期建造的尾矿坝。

5. 尾矿库的基本类型

（1）山谷型尾矿库。

在山谷谷口处筑坝形成的尾矿库是山谷型尾矿库，如图 12-3 所示。此类尾矿库具有初期坝坝高低，坝长较短，坝体工程量较小，后期尾矿堆坝管理维护容易，库区纵深较长，尾矿水澄清距离及干滩长度易满足设计要求等优点，我国现有的大、中型尾矿库大多属于这种类型。

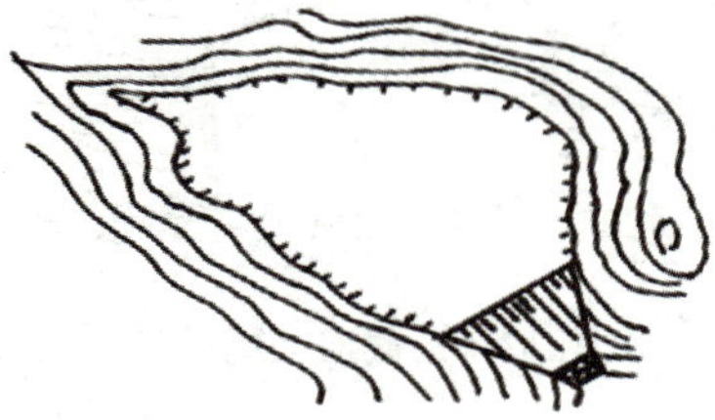

图 12-3　山谷型尾矿库

（2）傍山型尾矿库。

傍山而建在山坡脚下的三面筑坝形成的尾矿库为傍山型尾矿库。如图 12-4 所示。此类尾矿库的初期坝相对较长，初期坝和后期尾矿堆坝工程量较大，受地形条件约束库区纵深较短，尾矿水澄清距离及干滩长度受到限制，堆积坝的高度和库容一般较小。国内低山丘陵地区中、小型矿山常选用这种类型尾矿库。

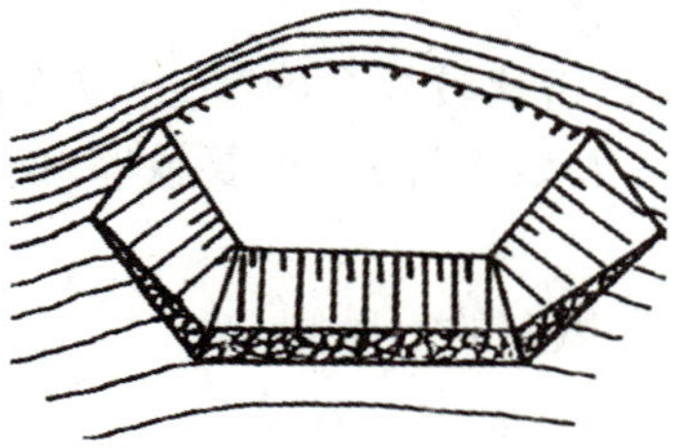

图 12-4　傍山型尾矿库

（3）平地型尾矿库。

在平原或沙漠戈壁等地区，无有利地形可用时，采用平地型尾矿库，如图 12-5 所示。此类尾矿库初期坝和后期尾矿堆坝的工程量都比较大，维护管理比较麻烦，同时在使用过程中周边堆坝、库区面积会越来越小，尾矿沉积滩越来越缓，因而澄清距离、干滩长度以及调洪能力都随之减小，堆坝高度受到限制，一般不高。

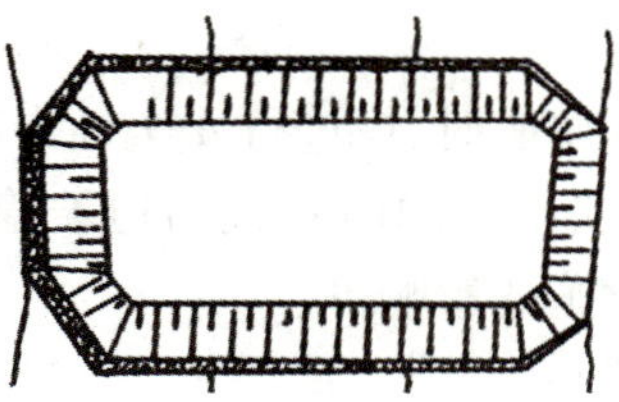

图 12-5　平地型尾矿库

(4)截河型尾矿库。

截河型尾矿库是截取一段河床,在其上、下游两端分别筑坝形成的尾矿库,如图12-6所示。有的在宽浅式河床上留出一定的流水宽度,三面筑坝围成尾矿库,也属于此类。截河型尾矿库的特点是库区汇水面积不大,但尾矿库上游的汇水面积通常很大,库内和库上游都要设置排洪系统,配置较复杂,规模庞大。这种类型的尾矿库维护管理比较复杂,国内采用的不多。

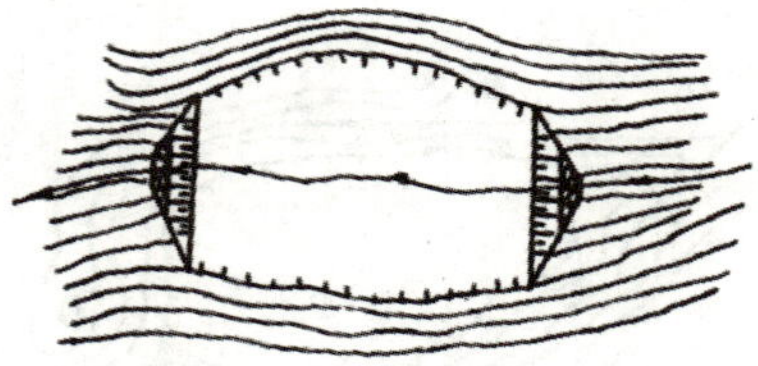

图 12-6　截河型尾矿库

6. 尾矿库选址

尾矿库投资及运行费用巨大。尾矿库的基建投资一般约占矿山建设总投资的10%以上,占选矿厂投资的20%左右,有的几乎接近甚至超过选矿厂投资。尾矿设施的运行成本也较高,有些矿山尾矿设施运行成本占选矿厂生产成本的30%以上。为了减少运行费,有些矿山的选矿厂厂址取决于尾矿库的位置。

尾矿库不应设在下列地区:

(1)风景名胜区、自然保护区、饮用水源保护区。

(2)国家法律禁止的矿产开采区域。

尾矿库选址应经多方案技术经济比较综合确定,并应符合下列要求:

(1)不宜位于大型工矿企业、大型水源地、重要铁路和公路、水产基地和大型居民区上游。

(2)不宜位于居民集中区主导风向的上风侧。

(3)应不占或少占农田,并应不迁或少迁居民。

(4)不宜位于有开采价值的矿床上面。

(5)汇水面积应小,并应有足够的库容。

(6)上游式湿排尾矿库应有足够的初、终期库长。

(7)筑坝工程量应小,生产管理应方便。

(8)应避开地质构造复杂、不良地质现象严重区域。

(9)尾矿输送距离应短,宜能自流或扬程小。

在同一沟谷内建设两座或两座以上尾矿库时,后建库设计时应充分论证各尾矿库之间的相互关系与影响。

废弃的露天采坑及凹地储存尾矿时,应进行安全性专项论证;露天采坑下部有采矿活动时,不宜储存尾矿。安全性专项论证的内容包括边坡稳定性、周边山体稳定性、不良工程地质与水文地质条件及原有设施的影响等。

7. 尾矿库等别、构筑物级别

尾矿库根据坝高和库容的大小分为5个等别。

尾矿库等别应根据尾矿库的最终全库容及最终坝高按表 12-1 确定。尾矿库各使用期的设计等别应根据该期的全库容和坝高分别按表 12-1 确定。当按尾矿库的全库容和坝高分别确定的尾矿库等别的等差为一等时,应以高者为准;当等差大于一等时,应按高者降一等确定。露天废弃采坑及凹地储存尾矿,且周边未建尾矿坝时,可不定等别;建尾矿坝时,应根据坝高及其对应的库容确定尾矿库的等别。除一等库外,对于尾矿库失事将使下游重要城镇、工矿企业、铁路干线或高速公路等遭受严重灾害者,经充分论证后,其设计等别可提高一等。

表 12-1　尾矿库各使用期的设计等别

等别	全库容 V/万 m^3	坝高 H/m
一	$V \geqslant 50\,000$	$H \geqslant 200$
二	$10\,000 \leqslant V < 50\,000$	$100 \leqslant H < 200$
三	$1\,000 \leqslant V < 10\,000$	$60 \leqslant H < 100$
四	$100 \leqslant V < 1\,000$	$30 \leqslant H < 60$
五	$V < 100$	$H < 30$

尾矿库构筑物的级别应根据尾矿库的等别及其重要性按表 12-2 确定。

表 12-2　尾矿库构筑物级别

尾矿库等别	构筑物的级别		
	主要构筑物	次要构筑物	临时构筑物
一	1	3	4
二	2	3	4
三	3	5	5
四	4	5	5
五	5	5	5

注:主要构筑物系指尾矿库、排洪构筑物等失事后将造成下游灾害的构筑物。次要构筑物系指除主要构筑物外的永久性构筑物。临时构筑物系指施工期临时使用的构筑物。

8. 尾矿坝的一般规定

初期坝的类型主要分为两种:

(1)不透水初期坝,即用透水性较小的材料筑成的初期坝。因其透水性较库内尾矿的透水性差,不利于坝内沉积尾矿的排水固结;当尾矿堆高后,浸润线往往从初期坝坝顶以上的堆积坝坝底逸出,造成坝面沼泽化,不利于坝的稳定性。不透水初期坝的主要坝型有均质土坝、浆砌石坝、土石混合坝、混凝土坝以及用防渗材料作防渗层的堆石坝等。

(2)透水初期坝,即用透水性较好的材料筑成的初期坝。因其透水性较库内尾矿的透水性强,有利于坝内沉积尾矿的排水固结和降低坝体浸润线,因而有利于提高坝的稳定性。这种坝型是较理想的初期坝坝型。透水初期坝的主要坝型有堆石坝或在不透水坝内加设排渗通道的坝。

初期坝坝型选择应符合下列要求：

(1)初期坝宜采用当地材料构筑。

(2)上游式尾矿库的初期坝宜采用透水坝型；中线式、下游式尾矿库的初期坝坝型可根据需要确定。

(3)一次建坝的尾矿坝可分期建设，第一期坝应符合初期坝的有关规定，后期筑坝高度应始终大于尾矿堆积高度的要求。

(4)对于有特殊要求的尾矿库可采用不透水坝型。

初期坝坝高的确定应符合下列要求：

(1)可至少贮存选矿厂投产后半年以上的尾矿量。

(2)应使尾矿水得以澄清。

(3)当尾矿堆积坝沉积滩顶与初期坝顶齐平时，应满足相应等别尾矿库防洪标准要求。

(4)投产初期需利用尾矿库调蓄生产供水时，应贮存所需的调蓄水量。

(5)在冰冻地区应满足冰下排矿的要求。

(6)新建上游式尾矿坝初期坝高与总坝高之比值宜采用1/8～1/4。

遇有下列情况时，尾矿坝坝基应进行专门研究处理：易产生尾矿渗漏的砂砾石地基；易液化土、软黏土和湿陷性黄土地基；岩溶发育地基；涌泉及矿山井洞。

尾矿堆积坝筑坝方式选择应符合下列要求：

(1)地震设防烈度为7度及7度以下的地区，宜采用上游式筑坝；地震设防烈度为8～9度的地区，宜采用下游式或中线式筑坝，采用上游式筑坝时应采取抗震措施。

(2)上游式尾矿筑坝，尾矿颗粒较粗者可采用直接冲积法筑坝；尾矿颗粒较细者宜采用分级冲积法筑坝。

(3)下游式或中线式尾矿筑坝分级后用于筑坝的$d \geqslant 0.074$ mm尾矿颗粒含量不宜少于75%，$d \leqslant 0.02$ mm尾矿颗粒含量不宜大于10%，当分级后用于筑坝的尾矿颗粒不满足以上要求时，应进行筑坝试验。筑坝上升速度应满足沉积滩面上升速度的要求。

(4)上游式堆坝的尾矿浆重量浓度超过35%(不含干堆尾矿)时，不宜采用冲积法直接筑坝；当尾矿浆重量浓度超过35%，且采用冲积法直接上游式筑坝时，应进行尾矿堆坝试验研究。

(5)对于湿式尾矿库，当全尾矿颗粒极细($d < 0.074$ mm含量大于85%或$d < 0.005$ mm含量大于15%)时，宜采用一次建坝，并可分期建设；当全尾矿颗粒极细且采用尾矿筑坝时，应进行尾矿堆坝试验研究。

上游式尾矿筑坝，中、粗尾矿可采用直接冲积筑坝法，尾矿颗粒较细时宜采用分级冲积筑坝法。每期子坝宜采用尾矿堆筑，也可采用废石、砂石堆筑。

9. 尾矿坝的最小安全超高和最小干滩长度

上游式尾矿堆积坝沉积滩顶与设计洪水位的高差，应符合表12-3的最小安全超高值的规定。同时，滩顶至设计洪水位水边线的距离，应符合表12-3的最小干滩长度值的规定。

表 12-3 上游式尾矿堆积坝的最小安全超高与最小干滩长度

坝的级别	1	2	3	4	5
最小安全超高/m	1.5	1.0	0.7	0.5	0.4
最小干滩长度/m	150	100	70	50	40

注:3 级及 3 级以下的尾矿坝经渗流稳定论证安全时,表内最小干滩长度最多可减少 30%。地震区的最小干滩长度尚应符合现行国家标准《构筑物抗震设计规范》的有关规定。

下游式和中线式尾矿坝坝顶外缘至设计洪水位水边线的距离,宜符合表 12-4 的规定;同时,坝顶与设计洪水位的高差,应符合表 12-3 的最小安全超高值的规定。

表 12-4 下游式和中线式尾矿坝的最小干滩长度

坝的级别	1	2	3	4	5
最小干滩长度/m	100	70	50	35	25

注:地震区的最小干滩长度还应符合现行国家标准《构筑物抗震设计规范》的有关规定。

10. 尾矿坝的构造要求

当无行车要求时,初期坝坝顶最小宽度宜符合表 12-5 规定的数值;当有行车要求时,坝顶宽度及路面构造应符合现行国家标准的规定。

表 12-5 初期坝坝顶最小宽度

坝高/m	<10	10~20	20~30	>30
坝顶最小宽度/m	2.5	3.0	3.5	4.0

透水堆石坝堆石体上游坡坡比不宜陡于 1∶1.6;土坝上游坡坡比可略陡于下游坡。初期坝下游坡坡比在初定时可按表 12-6 确定。

表 12-6 初期坝下游坡坡比

坝高/m	土坝下游坡坡比	透水堆石坝下游坡坡比	
		岩基	非岩基(软基除外)
5~10	1∶1.75~1∶2.0	1∶1.6~1∶1.75	1∶1.75~1∶2.0
10~20	1∶2.0~1∶2.5		
20~30	1∶2.5~1∶3.0		

透水初期坝上游坡面采用土工布组合反滤层时,宜设置嵌固平台,高差宜为 10~15 m,宽度不宜小于 1.5 m。土工布嵌入坝基及坝肩的深度不应小于 0.5 m,并应填塞密实。

上游式尾矿坝的初期坝下游坡面应沿标高每隔 10~15 m 设一条马道,宽度不宜小于 1.5 m。尾矿堆积坝有行车要求时,下游坡面应沿标高每隔 10~15 m 设一条马道,宽度不宜小于 5 m。

尾矿坝下游坡与两岸山坡结合处应设置坝肩截水沟,并宜在初期坝设置踏步,踏步宽度不宜小于 1.0 m。

上游式尾矿坝的堆积下游坡面上,应结合排渗设施每隔 5~10 m 高差设置排水沟。

初期坝上游坡面应有防止初期放矿直接冲刷初期坝的措施。

尾矿堆积坝下游坡与两岸山坡结合处应设置截水沟。

尾矿堆积坝下游坡面维护宜采用下列措施：采用碎石、废石或山坡土覆盖坡面；坡面植草或灌木类植物；坡面修筑人字沟或网状排水沟；沿坝轴线方向每隔 500 m 设踏步一道。

11. 中线式及下游式尾矿坝的堆筑

中线式和下游式尾矿筑坝宜采用水力旋流器分级后的粗尾矿堆筑。用于筑坝的粗尾砂应满足规范要求。

中线式及下游式尾矿坝均应设置初期坝和滤水拦砂坝，滤水拦砂坝可设多座，在初期坝与拦砂坝之间的坝基范围内应设排渗设施。

中线式、下游式尾矿坝和滤水拦砂坝之间的洪水应通过滤水拦砂坝渗出坝外，也可在滤水拦砂坝前设置排洪设施，排洪标准宜按 50 年一遇洪水设防。

当采用旋流器底流尾矿直接充填筑坝时，可调整底流尾矿浆的排放浓度，但底流尾矿浆的排放浓度不应小于不分选浓度。

尾矿坝的下游坝坡应经稳定计算确定，在初步估算时，下游坝坡比不宜陡于 1∶3。

尾矿坝坝顶宽度应满足分级设备和管道安装及交通的需要，不宜小于 20 m。最终下游坝坡应设置维护平台和排水设施，维护平台的宽度不宜小于 3 m。

尾矿分级设备宜采用水力旋流器，分级设备的选型、工作压力和设备参数宜根据设计确定的沉砂粒度、产率和浓度要求由设备厂商提供，并应经试验复核。

备用的分级设备应根据需要设置。

考点二 尾矿干式堆存

1. 一般规定

对于水资源缺乏、尾矿库纵深不能满足湿式堆存要求或有其他特殊要求，并经技术经济比较合理时，可采用尾矿干式堆存。

尾矿干式堆存应将选矿厂排出尾矿经脱水处理，并应满足干式运输、堆积及碾压要求后再进行堆存。

干式堆存尾矿库平时库区表面不应积存雨水，汛期降雨时库区积存的雨水应及时排出库外，排空时间不应超过 72 h。

排入库内的尾矿应整平、碾压堆存。

干式堆存尾矿库不得干、湿尾矿混排。

2. 干式尾矿的排放及堆坝方式

干式尾矿排放方式可包括库尾、库前、库中及周边排矿方式，在库下游应设回水澄清池。各种干式尾矿排放方式应符合下列要求：

(1)库尾排矿应采用由库区尾部(上游)向库区前部(下游)排放的方式。排矿时应自下而上分层碾压并设置台阶，台阶高度与堆积坝最终外坡面设置的台阶高度一致，分层碾压顶面应保持 1% ~2% 的坡度，坡向拦挡坝方向。

(2)库前排矿应自拦挡坝前向库尾推进，应边堆放边碾压并修整边坡。

(3)库中排矿应自库区中部向库尾和库前推进,应边堆放边碾压,并应在达到设计最终堆高时一次修整堆积坝外坡。

(4)周边排矿应自库周向库中间推进,并应始终保持库周高、库中低,边堆放边碾压并修整边坡。

堆积坝最终外坡面每隔 5 ~ 10 m 高度应设一道台阶,并应在台阶上修建永久性纵、横向排水沟。

3. 干式尾矿的运输、平整和压实

干式尾矿的运输宜采用胶带机运输和汽车运输。

进入库内的尾矿可采用移动胶带机、装载机和推土机倒运、推平,应采用碾压机械碾压,碾压参数应通过试验确定。影响堆积坝体稳定性的区域应分层碾压加高,压实度不应低于 0.92。在不影响堆积坝体稳定的区域可适当降低碾压标准。

对于库尾排矿的尾矿库,应逐层碾压到不小于设计坝高持力区需要的宽度。

尾矿排放方式是指入库尾矿总体推进方式,包括库前、库尾、库中、周边排矿等方式:

(1)库前排矿。入库尾矿自拦挡坝前向库尾推进的排放方式。尾矿排放过程中,应边排放边碾压并修整边坡,库区顶面始终坡向库内的排水设施。

(2)库尾排矿。入库尾矿自库区尾部(上游)向库区前部(下游)推进的排放方式。排矿时,应自下而上分层碾压并设置台阶,台阶高度与堆积坝最终外坡设置的台阶高度一致,分层碾压顶面应保持 1% ~2% 坡度,坡向下游拦挡坝方向。

(3)库中排矿。入库尾矿自库区中部向库尾和库前推进的排放方式。

(4)周边排矿。入库尾矿自库周向库中间推进的排放方式。排矿时始终保持库周高、库中低,边堆放、边碾压、边修整边坡。

库尾排矿的尾矿库,当采用推进法作业时,台阶高度不应超过 5 m;当采用分层法作业时,台阶高度宜 5 ~ 10 m。当台阶高度不大于 5 m 时,运行期间平均坡比应满足稳定要求;否则,台阶边坡也应满足运行期间稳定要求。

干式尾矿库采用汽车运输方式时应符合下列规定:

(1)库内运输道路末端应设置卸料平台,其直径应满足运输车辆回转的需要。

(2)卸料平台的布置应满足在采用推土机摊平的条件下,将尾矿布放在整个库区的需要,其间距不宜大于 100 m。

(3)应随库面的上升,库内运输道路及卸料平台可采用碾压后的干尾矿逐级加高。

(4)汽车不得直接行驶在防渗膜上。确需在库内行驶时,防渗膜上应采取有效保护措施。

(5)当遭遇暴雨、凝冻等不良天气时应停止运输作业。不良天气过后需评估道路安全状况满足运输条件后方可恢复作业。暂停作业期间的干尾矿应设置应急暂存场地储存。

干式尾矿库采用皮带运输方式时应符合下列规定:

(1)皮带的长度和数量应满足在采用推土机摊平的条件下,将尾矿均匀排放在整个库区的需要。

(2)皮带的末端应具有一定仰角和高度,满足推土机作业的安全距离。

(3)皮带及其支架宜采用轻型结构,其基础设置不应影响防渗层的完整性。

(4)寒冷地区采用皮带运输时,应采取防冻措施。

考点三　尾矿库坝坡失稳灾害防治

1. 尾矿库坝坡稳定性分析方法

尾矿库坝坡稳定性分析方法主要有极限平衡法和数值法。数值法有离散元法、边界元法、有限元法等;极限平衡法有瑞典圆弧法、毕肖普法、陆军工程师团法、萨尔玛法和摩根斯坦—普莱斯法等。极限平衡法其原理简单,实用性强,能够直接提供坝体稳定性的定量结果,所以应用较广。

极限平衡法依据的是边坡上的滑体或滑体分块的力学平衡原理(即静力平衡原理)来分析边坡在各种破坏模式下的受力状态,以及边坡滑体上的抗滑力和下滑力之间的关系来对边坡的稳定性进行评价的计算方法。由于它概念清晰,容易理解和掌握,且分析后能直接给出反映边坡稳定性的安全系数值,因此极限平衡法是边坡稳定性分析计算中主要的方法,也是在工程实践中应用最多的方法之一。其中瑞典圆弧法(简称瑞典法或费伦纽斯法)亦称 fellenious 法,是边坡稳定分析领域最早出现的一种方法。在瑞典圆弧法分析黏性边坡稳定性的基础上,瑞典学者 fellenius 提出了圆弧条分析法,也称瑞典条分法。1955 年,毕肖普(bishop)在瑞典法基础上提出了——毕肖普法。这一方法仍然保留了滑裂面的形状为圆弧形和通过力矩平衡条件求解的特点,与瑞典条分法相比,毕肖普法是在不考虑条块间切向力的前提下,满足力多边形闭合条件,就是说虽然在公式中水平作用力并未出现,但实际上条块间隐含的有水平力的作用。

极限平衡法通常根据作用于岩土体中潜在滑裂面上块体沿破坏面的抗剪力与该块体沿滑裂面的剪切力之比,求得该块体的稳定性系数。极限平衡法的一般步骤:先假设破坏是沿着土体内某一确定的滑裂面滑动,做一定的假设消除超静定性,再根据滑裂土体的静力平衡条件和摩尔库仑破坏准则计算沿该滑裂面滑动的可能性,即安全系数的大小或破坏概率的高低,然后系统选取多个可能的滑动面,并计算其稳定安全系数或破坏概率。安全系数最低或破坏概率最高的滑动面就是最危险的滑动面。

极限平衡法因模型简单、计算公式简捷、可以解决各种复杂形状剖面、能考虑各种土质、孔隙水压力以及各种加载形式等优点,而在工程实践中得到广泛应用。

当然极限平衡法也存在着某些局限性:如需事先假设边坡中存在的滑动面;无法考虑土体与支护结构之间的作用及其变形协调关系;不能计算边坡及支护结构的位移情况。

2. 尾矿库坝坡稳定性计算要求

尾矿坝的稳定性计算应符合下列要求:

(1)尾矿库初期坝与堆积坝的抗滑稳定性应根据坝体材料及坝基的物理力学性质经计算确定。计算方法应采用简化毕肖普法或瑞典圆弧法,地震荷载应按拟静力法计算。稳定计算应按下列要求进行:

①新建尾矿坝在可行性研究阶段可不进行坝体稳定计算。

②扩建或加高的尾矿坝在可行性研究阶段应进行坝体稳定计算。

③初步设计阶段应对坝体进行稳定计算。

④三等及三等以下的尾矿库在尾矿坝堆至 1/2 ~ 2/3 最终设计总坝高，一等及二等尾矿库在尾矿坝堆至 1/3 ~ 1/2 最终设计总坝高时，应对坝体进行全面的工程地质和水文地质勘查；对于尾矿性质特殊，投产后选矿规模或工艺流程发生重大改变，尾矿性质或放矿方式与初步设计相差较大时，可不受堆高的限制，根据需要进行全面勘察；根据勘察结果，由设计单位对尾矿坝作全面论证，以验证最终坝体的稳定性和确定后期的处理措施。

⑤尾矿库挡水坝应进行稳定计算。

(2)尾矿坝稳定计算的荷载，可根据不同运行条件按表 12-7 进行组合。

表 12-7　尾矿坝稳定计算的荷载组合

运行条件	荷载类别 / 计算方法	1	2	3	4	5
正常运行	总应力法	有	有	—	—	—
	有效应力法	有	有	有	—	—
洪水运行	总应力法	—	有	—	有	—
	有效应力法	—	有	有	有	—
特殊运行	总应力法	有	有	—	—	有
	有效应力法	有	有	有	—	有

注：荷载类别 1 系指运行期正常库水位时的稳定渗透压力。荷载类别 2 系指坝体自重。荷载类别 3 系指坝体及坝基中的孔隙水压力。荷载类别 4 系指设计洪水位时有可能形成的稳定渗透压力。荷载类别 5 系指地震荷载。

(3)坝坡抗滑稳定的安全系数不应小于表 12-8 规定的数值。

表 12-8　坝坡抗滑稳定最小安全系数

计算方法	坝的级别 / 运行条件	1	2	3	4,5
简化毕肖普法	正常运行	1.50	1.35	1.30	1.25
	洪水运行	1.30	1.25	1.20	1.15
	特殊运行	1.20	1.15	1.15	1.10
瑞典圆弧法	正常运行	1.30	1.25	1.20	1.15
	洪水运行	1.20	1.15	1.10	1.05
	特殊运行	1.10	1.05	1.05	1.00

(4)尾矿坝坝体材料及坝基土的抗剪强度指标类别，应根据强度计算方法与土的类别按规范规定取得。

(5)新建尾矿库尾矿坝的稳定计算断面应根据颗粒粗细程度和尾矿的固结度进行概化分区。各区尾矿的物理力学性质指标可按类似尾矿坝的勘察资料或按规范确定。

(6)扩建、改建及中期论证的尾矿库尾矿坝稳定计算断面，应根据勘察资料进行概化分区。

3. 尾矿库坝坡失稳的主要表现

尾矿库失事原因中，坝坡稳定性最为高发。

堆积坝坡失稳，表现在2个方面：

（1）坝坡下游坡比设置过陡，没有按设计规定堆筑堆积坝。堆积子坝未按设计和规范进行碾压筑坝，密实度不够，筑坝材料不符合规定，都容易导致坝坡失稳滑坡或溃坝，甚至刚筑完坝就要进行修复维护。还有在库区内的人为活动也可能造成坝坡失稳。

（2）尾矿库区尾水的自重在一定程度上会增加滑坡体的重量，并且因为存在渗透水压力，所以同样会增加滑坡体的下滑力。当沉积滩过短，库区内尾水过多，汛期降雨冲刷堆积坝坡，坝坡面维护不善，没有雨水冲刷防护措施，长时间坝坡会出现裂缝和断口，坝坡失稳，最终导致坝坡出现坍塌、滑坡、溃坝。

4. 影响尾矿库坝坡稳定的主要因素

从大的方面来讲，坝坡失稳有勘测设计和施工质量因素等客观原因影响，从内部诱因来讲主要是浸润线过高引起的，外部因素主要是因为尾矿库坝坡太陡，其次是坝基承载力不够。

提示

需掌握影响坝坡稳定的主要因素。

5. 尾矿库坝坡失稳的防治措施

防治浸润线过高的措施，大致可分为以下几种：

（1）降低库水位，选择合理的坝顶向后控溢水高度，加长沉积滩，将库内水位从坝顶向后推移。

（2）增设排渗设施或排渗系统。由于矿泥夹层引起的浸润线过高，通过施工过程中合理规划放置各种废渣的位置，提高放矿工艺，通过合理配置分层来形成合理的渗透系数比。还可以合理地埋设水平排渗管或者设置竖直排渗井穿透矿泥夹层，以较大幅度地降低浸润线并解决坝体内渗透系数不均匀情况下的排水问题。

（3）库内水浸入干滩面的重要地段加大尾矿排放量，并且借此向后推移库水位置，以形成较高和较宽的干滩。

（4）降低库内水位，增大安全库容和调洪库容：在堆积尾矿的时候，尾矿一般磨得比较细是为了最大限度地利用资源，但是太细的矿砂容易使滩面软化，上层由于下雨等尾矿水增加会大大抬高浸润线。建立尾矿废水和洪水的排水系统，也可以回水利用。目前降低尾矿库浸润线主要有以下几种排渗形式：

①在尾矿库堆积体内设置竖直排渗井、贴坡排渗体、水平排渗管或水平与竖直结合的排渗系统等。

②在尾矿库的地基位置布置排渗褥垫水平排渗管或者竖直排水井等。

③在与山坡接触的尾矿堆积坡脚处设置贴坡排渗体或排渗管沟等。

防治坝坡太陡的措施包括上部削坡、下部压坡等。

防治坝基承载力不够的措施包括采取堆载预压、打碎石桩、坝体下游设置压重等方法对坝基进行处理。

考点四　尾矿库地震液化灾害防治

1. 尾矿库抗震稳定计算要求

3 级及 3 级以下的尾矿坝可采用现行国家标准《中国地震动参数区划图》中的地震基本烈度作为地震设计烈度，当尾矿坝溃决产生严重次生灾害时，尾矿坝的地震设防标准应提高一档。1 级和 2 级尾矿坝的地震设计烈度应按批准的场地危险性分析结果确定。地震荷载应按现行行业标准《水工建筑物抗震设计规范》的有关规定进行计算。

除 1 级和 2 级尾矿坝外，场地设计基本地震加速度应按表 12-9 选用。

表 12-9　场地设计基本地震加速度 a

地震烈度	Ⅵ	Ⅶ	Ⅷ	≥Ⅸ
水平加速度 a	0.05g	0.10g、0.15g	0.20g、0.30g	≥0.40g

尾矿坝动应力抗震计算应符合下列要求：

(1)对于 1 级及 2 级尾矿坝的抗滑稳定性，除应按拟静力法计算外，尚应进行专门的动力抗震计算，动力抗震计算应包括地震液化分析、地震稳定性分析和地震永久变形分析。

(2)位于地震设计烈度为 7 度地区的 3 级尾矿坝和设计烈度为 7 度及 7 度以上地区的 4 级和 5 级尾矿坝，地震液化可采用简化计算分析法；3 级尾矿坝地震液化分析结果不利时，尚应进行动力抗震计算。

(3)位于地震设计烈度为 9 度地区的各级尾矿坝或位于 8 度地区的 3 级及 3 级以上的尾矿坝，抗震稳定分析除应采用拟静力法外，尚应采用时程法进行分析。

(4)采用时程法计算分析时应符合下列要求：

①宜按材料的非线性应力应变关系计算地震前的初始剪应力状态。

②宜采用室内动力试验测定材料的动力变形特性和抗液化强度。

③宜采用等效线性或非线性时程分析法求解地震应力和加速度反应。

④根据地震作用效应计算可能滑动面的抗滑稳定性，并计算由地震引起的坝体永久变形。

⑤应至少选取 2～3 条类似场地和地震地质环境的实测地震加速度记录和一条拟合人工地震加速度时程。

⑥人工地震加速度时程的目标谱应为场地的反应谱。

⑦地震加速度时程的峰值应为场地设计基本加速度值。

⑧合成地震加速度时程的持续时间可按表 12-10 取值。

表 12-10　合成地震加速度时程的持续时间

潜在震源震级	6.0	6.5	7.0	7.5	8.0
持续时间/s	10～20	10～25	15～30	25～35	35～45

提示

需掌握尾矿库的抗震稳定计算要求。

2. 尾矿库抗震措施

上游式筑坝工艺的尾矿坝外坡坡度，不宜大于 14°。

尾矿坝的干滩长度,不应小于坝体高度,且不宜小于 40 m。

一级、二级、三级尾矿坝下游坡面浸润线埋深,不宜小于 6m;四级、五级尾矿坝不宜小于 4 m。

一级、二级、三级的尾矿坝,应设置坝体变形和浸润线等监测装置。

提高尾矿坝地震稳定性,可选用下列抗震构造措施:

(1)控制尾矿坝的上升速度。

(2)放缓下游坝坡的坡度。

(3)在坝基和坝体内部设置排渗设施。

(4)在下游坝坡设置排渗井等设施。

(5)在坝的下游坡面增设反压体。

(6)采用加密法加固下游坝坡和沉积滩。

3. 尾矿库地震液化过程

地震液化导致的溃坝发生概率较低,但是造成的溃坝的危害程度也不容小觑。

地震发生时会产生横波和纵波的水平和竖直运动,在这反复的运动下,尾矿库区的尾矿颗粒与尾水极易发生振动液化现象。

地震导致溃坝发生的过程:地震波产生的竖直和水平运动作用在尾矿库区,导致堆积坝体的堆积强度降低,会发生反复的变形,尾矿颗粒将会重新排列,孔隙率会减小,尾矿颗粒被压密,尾矿颗粒所受到的接触应力一部分转移给孔隙水压力来承担,孔隙水压力超过原有的静水压力,即孔隙水压力等于尾矿颗粒间的有效应力时,尾矿颗粒间的动力抗剪强度完全丧失,进而演变成黏滞性液体,导致坝体液化形成溃坝。

4. 尾矿库地震液化的影响因素及防治措施

尾矿库地震液化的影响因素主要包括尾矿粒度、尾矿饱和度、尾矿密度度等。

尾矿库地震液化的防治措施主要有降低库水位、降低坝体浸润线等。

考点五　尾矿库的渗透破坏灾害防治

渗透破坏是在渗流作用下尾矿坝体和坝基由于水的渗透而出现的一系列破坏现象。

1. 尾矿库渗流控制要求和控制措施

尾矿坝设计应进行渗流计算,1 级及 2 级尾矿坝还应根据地形条件做专门渗流模拟试验。渗流计算应按下列要求进行:

(1)新建尾矿坝在可行性研究阶段可不进行坝体渗流计算。

(2)扩建或加高的尾矿坝在可行性研究阶段应进行坝体渗流计算。

(3)初步设计阶段应对坝体进行渗流计算。

尾矿坝浸润线的确定还应分析放矿、雨水和地震等因素对尾矿坝浸润线的影响。

尾矿堆积坝下游坡浸润线的最小埋深除应满足坝坡抗滑稳定的条件外,尚应满足表 12-11 的要求。

表 12-11　尾矿堆积坝下游坡浸润线的最小埋深

堆积坝高度 H/m	$H \geqslant 150$	$150 > H \geqslant 100$	$100 > H \geqslant 600$	$600 > H \geqslant 30$	$H < 30$
浸润线最小埋深 H/m	8 ~ 10	6 ~ 8	4 ~ 6	2 ~ 4	2

注:任意高度堆积坝的浸润线最小埋深可用插入法确定。

对于尾矿堆积坝，设计时可用拟合法确定各使用期及各运行条件下的临界浸润线，并应结合表12-11的要求确定控制浸润线。

尾矿坝的渗流控制措施必须确保浸润线低于控制浸润线。

降低浸润线的措施应结合坝的级别、坝体稳定计算和抗震构造等要求综合分析确定，宜采取下列措施：

(1)尾矿库建设阶段，在尾矿堆积坝坝基范围内设置排渗褥垫（碎石或土工排水网垫）、排渗管（或盲沟）及排渗井等型式的水平和垂直排渗系统。

(2)尾矿坝运行中，随坝体升高适时设置排渗管、盲沟、席垫、垂直塑料排水板或排渗井等型式的排渗系统。

(3)尾矿坝运行中，当实测浸润线高于控制浸润线时，可在坝坡或沉积滩上增设排渗管、辐射排渗井等排渗设施。

(4)降低库内水位。

2. 尾矿库渗透破坏的类型

自20世纪50年代以来，对土体渗透破坏的研究主要从宏观对比深入到机制研究。根据渗透破坏的机制，将破坏形式分为流土、管涌、接触流失和接触冲刷四种形式，称为土的渗透破坏的四种模式。其中，前两种模式发生在单一土层中，后两种模式发生在成层土中。

(1)流土。

在上升流的作用下，当动水压力超过土重度时，土体的表面隆起、浮动或某一颗粒群的同时起动而流失的现象称为流土。

流土主要发生在渗流出口无任何保护的部位。流土可使土体完全丧失强度，危及建筑物的安全。

(2)管涌。

在渗流的作用下，土体中的细颗粒在粗颗粒形成的孔隙中流失的现象称为管涌。管涌主要发生在内部结构不稳定的砂砾石层中。

(3)接触流失。

在土层分层较分明且渗透系数差别很大的两个土层中，当渗流垂直于层面运动时，将细粒层（渗透系数较小层）的细颗粒带入粗粒层（渗透系数较大层）的现象称为接触流失。

(4)接触冲刷。

渗流沿着两种不同粒径组成的土层层面发生带走细颗粒的现象称为接触冲刷。在自然界中，沿两种介质界面，如建筑物与地基、土坝与涵管等接触面流动促成的冲刷均属于此破坏类型。

提示

注意区分渗透破坏的四种形式。

3. 尾矿库渗透破坏的产生原因及主要表现

产生渗透破坏的原因主要是因为浸润线的位置过高，有渗透水从堆积坝中流出，坝体出现了局部沼泽化的现象，极易导致坝体整体垮塌。

渗透破坏主要表现在两个方面：

(1)渗透水压力造成坝体失稳的渗透破坏。在流场中，流体(主要指水)在渗流的过程中会对尾矿砂产生沿渗流方向的拖曳力，即渗透压力。尾矿库的堆积颗粒在长时间的渗透压力作用下难以固结，整体较松散，材料强度参数降低，容易发生局部液化最终会导致溃坝；同样在渗流过程中，还存在孔隙水压力，它减小了浸润线以下尾矿库在滑移面上的有效应力，降低了土体的抗剪强度，如果初期坝坝坡较陡的话，容易造成尾矿库坝体局部剪切滑移破坏，同样造成溃坝。在众多影响尾矿库坝体安全稳定的因素中，浸润线是非常重要的一个因素。所以尾矿库要尽一切可能降低浸润线，当浸润线每降低 10 cm 的时候，静力稳定性安全因素就会增加 0.5 甚至更多。

(2)在渗流场和应力场的渗透水流双重作用下，尾矿库坝体易发生渗透变形。这里的渗透变形主要指管涌和流土。发生渗透变形有两个条件：渗透水压力大于尾矿砂颗粒间的相互凝聚力；尾矿砂颗粒间有为渗透水提供的通道和空间。当满足渗透变形的条件后，在坝体内部极易产生管涌现象，尾矿砂颗粒之间的性质将发生改变，渗透性会增强，与此同时破坏了尾矿砂的堆积强度以及降低了尾矿砂的变形模量，从而进一步导致了尾矿库区内部和坝体出现裂缝和局部坍塌；极易在尾矿坝坡表面发生流土，这就可能是浸润线过高并向坝坡面逸出导致的流土，发生流土会导致坝坡面进一步受到侵蚀，侵蚀加剧后，坝体发生局部失稳，最终会产生滑移破坏。渗透变形不一定单方面发生，可能管涌和流土同时发生，溃坝的可能性会更大。所以渗透变形没产生渗透破坏前也不容忽视。

4. 尾矿库渗透破坏的防治措施

尾矿库渗透破坏的防治措施包括：

(1)做好反滤层。

(2)加强排渗。

(3)不同材料结合部位的处理要符合要求。

考点六　尾矿库洪水漫顶灾害防治

1. 尾矿库防洪标准

尾矿库的防洪标准应符合下列规定：

(1)尾矿库各使用期的防洪标准应根据使用期库的等别、库容、坝高、使用年限及对下游可能造成的危害程度等因素，按表 12-12 确定。

表 12-12　尾矿库防洪标准

尾矿库各使用期等别	一	二	三	四	五
洪水重现期/年	1 000 ~ 5 000 或 PMF	500 ~ 1 000	200 ~ 500	100 ~ 200	100

注：PMF 为可能最大洪水。

(2)当确定的尾矿库等别的库容或坝高偏于该等下限，尾矿库使用年限较短或失事后对下游不会造成严重危害者，防洪标准可取下限；当确定的尾矿库等别的库容或坝高偏于该等上限，尾矿库使用年限较长或失事后对下游造成严重危害者，防洪标准应取上限。对于高堆坝或下游有重要居民点时,防洪标准可提高一等。尾矿库失事后对下游环境造成极其严重危害的尾矿库,防洪标准应提高,必要时可按可能最大洪水进行设计。

(3)采用露天废弃采坑及凹地储存尾矿的尾矿库,周边未建尾矿库时,防洪标准应采用百年一遇的洪水;建尾矿坝时,应根据坝高及其对应的库容确定库的等别及防洪标准。

2. 尾矿库洪水计算与调洪演算

(1)尾矿库进行洪水计算和调洪演算的目的和意义。

我国尾矿库一般采用湿式排放、上游式筑坝,其库区尾部一般会形成一定的澄清水域,更重要的是,其上游一般尚有较大的汇水面积,如不采取相应的处理措施,库区及上游的汇水进入库区,使尾矿库沉积滩变短、库区水位上升,严重时将导致尾矿库发生渗流破坏、洪水漫顶等事故,因此,尾矿库设计过程中必须进行准确的洪水计算和调洪验算,同时根据计算结果布置相应的防洪设施,以确保尾矿库满足防洪安全要求。

(2)洪水计算方法与要求。

①洪水计算的任务。洪水计算的任务应符合下列要求:

尾矿库洪水计算的任务是确定设计洪水的洪峰流量、洪水总量和洪水过程线,以供尾矿库调洪计算使用。尾矿库不同于水利工程,确保其安全稳定运行的一个重要因素是尽量减少入库水量,因此要求库区上游汇水面积越小越好,而且实际建设过程中又要考虑占地因素(尤其是林地),故尾矿库的汇水面积较之水利工程往往要小很多,其洪水计算需采用适用于较小汇水面积的方法。

②洪水计算的要求。尾矿库洪水计算应符合下列要求:

a. 应根据各省水文图集或有关部门建议的特小汇水面积的计算方法进行计算。当采用全国通用的公式时,应采用当地的水文参数。有条件时应结合现场洪水调查予以验证。对于三等及三等以上尾矿库宜取两种以上方法计算,宜以各省水文图册推荐的计算公式为准或选取大值。

b. 库内水面面积不超过流域面积的 10% 时,可按全面积陆面汇流计算。库内水面面积超过流域面积的 10% 时,水面和陆面面积的汇流应分别计算。

设计洪水的降雨历时应采用 24 h 计算,经论证也可采用短历时计算。

③洪峰流量计算。洪峰流量计算应符合下列要求:

根据尾矿库洪水汇流特点,常用的洪峰流量计算方法有:按简化推理公式计算;用经验公式计算;用调查洪水资料推求。由于一般情况下尾矿库占地范围较小且多数处于人迹罕至的地区,相关资料收集难度较大,因此实际工作中多采用前两者计算洪峰流量。其中,简化推理公式是根据推理公式的基本形式进行推演,运行二项式定理的近似计算公式加以简化而得。

④洪水总量计算。洪水总量计算应符合下列要求:

洪水总量多取决于当地的径流系数,其计算公式为:

$$W = 1\ 000aHF$$

式中,W 为历时为 t、频率为 P 的洪水总量(m^3);a 为与历时 t 相应的洪量径流系数;

H 为历时为 t、频率为 P 的降雨量(mm);F 为流域汇水面积(km^2)。

⑤洪水过程线计算。洪水过程线计算应符合下列要求:

尾矿库汇水过程具有汇流历时、降雨历时短(汇流历时多小于 1 h、降雨历时采用 24 h 计算)等特点,因此其洪水过程线多简化为某种形式,常用的为概化多峰三角形过程线。

概化多峰三角形过程线的基本原理是假定一段均匀降雨可相应产生一个单元三角形洪水过程线,此三角形的面积等于该段降雨产生的洪水总量,三角形的底长相当于该段降雨的产流历时与汇流历时之和,而三角形的高即相当于该段降雨产生的最大流量,在计算过程中,把设计雨型按一定的原则分为若干段,把每段降雨所形成的单元三角形洪水过程线按时序叠加,即得概化多峰三角形洪水过程线。

⑥调洪演算方法。调洪演算方法应符合下列要求:

调洪演算应采用水量平衡法按下式计算:

$$\frac{1}{2}(Q_s+Q_z)\Delta t-\frac{1}{2}(q_s+q_z)\Delta t=V_z-V_s$$

式中,Q_s、Q_z为时段始、终尾矿库的来洪流量(m^3/s);q_s、q_z为时段始、终尾矿库的泄洪流量(m^3/s);V_s、V_z为时段始、终尾矿库的蓄洪量(m^3);Δt 为该时段的时间(h)。

尾矿库的一次洪水排出时间应小于 72 h。尾矿库不得采用机械排洪。

3. 尾矿库排洪系统

(1)排洪系统类型。

尾矿库排洪系统通常由进水构筑物和排水构筑物组成。单纯进水构筑物的基本形式主要有排水竖井、溢洪道等;单纯排水构筑物的基本形式主要有排水管、隧洞等形式;排水斜槽、明口隧洞、山坡截洪沟、坡面排水沟等既是进水构筑物又是输水构筑物。还有库区拦洪坝、侧槽溢洪道及排洪管组成的联合排水系统。

(2)排洪系统类型的选择。

排洪系统类型的选择,应根据排洪量的大小、尾矿库的地形地质条件、使用要求以及施工条件等因素经技术经济比较,优先选用结构简单、安全、可靠、经济耐用、维护管理方便的排洪系统。

①排水斜槽-管式排系统。

排水斜槽-管式排系统由排水斜槽-排水管-消力池接排水明沟。

排水斜槽分单槽式、双格式两种。一般靠山坡一侧布置,在过流断面一定的情况下,地形越陡,泄流量越大。斜槽工作方式是斜槽泄流进水口高程随尾矿沉积面高程的升高而相应升高,需依次加盖盖板, 使进水口始终处于澄清水区,防止尾砂、矿泥进入斜槽。当地形较陡时,每次加盖盖板数量较少,地形越缓每次加盖盖板数量越多。斜槽的泄流横断面越大,盖板越重,加盖盖板越困难,失事率越高。

当斜槽上水头较低时,为自由泄流,由水位以下的斜槽两侧壁和斜槽盖板上缘泄流,当水位升高斜槽入口没有被淹没时,泄流量受斜槽断面控制,成为半压力流;当水位继续升高,排水斜槽与排水管均呈满管流时,成为压力流。

斜槽适用于中小流量排洪,地形稍陡、库长不长的尾矿库中应用, 单槽宽 0.6~1.0 m,

槽宽超过1.0 m时设计成双槽式。单槽式多采用窄深式，维护检修比较方便。一般单槽泄流量<3.0 m^3/s，双槽泄流量一般在6.0 m^3/s左右。

②竖井-管式排洪系统。

竖井-管式排洪系统由排水竖井-排洪管-消力池-排水明沟组成。

常用排水竖井为窗口式和框架式。

窗口式排水井由井筒、窗口、基座（含消力池）组成。窗口式排洪的进水塔是在井筒上开一系列轴对称等间距分布的窗口进水，多层、多窗分布于不同高程，并随着尾矿坝的升高不断封堵下层窗口，启用上层窗口而改变着进水坎的坎顶高程。窗口式排水井井径一般为1.5 m、2.0 m直径居多，泄流量一般<6.0 m^3/s，适用于小流量排洪。

框架式排水井由立柱、圈梁、拱板、基座（含消力池）组成。框架式排洪的进水塔是由一系列轴对称分布的立柱和等间距分布的水平圈梁所构成，梁柱交错围成的多层、多孔分布于不同高程，并随着尾矿坝的升高不断封堵下层孔，启用上层孔而改变着进水坎的坎顶高程。随运行水位和进水坎顶高程的不同，仅就进水塔水流流态而言，即有环形堰流、孔流、孔堰双层流、多层流之分，流态非常复杂。框架式排水井井径一般为2.5 m、3.0 m、3.5 m、4.0 m、4.5 m直径居多。排水井泄流量一般为6.0～50 m^3/s，框架式适用于中大流量排洪。

窗口式排水井及框架式排水井的选择布置是否合理，关键在于对应标高时调洪演算及该标高的流态判别，决定其泄流能力大小。

井管排水系统的工作状态，随泄流水头的大小而异。当水头较低时，泄流量较小，溢水井内水位低于最低工作窗口的下缘，此时为自由泄流；当水头增大，井内被水充满，但排水管尚未呈满管流，泄流量受排水管的入口控制，此时为半压力流；当水头继续增大，排水管呈满管流时，即为压力流。

③隧洞排洪。

在生产初期，隧洞的进口不设其他进水构筑物，由洞口直接进水，这种隧洞称为明口隧洞。当尾矿沉积到一定的高度不宜再由洞口进水时，即将洞口封闭，改由洞口前设置排水井等进水构筑物泄洪。

排洪明口隧洞适用于上游沟谷纵坡较陡、洪枯水量变幅较大且无调节要求。排洪隧洞的进水口往往处于库上游沟谷纵坡较陡，两岸山坡亦很陡、易坍塌、洪水期山洪、砂石俱下的地形条件下，为确保尾矿库安全，要求进水口堰前壅水最大限度地减小，来多少流量就能排走多少流量，并保证隧洞在各级流量泄洪时开挖工程量不能太大，且均能安全运行。隧洞进水口主要由过渡坡段和开敞式的收缩段两部分组成。

隧洞的流态分无压流（短洞、厚壁孔口、长洞）、半压力流、压力流，分别采用相应泄流公式进行泄流量计算。

隧洞常用的断面的形式有圆形、圆拱直墙型、马蹄形（$R=2r$）、马蹄形（$R=3r$）。无压隧洞一般采用圆拱直墙式或马蹄形；压力隧洞则多采用圆形隧洞。

④溢洪道泄洪。

对于洪量很大的尾矿库，利用适当的地形开挖岸坡溢洪道比其他类型排水经济，但其维护管理复杂,要求严格,否则安全不容易得到保证。溢洪道根据地形条件可做成侧槽式或正堰式。侧槽式溢洪道由溢流堰、侧槽、泄水道及消能构筑物组成。正槽式溢洪道由进水段(引水渠)、控制段、泄槽(陡槽)、消能段、尾水渠组成。

当尾矿库周边有合适的山凹或山势平缓的山坡时,可采用宽浅式溢洪道。如岸坡较陡或可在狭窄的山谷中开溢洪道,为减少土石方量,多采用侧槽溢洪道。

由于尾矿库的尾矿堆积坝随着生产年限的增长而逐渐加高,溢洪道的溢流堰顶标高也随尾矿库水位的升高而逐渐分期提高。由低到高逐一使用不同标高的引水渠(引水渠设有溢流堰),也可使用同引水渠而将溢流堰顶分期分层加高。溢洪道多用于尾矿矿闭库设计阶段,排除终期洪水,进水口位置固定,相对管理方便。

⑤拦洪坝拦洪。

当上游面积汇水面积较大,库内调洪难以满足要求时,可采用上游设拦洪坝截洪和库内另设排洪系统的联合排洪系统;拦洪坝以上的库外排洪系统不宜与库内的排洪系统合并;当与库内排洪系统合并时,必须进行充分认证,合并后的排水管宜采用无压流控制。

⑥截洪沟泄洪。

山坡截洪沟既是进水构筑物也是输水构筑物，沿全部沟长均可进水。在较陡山坡处的截洪沟易遭暴雨冲毁,管理、维护工作量大。

当尾矿库周边地形、地质条件适合时,4 等及 5 等尾矿库经论证可设截洪沟分洪。环保要求尾矿库宜采取清污分流,减少尾矿库污水量。为了避免全部洪水流经尾矿库,也可沿库周边开挖截洪沟或在库后部山谷狭窄处设置拦洪坝分洪。

当库区所在地植被丰富、覆盖率较高或土壤透水性好,此时即使地形条件适宜采用截洪沟,但在大雨期间沟内的水量也很少,这是因为丰富的植被使得地面径流大大减小,相当大部分的雨水被植物及其根系所截留,透水性好的疏松土壤也会使大量的雨水迅速渗入地下,而以渗流的方式进入库区。在这种情况下不宜设置截洪沟。

⑦坝面排水沟。

坝面排水沟分为两类：

a. 沿山坡与坝坡结合部设置浆砌块石截水沟，以防止山坡暴雨汇流冲刷坝肩。

b. 在坝体下游坡面设置平行坝轴线的水平排水沟及垂直坝轴线顺坡排水沟,将坡面的雨水导流排出坝外,以免雨水滞留在坝面造成坝面拉沟,影响坝体安全。

(3)排泄系统的布置要求。

排洪构筑物的基础应避免设置在工程地质条件不良或填方地段。无法避开时,应进行地基处理设计。排洪构筑物不得直接坐落在尾矿沉积滩上。

除隧洞外的地下排洪构筑物应采用钢筋混凝土结构,其基础应置于有足够承载力的地基上。对于承载力不足的地基,应采取符合基础承载力要求的工程措施。

排洪设施在终止使用时应及时进行封堵,封堵后应同时保证封堵段下游的永久性结构安全和封堵段上游尾矿堆积坝渗透稳定安全及相邻排水构筑物安全。排水井的封堵体不得设置在井顶、井身段。

4. 尾矿库洪水漫顶的引发因素

洪水漫顶所引发的溃坝是最容易发生的，也是溃坝后造成损失最严重的。

引起洪水漫顶溃坝有很多因素，主要有：设计洪水标准偏低或没有按照设计规范要求设计，安全超高和干滩长度不能够达到要求；汛期前安全检查没落实到位；库内排洪系统阻塞导致无法泄洪或排洪系统泄洪能力不足；库区遇到汛期暴雨等极端天气造成库区内尾水急速上升，未及时采取强制排水泄洪措施；尾矿库外部截洪沟一旦发生垮塌和阻塞，导致大量洪水入库，减小调洪库非常容易引起洪水漫顶，漫顶的洪水冲刷侵蚀着堆积坝坝坡坡面，冲蚀的坡面开始出现局部失稳，进而多米诺效应般继续冲刷，最后整体失稳，导致溃坝，尾砂被水带走，形成饱和的砂浆，对下游产生巨大的破坏力。

5. 尾矿库洪水漫顶的防治措施

尾矿库洪水漫顶的防治措施主要包括：

(1)在汛期，降低库水位，增加调洪库容。

(2)改善排洪设施，增大尾矿库的排泄能力。

考点七　尾矿库安全监测

1. 基本规定

(1)安全监测原则。

尾矿库安全监测应遵循科学可靠、布置合理、全面系统、经济适用的原则。

监测仪器、设备、设施的选择，应先进和便于实现在线监测。

监测布置应根据尾矿库的实际情况，突出重点，兼顾全面，统筹安排，合理布置。

监测仪器、设备、设施的安装、埋设和运行管理，应确保施工质量和运行可靠。

监测周期应满足尾矿库日常管理的要求，相关的监测项目应在同一时段进行。

实施监测的尾矿库等别根据尾矿库设计等别确定，监测系统的总体设计应根据总坝高进行一次性设计，分步实施。

(2)安全监测内容。

监测内容包括位移、渗流、干滩、库水位、降水量。

(3)安全监测要求。

尾矿库的安全监测，必须根据尾矿库设计等别、筑坝方式、地形和地质条件、地理环境等因素，设置必要的监测项目及其相应设施，定期进行监测：

①一等、二等、三等、四等尾矿库应监测位移、浸润线、干滩、库水位、降水量，必要时还应监测孔隙水压力、渗透水量、混浊度。五等尾矿库应监测位移、浸润线、干滩、库水位。

②一等、二等、三等尾矿库应安装在线监测系统，四等尾矿库宜安装在线监测系统。

尾矿库安全监测，应与人工巡查和尾矿库安全检查相结合。

尾矿库的安全监测工作在不同阶段应做到：

①设计阶段应提出安全监测系统的设计方案、技术要求、仪器设备清单和投资概算。

②施工阶段应根据监测系统设计和技术要求，由设计单位提出施工详图，承建施工单

位做好仪器设备的埋设、安装、调试和保护；工程竣工验收时，应将竣工图、埋设记录、施工期记录及整理分析资料等全部汇编成工程档案，移交建设单位。

③试运行阶段应缩短监测周期，验证所有检测设施、仪器运行的有效性和准确性，达到设计要求后投入正常运行，对不符合要求的仪器应调换更新。

④运行期间应做好监测系统和全部监测设施的检查、维护、校正、监测资料的整编、监测报告的编写以及监测技术档案的建立。

监测数据应及时整理，如有异常，应及时响应，当影响尾矿库运行安全时，应及时分析原因和采取对策，并上报主管部门。

尾矿库监测设施不全、损坏、失效的，应根据情况予以补设或更新改造。当尾矿库进行除险加固、扩建、改建影响原监测系统时，应做出相应的监测系统设计更新，并保持监测资料的连续性。

当发生地震、洪水以及尾矿库工作状态出现异常等特殊情况时，对重点部位的有关项目加强监测。

2. 位移监测

(1)一般规定。

位移监测包括坝体和岸坡的表面位移、内部位移。

位移监测用的平面坐标及水准高程，应与设计、施工和运行诸阶段的控制网坐标系统相一致。

位移监测工作应遵守下列规定：

①表面水平位移及垂直位移监测，一般共用一个测点；内部水平及竖向位移监测宜结合布置。

②监测基点应设在稳定区域内；测点应与坝体或岸坡牢固结合。基点及测点应有可靠的保护装置。

③监测测次，人工监测方式在监测设施安装初期每半月进行一次，当坝体的变形趋于稳定时，可逐步减为每月一次；在线监测方式参见规范的规定，但遇下列情况时，应适当增加测次：地震、久雨、暴雨、台风之后；位移量或位移速率显著增大时；渗水(水质、水量)情况显著变化时；库水位处在高水位时；在坝体上进行较大规模的施工前后；其他严重影响尾矿库安全运行的各种情况。

(2)表面位移。

坝体表面位移包括水平位移和竖向位移。

监测布置：监测断面宜选在最大坝高断面、有排水管通过的断面、地基工程地质变化较大的地段及运行有异常反应处。初期坝顶和后期坝顶各布设一排，每 30 ~ 60 m 高差布设一排，一般不少于 3 排。测点的间距，一般坝长小于 300 m 时，宜取 20 ~ 100 m；坝长大于 300 m 时，宜取 50 ~ 200 m。坝长大于 1 000 m 时，宜取 100 ~ 300 m。各种基点均应布设在两岸岩石或坚实土基上。

监测设施及安装：测点和基点的结构必须坚固可靠，且不易变形。测点和土基上基点的底座埋入土层的深度不小于 1.0 m。冰冻区应深入冰冻层以下 0.5 m。

(3)内部位移。

内部位移包括内部水平位移、内部竖向位移。

监测布置：

①监测断面的布置应视尾矿库的等别、坝的结构形式和施工方法以及地质地形等情况而定，宜布置在最大坝高断面及其他特征断面(原河床、地质及地形复杂段、结构及施工薄弱段等)上，可设1~3个断面。

②每个监测断面上可布设1~3条监测垂线，其中一条宜布设在坝轴线附近。监测垂线的布置应尽量形成纵向监测断面。

③监测垂线上测点的间距，应根据坝高、结构形式、坝料特性及施工方法与质量等而定，一般2~10 m。每条监测垂线上宜布置3~15个测点。最下一个测点应置于坝基表面，以兼测坝基的沉降量。

④有条件时，可参照上述要求布设内部竖向位移监测。

(4)岸坡位移。

对于危及尾矿坝、排水构筑物及附属设施安全和运行的新老滑坡体或潜在滑坡体应进行监测。

监测布置：应能掌握滑坡体范围及位移分布规律。通常顺滑坡方向布设1~3个监测断面，包括主滑断面及其他特征断面。

监测设施及安装同表面位移的要求。

3. 渗流监测

尾矿坝渗流监测，包括渗流压力、绕坝渗流和渗流量等监测。此处主要介绍渗流注压力监测相关内容。

(1)监测内容。

坝体渗流压力监测，包括监测断面上的压力分布和浸润线位置的确定。

(2)监测布置。

监测横断面宜选在有代表性且能控制主要渗流情况的坝体横断面以及预计有可能出现异常渗流的横断面，一般不少于3个，并尽量与位移监测断面相结合。

监测横断面上的测点布置，应根据坝型结构、断面大小和渗流场特征确定。宜在堆积坝坝顶、初期坝上游坡底、下游排水体前缘各布置1条铅直线，其间部位每20~40 m布设1条铅直线，埋深应参考实际浸润线深度确定。

在渗流进、出口段，渗流各向异性明显的土层中，以及浸润线变幅较大处，应根据预计浸润线的最大变幅沿不同高程布设测点，每条铅直线上的测点数一般不少于2个。

(3)监测仪器及安装。

渗流压力监测仪器，应根据不同的监测目的、土体透水性、渗流场特征以及埋设条件等，一般选用测压管或振弦式孔隙水压力计。作用水头小于20 m的坝、渗透系数大于或等于10^{-4} cm/s的土中、渗压力变幅小的部位、监视防渗体裂缝等，宜采用测压管；作用水头大于20 m的坝、渗透系数小于10^{-4} cm/s的土中、监测不稳定渗流过程以及不适宜埋设测压管的部位，宜采用振弦式孔隙水压力计，其量程应与测点实际压力相适应。

测压管宜采用镀锌钢管或硬塑料管，一般内径不大于 50 mm。

测压管的透水段，一般长 1 ~ 2 m，当用于点压力监测时应小于 0.5 m，测压管的沉积段，一般长 0.5 ~ 1 m。外部包扎足以防止周围土体颗粒进入的无纺土工织物，透水段与孔壁之间用反滤料填满。

测压管的导管段应顺直，内壁光滑无阻，接头应采用外箍接头。管口应高于地面，并加防止雨水进入和人为破坏的保护装置。

测压管的埋设，除必须随坝体堆筑适时埋设外，可钻孔埋设。随坝体堆筑施工埋设时，应确保管壁与周围土体结合良好和不因施工遭受破坏。

孔隙水压力计的选型，一般选用振弦式仪器。当黏土的饱和度低于 95% 时，应选用带有细孔陶瓷滤水石的高进气压力孔隙水压力计。

孔隙水压力计埋设时，宜在埋设点附近适当取样，进行土的干密度、级配等物理性质试验。

(4)监测方法与要求。

测压管水位的监测，一般采用电测水位计。有条件的可采用示数水位计、遥测水位计或自记水位计等。测压管水位，两次测读误差应不大于 2 cm。电测水位计的测绳长度标记，应每隔 1 ~ 3 个月校正一次。测压管的管口高程，在监测设施布设初期应每隔 1 ~ 3 个月校测一次；在中后期应至少每年校测一次。振弦式孔隙水压力计的压力监测，两次读数误差应不大于 1 Hz。测值物理量用测压管水位来表示。

4. 干滩监测

干滩监测的监测内容包括滩顶高程、干滩长度、干滩坡度。

(1)滩顶高程测定。

尾矿库滩顶高程的测点布设，应沿坝(滩)顶方向布置测点，当滩顶一端高一端低时，应在低标高段选较低处检测 1 ~ 3 个点；当滩顶高低相同时，应选较低处不少于 3 个点；其他情况，每 100 m 坝长选较低处检测 1 ~ 2 个点，但总数不少于 3 个点。

滩顶高程测量误差应小于 20 mm。各测点中最低点的标高作为尾矿库滩顶标高。

滩顶高程根据滩顶上升情况，定时做好检测，随时掌握滩顶高程，汛前必须检测一次。

(2)干滩长度测定。

视坝长及水边线弯曲情况，选干滩长度较短处布置 1 ~ 3 个断面。测量断面应垂直于坝轴线布置，在几个测量结果中，选最小者作为该尾矿库的沉积滩干滩长度。

应在干滩设立干滩长度标尺，干滩较长时以 50 m 为间隔，较小者以 10 m 为间隔。

在干滩长度发生较大变化时，及时检测，随时掌握干滩长度，汛前必须检测一次。

(3)干滩坡度测定。

检查尾矿库沉积滩干滩的平均坡度时，应视沉积干滩的平整情况，每 100 m 坝长布置不少于 2 个断面。测量断面应垂直于坝轴线布置，测点应尽量在各变坡点处进行布置，且测点间距不大于 10 ~ 20 m(干滩长者取大值)，测点高程测量误差应小于 5 mm。

尾矿库沉积干滩平均坡度，应按各测量断面的尾矿沉积干滩平均坡度加权平均计算。

干滩坡度与设计不符时应采取相应的处理措施。

干滩坡度根据坡度变化情况，一季度检测一次，随时掌握干滩坡度，汛前必须检测一次。

5. 水文、气象监测和排水构筑物检查

水文、气象监测和排水构筑物检查包括库水位、降水量监测和排水构筑物检查。

(1)库水位监测。

①测点布置：库水位测点的布置根据坝型、筑坝及排尾方式确定，应设置在基本能代表库内平稳水位，并能满足工程管理和监测资料分析需要的地方。一般宜布置在库内排水构筑物(如排水井、排水斜槽等)上。

②监测设备：一般设置水尺或自记水位计，有条件时可设遥测水位计或自动测报水位计。其延伸测读高程应高于设计洪水位。水尺零点高程每隔 3 ~5 年应校测一次。当怀疑水尺零点有变化时应及时进行校测。水位计应每年汛前检验。

③监测精度：水位监测的测量误差应小于 20 mm。

④测次：除按水文、气象方面规定外，泄水前后应各增加监测一次、汛期还应根据需要调整测次。

(2)库区降水量监测。

监测设备用雨量器。有条件时，可用自记雨量计、遥测雨量计或自动测报雨量计。

(3)排水构筑物检查。

检查内容：构筑物有无变形、位移、损毁、淤堵，排水能力是否满足要求等。

6. 在线监测系统

(1)一般规定。

在线监测系统应包含数据自动采集、传输、存储、处理分析及综合预警等部分，并具备在各种气候条件下实现适时监测的能力。

在线监测系统，应具备下列基本功能：数据自动采集功能；现场网络数据通信和远程通信功能；数据存储及处理分析功能；综合预警功能；防雷及抗干扰功能；其他辅助功能包括数据备份、掉电保护、自诊断及故障显示等功能。

在线监测系统的选择，应符合下列基本性能要求：巡测采样时间小于 30 分钟，单点采样时间小于 3 分钟；测量周期为 10 分钟 ~30 天，可调；监控中心环境温度保持在 20 ~30℃，湿度保持不大于 85%；系统工作电压为 220(1 ±10%)V；系统故障率不大于 5%；防雷电感应不小于 1 000 V；采集装置测量范围满足被测对象有效工作范围的要求。

(2)系统设计。

在线监测系统的布置，应符合下列要求：

①在线监测系统的更新改造设计应在完成原有仪器设备检验和鉴定后进行。

②在线监测系统控制中心的设置应符合国家现行的有关控制室或计算机机房的规定。

在线监测系统设备的选择应符合下列要求：

①数据采集装置，能适应应答式和自报式两种方式，按设定的方式自动进行定时测量，接收命令进行选点、巡回检测及定时检测。

②计算机系统,与数据采集装置连接在一起的监控主机和监测中心的管理计算机配置应满足在线监测系统的要求,并应配置必要的外部设备。

③数据通信,数据采集装置和监控主机之间可采用有线和(或)无线网络通信,尾矿库安全监测站或网络工作组应根据要求提供网络通信接口。

在线监测系统软件应包括在线采集和安全监测管理分析两个模块。安全监测管理分析模块应具备基础资料管理、各项监测内容适时显示发布、图形报表制作、数据分析、综合预警等功能。其中数据分析部分应包括各项监测内容趋势分析、综合过程线分析等内容。

接入在线监测系统的传感器应结构简单、传动部件少、容易维修、可靠性高、稳定性好。

(3)安装和调试。

对有相对位置和方向要求的监测设备的安装,在现场放样时,应严格控制坐标位置;监测设备的安装支架应埋设牢靠,水平度和垂直度应满足设计要求。

在线监测系统安装过程中,应对系统设备进行线体试验、参数标定,做好详细记录。

监测设施更新改造工程,在安装自动监测传感器时,尽量不破坏原有可用的监测设施。

在线监测系统调试时,应与人工监测数据进行同步比测。

(4)运行和管理。

应对在线监测系统每年至少进行一次系统检查,做好正式记录,存档备查。

必须对在线监测系统加以防护:

①系统应采用专用电源供电,不应直接用现场照明电源。系统电源应有稳压及过电压保护措施,以避免受当地电源波动过大的影响。

②系统应有可靠的防雷电感应措施,系统的接地应可靠,接地电阻应满足电气设备接地要求。

③电缆应加以保护,特别是室外电缆应布设在电缆沟或电缆保护管内。电缆沟宜封闭,并应采取排水措施。

④易受周围环境影响的传感器应加以保护;安装在坝体外部的设备,应考虑日照、温度、风沙等恶劣天气对监测设备的影响,必要时应采取特殊防护措施。

典型例题

【单选题】坝体表面位移动态监测是判断尾矿坝安全的主要手段之一。沿坝体走向的测点间距主要根据坝体长度确定。当坝体长度大于1 000 m时,允许的测点最大间距是(　　)m。

A. 400　　B. 300

C. 200　　D. 100

B。【解析】测点的间距,一般坝长小于300 m时,宜取20 ~ 100 m;坝长大于300 m时,宜取50 ~ 200 m;坝长大于1 000 m时,宜取100 ~ 300 m。

考点八　尾矿库生产安全

1. 尾矿库生产运行

（1）一般规定。

生产经营单位应建立健全尾矿库全员安全生产责任制，建立健全安全生产规章制度和安全技术操作规程，对尾矿库实施有效的安全管理。

生产经营单位应编制尾矿库年度、季度作业计划和详细运行图表，严格按照作业计划生产运行，做好记录并长期保存。

生产经营单位应开展安全风险辨识，建立安全风险分级管控体系，建立健全尾矿库安全生产事故隐患排查治理制度，及时发现并消除事故隐患。事故隐患排查治理情况应如实记录，并向从业人员通报。

生产经营单位应制订尾矿库安全使用规划，提出新建、改建、扩建、运行期安全性复核和闭库的计划。上游建有尾矿库、渣库、排土场或水库等工程设施的尾矿库，应了解上游所建工程的稳定情况，采取必要的防范措施。

尾矿库应每3年至少进行一次安全现状评价。

采用尾矿堆坝的尾矿库，应在运行期对尾矿坝做全面的安全性复核，以验证最终坝体的稳定性和确定后期的处理措施。

（2）入库尾矿指标检测。

入库尾矿根据堆存方式和筑坝方式应按照设计文件要求的指标检测内容进行必要的检测，指标检测应至少包含以下内容：

①上游式尾矿筑坝法排放尾矿的比重、浓度、粒度。

②中线式、下游式尾矿筑坝法堆坝尾矿的比重、浓度、粒度。

③干式尾矿库入库尾矿的比重、含水率及碾压后的压实度。

（3）尾矿筑坝与排放。

尾矿筑坝与排放包括岸坡清理、尾矿排放、坝体堆筑、坝面维护、排渗设施施工和质量检查等环节，应按照设计要求和作业计划进行，并做好记录。

子坝及后期坝体堆筑前应进行岸坡处理，将树木、树根、草皮、坟墓及其他构筑物全部清除，清除杂物不得就地堆积，应运到库外。若遇有泉眼、水井、地道、溶洞或洞穴等，应按设计要求处理。

湿式尾矿库尾矿排放应满足下列要求：

①应按照设计要求排放尾矿，滩顶高程应满足生产、防汛、冬季放矿和回水要求；一次建坝的尾矿库，堆积高程及排矿顶面高程不得超过设计标高。

②矿浆排放不得冲刷初期坝或子坝，不得发生矿浆沿子坝上游坡脚流动冲刷坝体。

③排放口的间距、位置、开放的数量和时间等应按设计要求和作业计划进行操作，并做好放矿记录。

采用尾矿堆坝的湿式尾矿库尾矿排放除应满足湿式尾矿库尾矿排放的要求外，还应满足下列要求：

①应在坝前均匀、分散排放,维持滩面均匀上升,滩面不得出现侧坡、扇形坡或细粒尾矿大量集中沉积于某端或某侧。

②坝顶及沉积滩面应均匀平整,沉积滩长度及滩顶最低高程应满足防洪设计要求。

③尾矿滩面上不得有积水坑。

湿式尾矿库的子坝及后期坝体堆筑应满足下列要求:

①尾矿坝堆积坡比应符合设计要求。

②每期坝堆筑完毕,应进行质量检查。主要检查内容应包括坝轴线位置、坝体长度、坝体高度、坝顶宽度、内外坡比等剖面尺寸,坝顶及上游坝脚处滩面高程,库内水位,筑坝质量等。

③上游式尾矿筑坝法需要在库内取砂堆筑子坝时,取砂位置距当期子坝上游坝脚直线距离不得小于2倍当期子坝坝高,应在滩面上沿坝轴线方向均匀取砂,不得在滩面上集中取砂。

④中线式及下游式尾矿坝堆筑应在运行期间做好堆坝尾矿砂量与库内堆存量之间的砂量平衡工作。

⑤采用旋流器底流尾矿直接充填筑坝时,底流矿浆浓度应大于不分选浓度。

(4)库水位控制与防洪、渗流控制。

生产经营单位每年汛前应委托设计单位根据尾矿库实测地形图、水位和尾矿沉积滩面实际情况进行调洪演算,复核尾矿库防洪能力,确定汛期尾矿库的运行水位、干滩长度、安全超高等安全运行控制参数。

湿式尾矿库库内水位控制应遵循下列原则:

①在满足防洪安全、回水水质和水量要求前提下,尽量降低库内水位。

②当库水位影响尾矿库安全时,应坚持安全第一的原则,降低库内水位。

③排出库内蓄水或大幅度降低库内水位时,应注意控制流量,非紧急情况不得骤降。

④岩溶或裂隙发育地区的尾矿库,应控制库内水深,防止渗漏。

⑤不得用子坝挡水。

干式尾矿库库内水位控制应遵循下列原则:尾矿库正常运行条件下不得存水;入库一次洪水应在72 h内排出库外。

尾矿库内应设置清晰醒目的水位观测标尺。汛期应加强对排洪设施检查,确保排洪设施畅通。

洪水过后应对坝体和排洪设施进行全面检查,发现问题及时处理。

尾矿库排洪构筑物终止使用时,应严格按设计要求及时封堵,并确保施工质量。

尾矿库运行期间应加强浸润线监测,严格按设计要求控制浸润线埋深。

尾矿库运行期间,坝体浸润线埋深小于控制浸润线埋深时,应增设或更新排渗设施。

(5)防震与抗震。

尾矿库原设计抗震标准低于现行标准时,应采取可靠措施提高尾矿坝的抗震性能,使其满足现行标准的要求,常用的措施包括:在下游坡坡脚增设土石料压坡;对坝坡进行削坡、放缓坝坡;提高坝体密实度;降低库内水位或增设排渗设施,降低坝体浸润线。

震后生产经营单位应进行安全检查,及时修复被破坏的安全设施。

(6)尾矿库安全监控。

尾矿库运行时,应按设计及时设置人工安全监测设施和在线安全监测系统,并应按照设计定期进行各项监测。

尾矿库安全监测数据应及时整理,如有异常,应及时分析原因,采取对策措施。安全监测信息的分析、管理和发布,应综合现场巡查、人工安全监测和在线安全监测成果进行。

(7)尾矿库应急救援预案与重大险情处理。

生产经营单位应落实尾矿库应急管理主体责任,建立健全尾矿库生产安全事故应急工作责任制和应急管理规章制度,制定应急救援预案,并及时发放到尾矿库各部门、岗位和应急救援队伍。

编制应急救援预案时应考虑下列因素:尾矿坝溃坝;坝坡深层滑动;洪水漫顶;水位超警戒线;排洪设施损毁;排洪系统堵塞;发生暴雨、山洪、泥石流、山体滑坡、地震等灾害。

应急救援预案内容应包括:应急机构的组成和职责;应急救援预案体系;尾矿库风险描述;预警及信息报告;应急响应与应急通信保障;抢险救援的人员、资金、物资准备;应急救援预案管理。

尾矿库存在下列一般生产安全事故隐患之一时,应在限定的时间内进行整治,消除事故隐患:①尾矿库调洪库容不足,在设计洪水位时不能同时满足设计规定的安全超高和干滩长度的要求。

②排洪设施出现不影响安全使用的裂缝、腐蚀或磨损。

③经验算,坝体抗滑稳定最小安全系数满足规定值(见本章考点三,下同),但部分高程上堆积边坡过陡,可能出现局部失稳。

④坝体浸润线埋深小于1.1倍控制浸润线埋深。坝面局部出现纵向或横向裂缝。

⑤干式堆存尾矿的含水量偏大,实行干式堆存有一定困难,且没有设置可靠防范措施。

⑥坝面未按设计设置排水沟,冲蚀严重,形成较多或较大的冲沟。

⑦坝肩无截水沟,山坡雨水冲刷坝肩。

⑧堆积坝外坡未按设计设置维护设施。

⑨其他不影响尾矿库基本安全生产条件的非正常情况。

尾矿库存在下列重大生产安全事故隐患之一时,应立即停产,生产经营单位应制定并实施重大事故隐患治理方案,消除事故隐患:

①库区和尾矿坝上存在未按批准的设计方案进行开采、挖掘、爆破等活动。

②坝体出现大面积纵向裂缝,且出现较大范围渗透水高位出逸,出现大面积沼泽化。

③坝外坡坡比陡于设计坡比。

④坝体超过设计坝高,或者超设计库容贮存尾矿。

⑤尾矿堆积坝上升速率大于设计堆积上升速率。

⑥经验算,坝体抗滑稳定最小安全系数小于规定值的0.98倍。

⑦坝体浸润线埋深小于控制浸润线埋深。尾矿库调洪库容不足,在设计洪水位时,安

全超高和干滩长度均不满足设计要求。

⑧排洪设施部分堵塞或坍塌、排水井有所倾斜,排水能力有所降低,达不到设计要求。

⑨干式堆存尾矿的含水量大,实行干式堆存比较困难,且没有设置可靠的防范措施。

⑩多种矿石性质不同的尾砂混合排放时,未按设计要求进行排放。

⑪冬季未按照设计要求采用冰下放矿作业。设计以外的尾矿、废料或者废水进库。

⑫其他危及尾矿库安全运行的情况。

尾矿库出现下列重大险情之一时,生产经营单位应立即停产,启动应急预案,进行抢险:

①坝体出现严重的管涌、流土等现象的。

②坝体出现严重裂缝、坍塌和滑动迹象的。

③经验算,坝体抗滑稳定最小安全系数小于规范规定值的0.95倍。

④尾矿库调洪库容严重不足,在设计洪水位时,安全超高和干滩长度均不满足设计要求,将可能出现洪水漫顶。

⑤排水井显著倾斜,有倒塌迹象的。

⑥排洪系统严重堵塞或者坍塌,不能排水或排水能力急剧降低。

⑦干式堆存尾矿的含水量过大,基本不能干式堆存,且没有设置可靠的防范措施。

⑧其他危及尾矿库安全的重大险情。

2. 尾矿库闭库

对已达到设计最终堆积标高并不再继续加高扩容,或由于各种原因未达到设计最终堆积标高而提前停止使用的尾矿库,应进行闭库设计。

闭库设计应对各种隐患作出可行的整治措施设计。设计重点应包括下列内容:坝体(包括初期坝、堆积坝和副坝)整治;尾矿库排洪系统整治;周边环境整治;完善监测设施;闭库后管理的要求。

尾矿坝整治应包括下列内容:对坝体稳定性不足的,应采取加固坝体、降低浸润线等措施,使坝体稳定性符合本规范的要求;整治坝体的塌陷、裂缝、冲沟;完善坝面排水沟和土石覆盖或植被绿化、坝肩截水沟、监测设施等。

排洪系统整治应包括下列内容:

(1)尾矿库闭库后的防洪能力应符合规范防洪标准的要求。当防洪能力不足时,应采取增大调洪库容或增建排洪系统等措施;必要时,可增设永久溢洪道。

(2)当原排洪设施结构强度不能满足要求或受损严重时,应进行加固处理;必要时,可新建永久性排洪设施,同时应将原排洪设施进行封堵。

考点九　尾矿库安全检查与安全现状评价

1. 尾矿库安全检查

(1)防洪安全检查。

防洪安全检查主要内容应包括防洪标准、防洪安全运行管理的主要控制指标及排洪构筑物安全检查等。

①防洪标准安全检查。

尾矿库防洪标准安全检查应检查防洪标准与标准规定的符合性。当防洪标准低于标准规定时，应重新进行洪水计算及调洪演算，根据计算结果调整控制参数，必要时增设排洪设施。

②防洪安全运行管理的主要控制指标安全检查。

防洪安全运行管理的主要控制指标安全检查应包括尾矿库库水位、进水堰顶高程、坝(滩)顶高程、干滩长度、干滩坡度检查，并应满足下列要求：

a. 尾矿库库水位检测的测点应选择能代表库内平稳水位的位置，测点数不少于 2 个。

b. 进水堰顶高程检测的测点应能反映进水堰的实际状况，测点数不少于 3 个。

c. 尾矿库坝(滩)顶高程的检测，应沿坝(滩)顶方向布置测点进行实测，测点总数不少于 3 个，每 100 m 坝长应选较低处设置 1 ~2 个测点；当坝(滩)顶一端高一端低时，应在低标高段选较低处设置 1 ~3 个测点。应选择各测点中最低点标高作为尾矿库坝(滩)顶高程。

d. 尾矿库干滩长度的检测，视坝长及水边线弯曲情况，应选干滩长度较短处布置 1 ~3个断面。测量断面应垂直于坝轴线布置，应选择最小值作为该尾矿库的沉积滩干滩长度。

e. 尾矿库沉积干滩的平均坡度检测，视沉积干滩的平整情况，每 100 m 坝长应布置 1 ~3个断面。测量断面应垂直于坝轴线布置，测点应尽量在各变坡点处进行布置，且测点间距应不大于 10 ~20 m(干滩长者取大值)。尾矿库沉积干滩平均坡度，应按各测量断面的尾矿沉积干滩平均坡度加权平均计算。

根据尾矿库实际的地形、水位和尾矿沉积滩面，应对尾矿库防洪能力进行复核，确定尾矿库安全超高、干滩长度和干滩坡度是否满足设计要求。

③排洪构筑物安全检查。

排洪构筑物安全检查的主要内容应包括构筑物有无变形、位移、损毁、淤堵，排水能力是否满足设计要求。

排水井检查内容应包括内径、窗口尺寸及位置，井壁剥蚀、脱落、渗漏、最大裂缝开展宽度，井身倾斜度和变位，井、管联接部位，拱板放置、断裂、最大裂缝开展宽度，拱板之间以及拱板与井壁之间的防漏充填物、漏砂，进水口水面漂浮物，停用井封堵方法及措施，排水井拱板安装辅助设施设置情况。

排水斜槽检查内容应包括断面尺寸，槽身变形、损坏、坍塌、最大裂缝开展宽度，盖板放置、断裂、最大裂缝开展宽度，盖板之间以及盖板与槽壁之间的防漏充填物、漏砂，斜槽内淤堵等。

排水管检查内容应包括断面尺寸，变形、破损、断裂、磨蚀、最大裂缝开展宽度，管间止水及充填物，管内渗漏尾砂，管内淤堵等。

排水隧洞检查内容应包括断面尺寸，洞内塌方，衬砌变形、破损、断裂、剥落、磨蚀、最大裂缝开展宽度，伸缩缝、止水及充填物，洞内渗漏尾砂，洞内淤堵及排水孔工况等。

溢洪道、截洪沟检查内容应包括断面尺寸，沿线山坡滑坡、塌方，衬砌变形、破损、断裂、磨蚀，沟内淤堵等，对溢洪道还应检查溢流坎顶高程，消力池及消力坎等。

排洪构筑物检查应有影像资料。对裂缝、孔洞、鼓包和排水井基座、转流井等重要部位录像或摄像时应辅以测量尺等工具进行详细测量并做好标识。检查人员应根据检查作业环境配备低压强光照明设备、供氧设施、安全帽、无线通信等必要的安全防护装备，并做好有限空间作业防护预案，人数不少于 2 人。

(2)尾矿坝安全检查。

尾矿坝安全检查主要内容应包括坝的轮廓尺寸，变形，裂缝、滑坡和渗漏，坝面维护设施等。

检测坝的外坡坡比时，应选择最大坝高断面和坝坡较陡断面，且每 100 m 坝长应不少于 2 处。

检查坝体位移时，应对坝体设置的位移监测点进行全面测量，并结合日常监测数据分析坝的位移量变化趋势。坝的位移量变化应均衡，无突变现象，且应逐年减小。当位移量变化出现突变或有增大趋势时，应查明原因，即时处理。

检查坝体裂缝和滑坡时，应检查坝体有无纵、横向裂缝和滑坡迹象。发现坝体出现裂缝时，应查明裂缝的长度、宽度、深度、走向、形态和成因，判定危害程度；发现坝体出现滑坡迹象时，应查明潜在滑坡位置、范围和形态以及滑坡的动态趋势。

检查坝体渗漏时，应包括坝体浸润线，坝体外坡及下游渗漏，坝体排渗设施。坝体浸润线检查应查明浸润线的位置、形态；坝体外坡及下游渗漏检查应查明坝体外坡及下游有无渗漏出逸点，出逸点的位置、形态、流量及含砂量等；坝体排渗设施检查应查明排渗设施是否完好、排渗效果及排水水质。

检查坝面维护设施时，应检查坝肩截水沟和坝坡排水沟断面尺寸，衬砌变形、破损、断裂和磨蚀，沟内淤堵，沿线山坡稳定性等；应检查坝坡土石覆盖等护坡实施情况。

(3)尾矿库库区安全检查。

尾矿库库区安全检查主要内容应包括周边山体稳定性，违章建筑、违章施工和违章采选作业等情况。

检查周边山体滑坡、塌方和泥石流等情况时，应详细观察周边山体有无异常和急变，并根据岩土工程勘察报告，分析周边山体发生滑坡的可能性。

检查库区范围内是否存在危及尾矿库安全的行为，主要内容应包括违章爆破、采石和建筑，违章进行尾矿回采、取水，外来尾矿、废石、废水和废弃物排入，放牧和开垦等。

尾矿库库区安全检查还应包括库区防、排渗设施的可靠性检查，库区生产道路是否通畅检查，临时及永久性安全警示标识的设置是否完备、清晰。

(4)监测系统与其他设施安全检查。

尾矿库监测系统安全检查主要内容应包括监测内容、监测设施布置及监测设施的维护。监测内容安全检查应检查监测内容及监测预警值的设置是否满足设计要求。监测设施安全检查应检查监测设施的设置是否满足设施要求，监测设施是否有损坏，是否运行正常。监测设施维护安全检查应检查监测设施是否定期检查和维护，监测设施的可靠性和完整性，人工监测设施与在线监测设施是否定期比对和校正。

其他设施安全检查主要内容应包括照明设施、管理站、通信设施、应急管理设施等。

检查尾矿库照明设施时，应检查照明设施是否满足夜间安全生产使用要求，照明线路、设备及其布置是否安全规范。检查尾矿库应急管理设施时，应检查应急救援物资配备情况，应急道路是否畅通。

2. 尾矿库安全现状评价

安全现状评价应对尾矿库运行及管理状况进行评价，评价的重点应包括：

(1)尾矿库自然状况的说明及评价，包括尾矿库的地理位置、周边人文环境、库形、汇水面积、库底与周边山脊的高程、工程地质概况等。

(2)尾矿坝设计及现状的说明与评价，包括初期坝的结构类型、尺寸、尾矿堆坝方法、堆积标高、库容、堆积坝的外坡坡比、坝体变形及渗流、采取的工程措施等，并根据勘察资料或经验数据对尾矿坝稳定性进行定量分析。

(3)尾矿库防洪设施设计及现状的说明与评价，包括尾矿库的等别、防洪标准、暴雨洪水总量、洪峰流量、排洪系统的形式、排洪设施结构尺寸及完好情况等，并复核尾矿库防洪能力及排洪设施的可靠性能否满足设计要求。

(4)安全监测设施的可靠性评价，包括安全监测设施的监测项目、数量、位置、精度、监测周期、预警功能等方面。

(5)尾矿库在下个评价周期间的坝体稳定性和排洪系统的安全分析。

(6)安全管理的完善程度及评价。

安全现状评价报告应有明确的评价结论，评价结论应包括：尾矿坝稳定性是否满足设计要求；尾矿库防洪能力是否满足设计要求；尾矿库的安全监测设施是否满足设计要求；尾矿库与周边环境的相互安全影响；尾矿库下个评价周期间的坝体稳定性和防洪能力是否满足设计要求；安全对策；对尾矿库是否具备继续生产运行的安全生产条件做出明确结论。

案例分析

案例场景

为全面贯彻落实应急管理部等八部门《关于印发防范化解尾矿库安全风险工作方案的通知》，提升尾矿库安全风险管控能力，深化非煤矿山安全专项整治，某县应急管理局从2019年开始对辖区内的XX矿业有限公司尾矿库开展重点监管。

在某一次安全检查过程中，发现该尾矿库存在以下重大安全事故隐患：

(1)未按批准的设计方案在尾矿坝上实施爆破作业。

(2)部分坝体存在贯穿性裂缝。

(3)坝体已超过设计坝高。

(4)距上一次安全现状评价已过去5年。

(5)未按规定配备专职安全管理人员和技术人员。

据此，应急管理局对该尾矿库作出停产的通知，并要求其按时作出重大生产安全隐患专项治理方案。

知识点讲解

考点一　尾矿坝上进行开采、挖掘、爆破等活动

库区和尾矿坝上存在未按批准的设计方案进行开采、挖掘、爆破等活动的，即为重大生产安全事故隐患。

在库区乱采、滥挖、非法爆破有可能造成周边山体滑坡、坍塌，滑坡体进入尾矿库，致使库内水位上升，还有可能冲击坝体，从而造成尾矿库溃坝；或者由于山体滑坡，原有山体承受力降低，造成尾矿库溃坝。在尾矿坝上未按批准的设计方案进行开采、挖掘、爆破等活动不仅会直接损坏坝体导致溃坝，还可能会引起坝体液化而导致溃坝。

考点二　坝体超过设计坝高，或者超设计库容储存尾矿

坝体超过设计坝高的，或者超设计库容储存尾矿的，即为重大生产安全事故隐患。

《尾矿库安全监督管理规定》规定："(1)尾矿库运行到设计最终标高或者不再进行排尾作业的，应当在一年内完成闭库。特殊情况不能按期完成闭库的，应当报经相应的安全生产监督管理部门同意后方可延期，但延长期限不得超过6个月。(2)尾矿库运行到设计最终标高的前12个月内，生产经营单位应当进行闭库前的安全现状评价和闭库设计，闭库设计应当包括安全设施设计，并编制安全专篇"。

考点三　安全现状评价周期

《尾矿库安全监督管理规定》规定："(1)尾矿库应当每3年至少进行一次安全现状评价。安全现状评价应当符合国家标准或者行业标准的要求。尾矿库安全现状评价工作应当有能够进行尾矿坝稳定性验算、尾矿库水文计算、构筑物计算的专业技术人员参加。(2)上游式尾矿坝堆积至二分之一至三分之二最终设计坝高时，应当对坝体进行一次全面勘察，并进行稳定性专项评价"。未按照上述规定，对坝体稳定性进行评估的，即为重大生产安全事故隐患。

考点四　尾矿库重大安全事故隐患识别

尾矿库重大安全事故隐患主要可参照本章考点八及附录2进行识别，并结合相关要求作出针对性处理措施。

考点五　专职安全管理人员和技术人员的配备

《建筑施工企业安全生产管理机构设置及专职安全生产管理人员配备办法》规定，总承包单位配备项目专职安全生产管理人员应当满足下列要求：

(1)建筑工程、装修工程按照建筑面积配备：1万平方米以下的工程不少于1人；1万~5万平方米的工程不少于2人；5万平方米及以上的工程不少于3人，且按专业配备专职安全生产管理人员。

(2)土木工程、线路管道、设备安装工程按照工程合同价配备:5 000 万元以下的工程不少于 1 人;5 000 万～1 亿元的工程不少于 2 人;1 亿元及以上的工程不少于 3 人,且按专业配备专职安全生产管理人员。

分包单位配备项目专职安全生产管理人员应当满足下列要求:

(1)专业承包单位应当配置至少 1 人,并根据所承担的分部分项工程的工程量和施工危险程度增加。

(2)劳务分包单位施工人员在 50 人以下的,应当配备 1 名专职安全生产管理人员;50～200 人的,应当配备 2 名专职安全生产管理人员;200 人及以上的,应当配备 3 名及以上专职安全生产管理人员,并根据所承担的分部分项工程施工危险实际情况增加,不得少于工程施工人员总人数的 0.5%。

同步自测

一、单项选择题(每题的备选项中,只有 1 个最符合题意)

1. 当尾矿堆积坝有行车要求时,下游坡面沿标高每隔 10～15 m 设一条马道,宽度不小于(　　)m。

A. 2　　B. 3

C. 4　　D. 5

2. 尾矿库在渗流作用下,产生渗透破坏,下列属于尾矿库渗透破坏类型的是(　　)。

A. 崩塌　　B. 滑坡

C. 管涌　　D. 泥石流

3. 尾矿库存在下列情形时,应当立即停产,生产经营单位应制定并实施重大事故隐患治理方案,消除事故隐患的是(　　)

A. 坝面局部出现纵向裂缝　　B. 坝外坡坡比陡于设计坡比

C. 排水井显著倾斜,有倒塌迹象　　D. 坝面未设置排水沟

二、案例分析题

2019 年 10 月 18 日上午,某地选矿厂尾矿库发生重大垮坝事故,共造成 28 人死亡,56 人受伤,70 间房屋不同程度毁坏,直接经济损失 340 万元。

2019 年 10 月 18 日上午 9 时 50 分,尾矿库后期坝中部底层首先垮塌,随后整个后期堆积坝全面垮塌。共冲出水和尾砂 14 300 m^3,其中水 2 700 m^3,尾砂 11 600 m^3,库内留存尾矿 13 100 m^3。尾砂和库内积水直冲坝首正前方的山坡反弹回来后,再沿坝侧 20 m 宽的山谷向下游冲去,一直冲到离坝首约 700 m 处。其中绝大部分尾矿砂则留在坝首下方的 30 m 范围内。尾矿坝下的 34 间外来民工工棚和 36 间基建队的房屋被冲垮,共有 28 人死亡,56 人受伤。

经调查,由于基础坝不透水,在基础坝与后期堆积坝之间形成一个抗剪能力极低的滑动面。又由于尾矿库长期人为蓄水过多,干滩长度不够,致使坝内尾砂含水饱和、坝面沼泽化,坝体始终处于浸泡状态而得不到固结。最终因承受不住巨大压力而沿基础坝与后期堆积坝之间的滑动面垮塌。

事后,该尾矿库加强了安全管理,按规定进行安全监测和安全现状评价。

根据上述场景,回答下列问题(1~2题为单选题,3~5题为多选题):

1. 根据《生产安全事故报告和调查处理条例》,该起事故属于(　　)。

A. 特别重大事故　　B. 重大事故

C. 一般事故　　D. 较大事故

E. 严重事故

2. 尾矿库应当每(　　)年进行一次安全现状评价。

A. 1　　B. 2

C. 3　　D. 4

E. 5

3. 下列属于尾矿库类型的有(　　)。

A. 山腰型尾矿库　　B. 山谷型尾矿库

C. 平地型尾矿库　　D. 截河型尾矿库

E. 傍山型尾矿库

4. 尾矿库安全监测应遵循科学可靠、布置合理、全面系统、经济适用的原则。监测内容应包括(　　)。

A. 位移　　B. 渗流

C. 干滩　　D. 库容

E. 降水量

5. 对于坝面产生沼泽化,可采取的防治措施有(　　)。

A. 降低库内水位　　B. 增加干滩长度

C. 做好反滤层　　D. 增设垂直水平排渗井

E. 振冲碎石桩

答案详解

一、单项选择题

1. D。【解析】上游式尾矿坝的初期坝下游坡面应沿标高每隔10~15 m设一条马道,宽度不宜小于1.5 m。尾矿堆积坝有行车要求时,下游坡面沿标高每隔10~15 m设一条马道,宽度不小于5 m。

2. C。【解析】尾矿库在渗流力的作用下主要产生四种破坏类型:流土、管涌、接触流土、接触冲刷。

3. B。【解析】坝面局部出现纵向裂缝,坝面未设置排水沟属于一般生产安全事故隐患,应要求生产经营单位在限定时间内进行整治。坝外坡坡比陡于设计坡比属于重大生产安全事故隐患,应立即停产,由生产经营单位应制定并实施重大事故隐患治理方案,消除事故隐患。排水井显著倾斜,有倒塌迹象属于重大险情,应立即停产,并启动应急预案进行抢险。

二、案例分析题

1. B。【解析】根据生产安全事故(以下简称事故)造成的人员伤亡或者直接经济损失,事故一般分为以下等级:(1)特别重大事故,是指造成30人以上死亡,或者100人以上重伤(包括急性工业中毒,下同),或者1亿元以上直接经济损失的事故。(2)重大事故,是指造成10人以上30人以下死亡,或者50人以上100人以下重伤,或者5 000万元以上1亿元以下直接经济损失的事故。(3)较大事故,是指造成3人以上10人以下死亡,或者10人以上50人以下重伤,或者1 000万元以上5 000万元以下直接经济损失的事故。(4)一般事故,是指造成3人以下死亡,或者10人以下重伤,或者1 000万元以下直接经济损失的事故。上述所称的"以上"包括本数,所称的"以下"不包括本数。

2. C。【解析】尾矿库应当每3年至少进行一次安全现状评价。安全现状评价应对尾矿库运行及管理状况进行评价,评价的重点应包括:(1)尾矿库自然状况的说明及评价。(2)尾矿坝设计及现状的说明与评价。(3)尾矿库防洪设施设计及现状的说明与评价。(4)安全监测设施的可靠性评价。(5)尾矿库在下个评价周期间的坝体稳定性和排洪系统的安全分析。(6)安全管理的完善程度及评价。
3. BCDE。【解析】尾矿库的基本类型包括山谷型尾矿库、平地型尾矿库、截河型尾矿库、傍山型尾矿库。
4. ABCE。【解析】实施监测的尾矿库等别根据尾矿库设计等别确定,监测系统的总体设计应根据总坝高进行一次性设计,分步实施。监测内容应包括位移、渗流、干滩、库水位、降水量。
5. CD。【解析】对于坝面产生沼泽化、管涌、流土等渗透破坏的情况,可采取的防治措施包括:(1)做好反滤层。(2)加强排渗。(3)不同材料结合部位的处理要符合要求。

第十三章　矿山机械、电气等其他危害防治

考情解读

考纲要求

运用矿山机械、电气等其他危害防治相关技术和标准，辨识和分析矿山机械伤害、电气伤害、高处坠落、中毒和窒息、物体打击、其他爆炸等危险、有害因素，制定相应安全技术措施。

命题分析

本章内容主要介绍矿山机械、电气和其他危害及防治措施。本章内容可结合前边章节进行学习，如可以结合提升与运输危害防治相关内容进行出题。无特别重要考点，历年考试中占比很小，考查以选择题为主。

考点解读

考点一　矿山机械伤害防治

1. 矿山机械伤害基本知识

矿山机械伤害是指机械设备部件与人体直接接触而引起的碰撞、夹击、卷入、碾、绞等伤害，涵盖挖掘机械、运输机械、装运机械引发的事故。造成此类事故的因素主要包括：

(1)违章操作。

(2)工作人员疏忽，使身体接触机械危险部位。

(3)机械设备防护装置损坏。

(4)机械被他人意外启动。

机械伤害是金属非金属矿山生产过程中最常见的伤害之一。

露天矿山主要采用挖掘机装矿，翻斗汽车运输，触发事故因素较多，包括：

(1)司机违规驾驶、采用不合格的运输设备、从业人员未按要求正确佩戴防护用品。

(2)场内运输道路个别地段曲率半径不符合要求。

(3)挖掘机底部超挖，铲斗超载、装矿不均衡，铲装超过规定的大块。

(4)卸矿场和废石场未设置坚固有效的阻车设施，卸矿时没有专人指挥。

(5)多台挖掘机同时在一个出矿工作面工作。

(6)车辆运行中的上下坡、急转弯等危险地段的路况不良。

电耙和无轨运输设备是地下矿山最为常见、使用最为频繁的机械设备,其安全事故也比较常见。

2. 矿山机械伤害的防治

矿山机械伤害事故的预防应从多方面入手,采取综合措施,既有管理上的又有技术上的,主要应从以下几方面进行:

(1)必须严格执行断电挂禁止合闸警示牌和设专人监护的制度。机械断电后,必须确认其惯性运转已彻底消除后才可进行工作。机械检修完毕,试运行前,必须对现场进行细致检查,确认机械部位人员全部彻底撤离才可取牌合闸。检修试车时,严禁有人留在设备内进行点车。

(2)人手直接频繁接触的机械,必须有完好紧急制动装置,该制动钮位置必须使操作者在机械作业活动范围内随时可触及;机械设备各传动部位必须有可靠防护装置;各人孔、投料口、螺旋输送机等部位必须有盖板、护栏和警示牌;作业环境保持整洁卫生。

(3)各机械开关布局必须合理,必须符合两条标准:一是便于操作者紧急停车;二是避免误开动其他设备。

(4)对机械进行清理积料、捅卡料、上皮带蜡等作业,应遵守停机断电挂警示牌制度。

(5)严禁无关人员进入危险因素大的机械作业现场,非本机械作业人员因事必须进入的,要先与当班机械作业者取得联系,有安全措施才可统一进入。

(6)操作各种机械人员必须经过专业培训,能掌握该设备性能的基础知识,经考试合格,持证上岗。上岗作业中,必须精心操作,严格执行有关规章制度,正确使用劳动防护用品,严禁无证人员开动机械设备。

露天矿山开采时,铲装设备和运输汽车机械伤害的防治规定包括:

(1)铲装设备工作前应发出警告信号,无关人员应远离设备。

(2)铲装设备工作应遵守下列规定:悬臂和铲斗及工作面附近不应有人员停留;铲斗不应从车辆驾驶室上方通过;人员不应在司机室踏板上或有落石危险的地方停留;不应调整电铲起重臂。

(3)铲装时铲斗不应压、碰运输设备。

(4)汽车运行应遵守下列规定:驾驶室外禁止乘人;运行时不升降车斗;不采用溜车方式发动车辆;不空挡滑行;不弯道超车;下坡车速不超过 25 km/h;不在主运输道路和坡道上停车;不在供电线路下停车;拖挂车辆行驶时采取可靠的安全措施,并有专人指挥;通过道口之前驾驶员减速瞭望,确认安全后再通过;不超载运行。

地下矿山开采时,电耙和无轨运输设备机械伤害的防治规定包括:

(1)采用电耙绞车出矿应遵守下列规定:应有良好照明;绞车前部应有防断绳回甩的防护设施;绞车开动前司机应发出信号;电耙运行时人员不应跨越钢丝绳,耙道内及尾部不应有人;电耙停止运行时应将钢丝绳放松。

(2)无轨设备应符合下列规定:每台设备均应配备灭火装置;刹车系统、灯光系统、警报系统应齐全有效;操作人员上方应有防护板或者防护网;井下专用运人车应有行车制动系统、驻车制动系统和应急制动系统;行车制动系统和应急制动系统至少有1个为失效安全型。

(3)无轨设备运行应遵守下列规定:不超载;不熄火下滑;避让行人;不站在铲斗内作业;不在设备的工作臂、升举的铲斗下方停留;不从设备的工作臂、升举的铲斗下方通过;车辆间距不小于50 m;在斜坡道上停车时采取可靠的挡车措施;司机离开前停车制动并熄灭柴油发动机、切断电动设备电源;维修前柴油设备熄火,切断电动设备电源。

典型例题

【单选题】电耙是地下矿山采场出矿的常用设备之一。关于电耙使用的说法,不符合设备运行安全管理规定的是(　　)。

A. 电耙绞车的作业场所有良好的照明

B. 绞车前部有防止断绳回甩的防护设施

C. 电耙运行时,人员从电耙的尾部绕行

D. 电耙停止运行时,钢丝绳处于松弛状态

C。**【解析】**采用电耙绞车出矿应遵守下列规定:应有良好照明;绞车前部应有防断绳回甩的防护设施;绞车开动前司机应发出信号;电耙运行时人员不应跨越钢丝绳,耙道内及尾部不应有人;电耙停止运行时应将钢丝绳放松。

考点二　矿山电气伤害防治

1. 矿山电气伤害基本知识

矿山电气伤害主要表现为电气火灾伤害和触电伤害。引起矿山电气伤害的主要原因包括:

(1)作业人员违规操作。作业人员违反电气安全操作规程操作电气设备,如超载运行设备。

(2)电气设备质量不合格或规格与环境不符,如电气设备缺乏必要的安全保护装置。

(3)设备和线路安装不合格、检查不到位,如线路接触不良,设备带病作业。

(4)电源、电压选用错误。

2. 矿山电气伤害的防治

露天矿山开采时,针对电气伤害的防治规定包括:

(1)采矿场和排土场的手持式电气设备的电压不大于220 V。

(2)露天矿户外安装的电气设备应采用户外型电气设备;室外配电装置的裸露导体应有安全防护,当电气设备外绝缘体最低部位距地小于2 500 mm时,应装设固定遮拦;高压设备周围应设置围栏;露天或半露天变电所的变压器四周应设高度不低于1.8 m的固定围栏或围墙。

(3)移动式电气设备应使用矿用橡套软电缆。

（4）矿山应建立电气作业安全制度，规定工作票、工作许可、监护、间断、转移和终结等工作程序。电气作业应遵守下列规定：

①电气设备和线路的操作维修应由专职电气工作人员进行，严禁非电气专业人员从事电气作业。

②不应单人作业。

③未经许可不得操作、移动和恢复电气设备。

④紧急情况下可以为切断电源而操作电气设备。

⑤停电检修时，所有已切断的电源的开关把手均应加锁，并验电、放电、将线路接地，悬挂“有人作业，禁止送电”的警示牌。只有执行这项工作的人员才有权取下警示牌并送电。

⑥不应带电检修或搬动任何带电设备和电缆、电线；检修或搬动时，应先切断电源，并将导体完全放电和接地。

⑦移动设备司机离开时应切断设备电源。

⑧接地电阻应每年测定 1 次，测定工作应在该地区最干燥、地下水位最低的季节进行。

（7）操作电气设备应遵守下列规定：

①非值班人员不应操作电气设备。

②手持式电气设备应有可靠的绝缘。

③操作高压电气设备回路的工作人员应佩戴绝缘手套、穿电工绝缘靴或站在绝缘台、绝缘垫上。

④装卸高压熔断器应佩戴护目眼镜。

⑤雨天操作户外高压设备应使用带防雨罩的绝缘棒。

⑥不应使用金属梯子。

地下矿山开采时，针对电气伤害的防治规定包括：

（1）井下采用的电压应符合下列规定：高压，不超过 35 kV；低压，不超过 1 140 V；运输巷道、井底车场照明，不超过 220 V；采掘工作面、出矿巷道、天井和天井至回采工作面之间照明，不超过 36 V；行灯电压不超过 36 V；手持式电气设备电压不超过 127 V；电机车牵引网络电压，交流不超过 380 V，直流不超过 750 V。

（2）1 140 V 及以下低压配电系统中性点应采用 IT 系统、TN－S 系统或中性点经电阻接地系统；有爆炸危险的矿山应采用 IT 系统井下低压配电系统采用 IT 系统或采用中性点经高电阻接地系统时，除装设必要的保护装置外，还应至少设置下列监测设备和保护装置之一：绝缘监测装置；绝缘故障定位系统；剩余电流监测装置或剩余电流保护装置。

（3）井下不应采用油浸式电气设备。

（4）手持式电气设备的操作手柄和工作中必须接触的部分应有良好绝缘。

（5）井下电气作业人员应遵守的安全规定参考上述露天矿山部分。

链接

根据触电伤害规范要求，电气设备或电气线路在检修或搬迁前，必须切断电源，验电笔确认无电后方可工作。所有开关把手在断电时进行闭锁，并悬挂"有人工作，不准送电"的警示牌标识。严格执行"谁停电，谁送电"，禁止"约时送电"。

考点三　矿山其他危害防治

1. 矿山高处坠落危害防治

矿山高处坠落是指在高空作业时坠落而造成的伤害事故，但是不包括由于触电而导致的坠落。矿山高处坠落可能由以下因素造成：

(1)安全防护设备在高空作业时损坏。

(2)高空作业时，信号不清楚、管理不当。

(3)未使用安全帽、安全带。

(4)缺少照明，高空作业时工作人员疏忽。

(5)爬梯时工作人员疏忽。

(6)未穿防滑性能优良的鞋。

矿山高处坠落事故容易发生在地下矿山开采的天井、竖井、大断面硐室施工过程中，应针对地采取相应的防治措施，具体包括：

(1)天井、溜井、漏斗口等存在人员坠落可能的地方，应设警示标志、照明设施、护栏、安全网或格筛。

(2)在竖井、天井、溜井和漏斗口上方，或在坠落基准面 2 m 以上作业，有发生坠落危险的，应设安全网等防护设施，作业人员应佩戴安全带。作业时，不应抛掷物件，不应上下层同时作业，并应设专人监护。

(3)操作距地面或平台面 2 m 以上的设备或阀门时，应有固定平台和梯子。平台及通道边缘应设置高度不小于 1.2 m 的安全护栏，并有足够的照明。平台、通道和梯子踏板应采取可靠的防滑措施。

(4)进行下列作业的人员应佩戴安全带，且安全带一端应正确固定：拆除保护岩柱或保护台；在井筒内或井架上安装、维修或拆除设备；在井筒内处理悬吊设备、管、缆，或在吊盘上进行作业；乘坐吊桶；爆破后到井圈上清理浮石；井筒施工时的吊泵作业；在中段井口进行支护、锁口作业。

(5)吊桶提升应遵守下列规定：

①关闭井盖门之前不应装卸吊桶或往钩头上系扎工具或材料。

②吊桶上方应设坚固的保护伞。

③吊桶内的岩碴应低于桶口边缘 0.1 m 以上，装入桶内的长材料应牢固固定在吊桶梁上。

④吊桶运行通道周围不应有未固定的悬吊物。

(6)竖井梯子间应符合下列规定：梯子倾角不大于 80°；相邻的两个梯子平台的垂直距离大于 8 m 时，平台应防滑；梯子间周围应设防护栏栅。

(7)采用普通法掘进天井、溜井应遵守下列规定：

①架设的工作台应牢固可靠。

②及时设置安全可靠的支护棚，工作面至支护棚的距离不大于 6 m。

③掘进高度超过 7 m 时应有装备完好的梯子间和溜碴间等设施，梯子间和溜碴间用隔板隔开；上部有护棚的梯子可视作梯子间。

④天井掘进到距上部巷道约 7 m 时，测量人员应给出贯通位置，并在上部巷道设置警示标志和警戒围栏。

(8)在天井、竖井和大断面硐室施工时，在坠落基准面 6 m 以上作业的人员都必须佩戴安全带。在封口盘、固定盘、吊盘及井架进行作业的人员必须佩戴安全带，且安全带一端应正确固定。不提升时，应关闭竖井口的封口盘。

2. 矿山中毒和窒息危害防治

矿山有毒气体来源包括：

(1)爆破产生。一般发生在采掘工作面，主要是独头巷道掘进、通风不良采场爆破产生有毒有害气体，主要是 CO(会出现头痛、心悸、胸闷甚至恶心呕吐的情况)和氮氧化物。一般 1 kg 炸药产生的 CO 和氮氧化物为80～120 L(按其毒性把氮氧化物折合成 CO，大致是6∶1的比例)。如果在 2 000 m^3(10 m^2 断面 200 m 长的范围)的空间一次爆破 20 kg 炸药，NO 和 CO 的浓度可以达到 10 000 ppm，远远高于 24 ppm 的允许浓度。

(2)特殊矿床产生。硫铁矿矿床会产生 SO_2、H_2S、甲烷等。

(3)人员呼吸和木料腐烂产生的 CO_2。

(4)柴油设备释放。使用柴油设备时会产生大量的废气。

矿山中毒和窒息危害的防治措施包括：

(1)加强作业人员安全教育和培训。

(2)建立健全卫生设施，做好环境有毒气体监测，对作业人员的健康状况及时进行检查。

(3)做好日常通风工作。进入井巷前要检测氧气及有毒气体的浓度，符合要求方可进入，进入时要注意佩戴相应的安全防护用品。爆破作业后要加强通风，爆破 15 分钟后方可进入爆破现场。

(4)若发生人员中毒，不可盲目进入施救，必须在采取有效的通风排毒措施后方可进入施救，进入时应佩戴防毒面具。

3. 矿山物体打击危害防治

矿山物体打击事故是指物体在重力或其他外力的作用下产生运动，对人员造成的人身伤害。引起矿山物体打击危害的原因包括：

(1)未佩戴个人防护用品或穿戴不规范。

(2)上下两个工作面同时作业，工具或矿岩坠落等。

(3)爆破后未及时清理大块和浮石,或者清理过程中不按操作规程。

(4)对不能及时清理的浮石未加醒目的危险标志。

(5)出矿作业时进行底部掏采形成伞檐、根底和空洞。

(6)矿车超载,造成矿石滚落。

矿山物体打击危害的防治措施包括:

(1)矿山在道路维修、设备维修、运输道路、配电室、弯道、坡道、爆破警戒区等重要场所,重要设备、设施上应设置相应的禁止、警告和指示标志或标牌。

(2)工作人员应佩戴合格的个人防护用品。

(3)爆破后或暴雨后应对坡面进行安全检查,发现工作面有裂痕可能塌落或者在坡面上有浮石、危石和伞檐时,应当迅速妥善处理,相关人员和设备应当立即撤离至安全地点。

典型例题

【单选题】竖井、天井、溜井施工时,易发生高处坠落事故。关于预防此类高处坠落事故的说法,正确的是(　　)。

A. 当吊桶运行速度不超过0.3 m/s时,乘坐吊桶的人员可以不系安全带

B. 关闭井盖门之前,不应装卸吊桶或往钩头上系扎工具或材料

C. 普通法掘进天井,当掘进高度超过10 m时,应有装备完好的梯子间

D. 天井掘进到距上部巷道约5 m时,测量人员应给出贯通位置

B。【解析】吊桶提升时,关闭井盖门之前不应装卸吊桶或往钩头上系扎工具或材料。乘坐吊桶的人员应佩戴安全带,且安全带一端应正确固定。采用普通法掘进天井、溜井时,掘进高度超过7 m时应有装备完好的梯子间和溜碴间等设施;天井掘进到距上部巷道约7 m时,测量人员应给出贯通位置,并在上部巷道设置警示标志和警戒围栏。

案例分析

案例场景

A企业是年产30万t的新建黄金矿山企业,为B集团公司全资子公司,位于C市。矿山采用竖井开拓,浅孔留矿法开采,主井井深600 m,多绳双层罐笼带平衡锤提升,井下水平运输采用有轨电机车运输,电动铲运机装岩,对角抽出式通风。井下设有中央配电房、中央水泵房及水仓、采区变电所、机电修理硐室、坑木加工间、爆破器材发放站,无永久炸药库,并在中央配电房、采区变电所、爆破器材发放站设置了应急照明。矿区内断裂构造十分发育,地质条件复杂,地表水系发育,井下平均涌水量4 000 m^3/d。

2017年9月,A企业编制了建设项目安全预评价报告,委托具有相应资质的D设计院进行矿山安全设施设计,组织了安全设施设计审查。2020年6月完成矿山建设工作。

为保证试生产的安全运行,A企业主要负责人甲负责组织开展了事故风险评估和应急资源调查,编制了相关专项应急预案、现场处置方案和岗位应急处置卡,并组织应急管理部门、科研院所、其他矿山企业和B集团公司的相关专家,对预案进行了评审,形成书面

评审纪要。2020 年 6 月 30 日，甲签署发布了应急预案，印发给本企业所有部门、岗位和相关的应急救援队伍，并于 8 月 10 日向 C 市应急管理部门和其他有关部门进行了备案。

2020 年 8 月，A 企业制定了矿山试运行方案，进行了试生产；2021 年 3 月编制了安全设施验收评价报告；2021 年 4 月 A 企业组织安全设施竣工验收后投入正式生产，同时整改验收发现的隐患和问题。

知识点讲解

考点一　事故类别

事故类别包括物体打击、车辆伤害、机械伤害、起重伤害、触电、淹溺、灼烫、火灾、高处坠落、坍塌、冒顶片帮、透水、放炮、火药爆炸、瓦斯爆炸、锅炉爆炸、容器爆炸、其他爆炸、中毒和窒息及其他伤害。

提示

本案例中，以上类别都可能会是 A 企业矿山开采时所发生的事故。

考点二　应急预案管理

1. 应急预案的类型与编制

生产经营单位应急预案分为综合应急预案、专项应急预案和现场处置方案。

生产经营单位风险种类多、可能发生多种类型事故的，应当组织编制综合应急预案。

对于某一种或者多种类型的事故风险，生产经营单位可以编制相应的专项应急预案，或将专项应急预案并入综合应急预案。

对于危险性较大的场所、装置或者设施，生产经营单位应当编制现场处置方案。

生产经营单位组织应急预案编制过程中，应当根据法律、法规、规章的规定或者实际需要，征求相关应急救援队伍、公民、法人或者其他组织的意见。

2. 应急预案的评审

矿山、金属冶炼企业和易燃易爆物品、危险化学品的生产、经营（带储存设施的，下同）、储存、运输企业，以及使用危险化学品达到国家规定数量的化工企业、烟花爆竹生产、批发经营企业和中型规模以上的其他生产经营单位，应当对本单位编制的应急预案进行评审，并形成书面评审纪要。上述规定以外的其他生产经营单位可以根据自身需要，对本单位编制的应急预案进行论证。

参加应急预案评审的人员应当包括有关安全生产及应急管理方面的专家。评审人员与所评审应急预案的生产经营单位有利害关系的，应当回避。

生产经营单位的应急预案经评审或者论证后，由本单位主要负责人签署，向本单位从业人员公布，并及时发放到本单位有关部门、岗位和相关应急救援队伍。事故风险可能影响周边其他单位、人员的，生产经营单位应当将有关事故风险的性质、影响范围和应急防范措施告知周边的其他单位和人员。

3. 应急预案的实施

生产经营单位应当组织开展本单位的应急预案、应急知识、自救互救和避险逃生技能的培训活动，使有关人员了解应急预案内容，熟悉应急职责、应急处置程序和措施。

生产经营单位应当制定本单位的应急预案演练计划，根据本单位的事故风险特点，每年至少组织一次综合应急预案演练或者专项应急预案演练，每半年至少组织一次现场处置方案演练。易燃易爆物品、危险化学品等危险物品的生产、经营、储存、运输单位，矿山、金属冶炼、城市轨道交通运营、建筑施工单位，以及宾馆、商场、娱乐场所、旅游景区等人员密集场所经营单位，应当至少每半年组织一次生产安全事故应急预案演练，并将演练情况报送所在地县级以上地方人民政府负有安全生产监督管理职责的部门。

应急预案演练结束后，应急预案演练组织单位应当对应急预案演练效果进行评估，撰写应急预案演练评估报告，分析存在的问题，并对应急预案提出修订意见。

应急预案编制单位应当建立应急预案定期评估制度，对预案内容的针对性和实用性进行分析，并对应急预案是否需要修订作出结论。

提示

本案例中，A 企业在应急预案管理中存在的问题包括：未编制综合应急预案；应急预案编制的过程中，未征求相关应急救援队伍、公民、法人或者其他组织的意见；参加应急预案评审的人员中缺少安全生产及应急管理方面的专家，与 A 企业有利害关系的 B 公司的相关专家未回避；未组织开展本单位的应急预案、应急知识、自救互救和避险逃生技能的培训活动；未制定本单位的应急预案演练计划并组织演练；未对应急预案进行评估；事故风险可能影响周边其他单位、人员的，未将有关事故风险的性质、影响范围和应急防范措施告知周边的其他单位和人员。

考点三　建设项目安全设施的“三同时”管理

生产经营单位是建设项目安全设施建设的责任主体。建设项目安全设施必须与主体工程同时设计、同时施工、同时投入生产和使用。

生产经营单位在建设项目初步设计时，应当委托有相应资质的初步设计单位对建设项目安全设施同时进行设计，编制安全设施设计。

建设项目安全设施的施工应当由取得相应资质的施工单位进行，并与建设项目主体工程同时施工。施工单位应当在施工组织设计中编制安全技术措施和施工现场临时用电方案，同时对危险性较大的分部分项工程依法编制专项施工方案，并附具安全验算结果，经施工单位技术负责人、总监理工程师签字后实施。

建设项目竣工投入生产或者使用前，生产经营单位应当组织对安全设施进行竣工验收，并形成书面报告备查。安全设施竣工验收合格后，方可投入生产和使用。

提示

本案例中,A企业建设项目“三同时”管理存在的不符合项:未委托有相应资质的初步设计单位对建设项目安全设施同时进行设计。

考点四　地下矿山应急照明

井下所有作业地点、安全通道和通往作业地点的通道均应设照明。

下列场所应设置应急照明:井下变电所;主要排水泵房;监控室、生产调度室、通信站和网络中心;提升机房;通风机房;副井井口房;矿山救护值班室。

非消防工作区域继续工作应急照明连续供电时间不应少于2 h;消防应急照明和灯光疏散指示标志的备用电源的连续供电时间不应少于0.5 h。

同步自测

一、单项选择题(每题的备选项中,只有1个最符合题意)

1. 关于无轨设备运行安全规定的说法,错误的是(　　)。

A. 熄火下滑

B. 不站在铲斗内作业

C. 不从设备的工作臂、升举的铲斗下方通过

D. 车辆间距不小于50 m

2. 为了预防电气伤害,露天矿山开采时,采矿场的手持式电气设备的电压不大于(　　)V。

A. 24　　B. 36

C. 127　　D. 220

3. 为了预防高处坠落,地下矿山开采时,竖井梯子倾角应不大于(　　)。

A. 45°　　B. 60°

C. 75°　　D. 80°

二、案例分析题

2019年5月9日8点左右,某企业南矿工程部417号推土机司机纪某在1403号铲接班后,接到李工长通知,去中区14号顶板处做坡道。9点40分纪某驾驶车辆到达14号顶板,看见前方有一坡道,便向下全速行驶。由于工程部设备在前几日维修时将排土场的台阶断开,纪某没注意瞭望,掉落5 m高台阶下。417号推土机司机纪某左侧脸部、眉骨撞在驾驶室上方倒车镜上,左侧眉骨刮伤,经医生缝合30针后住院治疗。

根据以上场景,回答下列问题:

1. 分析此次事故的原因。

2. 如果预防此次事故,需采用的防范措施有哪些?

3. 根据《金属非金属矿山安全标准化规范》的规定,对地下矿山作业时的安全检查包括哪几种?

4. 简述该企业在安全隐患处理方面存在的问题。

答案详解

一、单项选择题

1. A。【解析】无轨设备运行应遵守下列规定：不超载；不熄火下滑；避让行人；不站在铲斗内作业；不在设备的工作臂、升举的铲斗下方停留；不从设备的工作臂、升举的铲斗下方通过；车辆间距不小于50 m；在斜坡道上停车时采取可靠的挡车措施；司机离开前停车制动并熄灭柴油发动机、切断电动设备电源；维修前柴油设备熄火，切断电动设备电源。

2. D。【解析】露天矿山开采时，采矿场和排土场的手持式电气设备的电压不大于220 V。地下矿山开采时，井下采用的手持式电气设备电压不超过127 V。

3. D。【解析】地下矿山开采时，竖井梯子间应符合下列规定：梯子倾角不大于80°；相邻的两个梯子平台的垂直距离大于8 m时，平台应防滑；梯子间周围应设防护栏栅。

二、案例分析题

【答案】

1. 此次事故的原因包括：

(1)推土机司机对行车路线不清，通过路口时没有认真观察，盲目行驶。

(2)工长没有交代好作业场地调整后的行车路线。

(3)坑下废弃的道路、每条断开的台阶线路入口和出口处未堵死。

2. 如果预防此次事故，需采用的防范措施包括：

(1)工长调整设备作业场地时必须交代好行走路线，必要时亲自将设备领到作业场地。

(2)设备行走时，岗位人员必须明确行驶路线，过交叉路口、平盘进出口必须遵守"一慢、二看、三通过"的原则，确保安全。

(3)坑下凡是废弃不用的路段、每条断开的台阶线路入口和出口必须堵死。

(4)按标准做好坑下安全土档，对有缺失的要及时修补、恢复至标准状态。

3. 地下矿山作业时的安全检查包括四种类型：

(1)巡回检查。

(2)例行检查。

(3)专业检查。

(4)综合检查。

4. 该企业在安全隐患处理方面主要存在以下问题：

(1)企业没有认识到排土场存在的高风险，并没有针对高风险制定专门的安全技术措施并加以实施。

(2)没有及时排查出存在的安全隐患对作业人员的影响，并没有采取相应的控制措施。

(3)对管理人员的安全教育存在疏忽，导致作业人员疏忽大意。

【解析】

1. 本案例第1问主要考查事故原因分析。事故原因包括直接原因和间接原因。本案例中，推土机司机对行车路线不清，通过路口时没有认真观察，盲目行驶是造成事故的直接原因;工长没有交代好作业场地调整后的行车路线,坑下废弃的道路、每条断开的台阶线路入口和出口处未堵死属于间接原因。

2. 本案例第 2 问主要考查事故防范措施。事故防范措施应针对事故原因展开。具体内容详见答案。

3. 本案例第 3 问主要考查地下矿山作业时的安全检查的类型。地下矿山作业时的安全检查包括:(1)巡回检查。企业应对负责进行巡回检查的人员及检查路线、时间做出规定。检查前应制定检查表,检查内容包括:违章指挥或现场管理的情况;安全着装及防护用品使用状况;协同作业的统一指挥和信息联络情况;人员处于危险位置的情况;危险物品及能量处理状况;生产通道及作业场地情况;作业方法;遵章守纪情况;环境状况;高风险作业的危险预测预控情况。(2)例行检查。例行检查的内容应包括:规章制度落实情况;持续风险识别情况;安全培训工作开展情况;安全检查和隐患排查工作开展情况;安全会议(安全例会、安委会会议等)召开情况;应急管理工作开展情况;职业卫生管理情况;事故、事件报告、调查与分析情况;班组安全建设情况;安全文化建设情况;现场文明生产情况;违章违纪情况等。(3)专业检查。需要开展专业检查的对象一般包括:提升运输系统;排水系统;通风系统;安全避险"六大系统";应急救援系统;供配电与动力供应系统;其他重要设备和设施。(4)综合检查。综合检查的类型主要包括:节假日前的安全大检查;主管部门布置的安全大检查等。综合检查的内容一般包括:重大风险的控制情况;安全生产责任制的落实情况;安全生产法律法规与其他要求的执行情况;有关专项工作开展情况;其他有关情况。

4. 本案例第 4 问主要考查企业在安全隐患处理方面存在的问题。生产经营单位是事故隐患排查、治理和防控的责任主体。生产经营单位应当建立健全事故隐患排查治理和建档监控等制度,逐级建立并落实从主要负责人到每个从业人员的隐患排查治理和监控责任制。生产经营单位应当保证事故隐患排查治理所需的资金,建立资金使用专项制度。生产经营单位应当定期组织安全生产管理人员、工程技术人员和其他相关人员排查本单位的事故隐患。对排查出的事故隐患,应当按照事故隐患的等级进行登记,建立事故隐患信息档案,并按照职责分工实施监控治理。企业在安全隐患处理方面存在的问题通常包括未排查到相关隐患、未针对相关隐患制定治理措施等。

附　录

附录 1

金属非金属矿山建设项目安全设施目录

一、基本概念

《金属非金属矿山建设项目安全设施目录（试行）》规定，矿山安全设施是矿山企业为了预防生产安全事故而设置的设备、设施、装置、构（建）筑物和其他技术措施的总称，为矿山生产服务、保证安全生产的保护性设施。安全设施既有依附于主体工程的形式，也有独立于主体工程之外的形式。本目录将矿山建设项目安全设施分为基本安全设施和专用安全设施两部分。

基本安全设施是依附于主体工程而存在，属于主体工程一部分的安全设施。基本安全设施是矿山安全的基本保证。依附于主体工程，且对矿山的安全至关重要，能够为矿山提供基本性安全保护作用的设备、设施、装置、构（建）筑物和其他技术措施，列为基本安全设施。

专用安全设施是指除基本安全设施以外的，以相对独立于主体工程之外的形式而存在，不具备生产功能，专用于安全保护作用的安全设施。相对独立存在且不具备生产功能，只为保护人员安全，防止造成人员伤亡而专门设置的保护性设备、设施、装置、构（建）筑物和其他技术措施，列为专用安全设施。

二、地下矿山建设项目安全设施目录

1. 基本安全设施

地下矿山建设项目基本安全设施目录

安全设施类型	主要内容
安全出口	（1）通地表的安全出口，包括由明井（巷）和盲井（巷）组合形成的通地表的安全出口。 （2）中段和分段的安全出口。 （3）采场的安全出口。 （4）破碎站、装矿皮带道和粉矿回收水平的安全出口
安全通道和独立回风道	（1）动力油硐室的独立回风道。 （2）爆破器材库的独立回风道。 （3）主水泵房的安全通道。 （4）破碎硐室、变（配）电硐室的安全通道或独立回风道。 （5）主溜井的安全检查通道
人行道和缓坡段	（1）各类巷道（含平巷、斜巷、斜井、斜坡道等）的人行道。 （2）斜坡道的缓坡段
支护	（1）井筒支护。 （2）巷道（含平巷、斜巷、斜井、斜坡道等）支护。 （3）采场支护（包括采场顶板和侧帮、底部结构等的支护）。 （4）硐室支护

（续表）

安全设施类型	主要内容
保安矿柱	(1)境界矿柱。 (2)井筒保安矿柱。 (3)中段(分段)保安矿柱。 (4)采场点柱、保安间柱等
防治水	(1)河流改道工程(含导流堤、明沟、隧洞、桥涵等)及河床加固。 (2)地表截水沟、排洪沟(渠)、防洪堤。 (3)地下水疏/堵工程及设施(含疏干井、放水孔、疏干巷道、防水闸门、水仓、疏干设备、防水矿柱、防渗帷幕及截渗墙等)。 (4)露天开采转地下开采的矿山露天坑底防洪水突然灌入井下的设施(包括露天坑底所做的假底、坑底回填等)。 (5)热水充水矿床的疏水系统
竖井提升系统	(1)提升装置,包括制动系统、控制系统、闭锁装置等。 (2)钢丝绳(包括提升钢丝绳、平衡钢丝绳、罐道钢丝绳、制动钢丝绳、隔离钢丝绳)及其连接或固定装置。 (3)罐道,包括木罐道、型钢罐道、钢轨罐道、钢木复合罐道等。 (4)提升容器。 (5)摇台或其他承接装置
斜井提升系统	(1)提升装置,包括制动系统、控制系统。 (2)提升钢丝绳及其连接装置。 (3)提升容器(含箕斗、矿车和人车)
电梯井提升系统	包括钢丝绳、罐道、轿厢、控制系统等
带式输送机系统的各种闭锁和机械、电气保护装置	—
排水系统	(1)主水仓、井底水仓、接力排水水仓。 (2)主水泵房、接力泵房、各种排水水泵、排水管路、控制系统。 (3)排水沟
通风系统	(1)专用进风井及专用进风巷道。 (2)专用回风井及专用回风巷道。 (3)主通风机、控制系统
供、配电设施	(1)矿山供电电源、线路及总降压主变压器容量、地表向井下供电电缆。 (2)井下各级配电电压等级。 (3)电气设备类型。 (4)高、低压供配电中性点接地方式。 (5)高、低压电缆。 (6)提升系统、通风系统、排水系统的供配电设施。 (7)地表架空线转下井电缆处防雷设施。 (8)高压供配电系统继电保护装置。 (9)低压配电系统故障(间接接触)防护装置。 (10)直流牵引变电所电气保护设施、直流牵引网络安全措施。

（续表）

安全设施类型	主要内容
供、配电设施	(11)爆炸危险场所电机车轨道电气的安全措施。 (12)设有带油设备的电气硐室的安全措施。 (13)照明设施。 (14)工业场地边坡的安全加固及防护措施

2. 专用安全设施

地下矿山建设项目专用安全设施目录

安全设施类型	主要内容
罐笼提升系统	(1)梯子间及安全护栏。 (2)井口和井下马头门的安全门、阻车器和安全护栏。 (3)尾绳隔离保护设施。 (4)防过卷、防过放、防坠设施。 (5)钢丝绳罐道时各中段的稳罐装置。 (6)提升机房内的盖板、梯子和安全护栏。 (7)井口门禁系统
箕斗提升系统	(1)井口、装载站、卸载站等处的安全护栏。 (2)尾绳隔离保护设施。 (3)防过卷、防过放设施。 (4)提升机房内的盖板、梯子和安全护栏
混合竖井提升系统	(1)罐笼提升系统安全设施(见罐笼提升系统)。 (2)箕斗提升系统安全设施(见箕斗提升系统)。 (3)混合井筒中的安全隔离设施
斜井提升系统	(1)防跑车装置。 (2)井口和井下马头门的安全门、阻车器、安全护栏和挡车设施。 (3)人行道与轨道之间的安全隔离设施。 (4)梯子和扶手。 (5)躲避硐室。 (6)人车断绳保险器。 (7)轨道防滑措施。 (8)提升机房内的安全护栏和梯子。 (9)井口门禁系统
斜坡道与无轨运输巷道	(1)躲避硐室。 (2)卸载硐室的安全挡车设施、护栏。 (3)人行巷道的水沟盖板。 (4)交通信号系统。 (5)井口门禁系统
带式输送机系统	(1)设备的安全护罩。 (2)安全护栏。 (3)梯子、扶手

（续表）

安全设施类型	主要内容
电梯井提升系统	(1)梯子间及安全护栏。 (2)电梯间和梯子间进口的安全防护网
有轨运输系统	(1)装载站和卸载站的安全护栏。 (2)人行巷道的水沟盖板
动力油储存硐室	(1)硐室口的防火门。 (2)栅栏门。 (3)防静电措施。 (4)防爆照明设施
破碎硐室	(1)设备护罩、梯子和安全护栏。 (2)自卸车卸矿点的安全挡车设施
采场	(1)采空区及其他危险区域的探测、封闭、隔离或充填设施。 (2)地下原地浸出采矿和原地爆破浸出采矿的防渗工程及对溶液渗透的监测系统。 (3)原地浸出采矿引起地表塌陷、滑坡的防护及治理措施。 (4)自动化作业采区的安全门。 (5)爆破安全设施(含警示旗、报警器、警戒带等)。 (6)工作面人机隔离设施
人行天井与溜井	(1)梯子间及防护网、隔离栅栏。 (2)井口安全护栏。 (3)废弃井口的封闭或隔离设施。 (4)溜井井口安全挡车设施。 (5)溜井口格筛
供、配电设施	(1)避灾硐室应急供电设施。 (2)裸带电体基本(直接接触)防护设施。 (3)变配电硐室防水门、防火门、栅栏门。 (4)保护接地及等电位联接设施。 (5)牵引变电所接地设施。 (6)变配电硐室应急照明设施。 (7)地面建筑物防雷设施
通风和空气预热及制冷降温	(1)主通风机的反风设施和备用电机及快速更换装置。 (2)辅助通风机。 (3)局部通风机。 (4)风机进风口的安全护栏和防护网。 (5)阻燃风筒。 (6)通风构筑物(含风门、风墙、风窗、风桥等)。 (7)风井内的梯子间。 (8)风井井口和马头门处的安全护栏。

（续表）

安全设施类型	主要内容
通风和空气预热及制冷降温	(9)严寒地区,通地表的井口(如罐笼井、箕斗井、混合井和斜提升井等)设置的防冻设施。用于进风的井口和巷道硐口(如专用进风井、专用进风平硐、专用进风斜井、罐笼井、混合井、斜提升井、胶带斜井、斜坡道、运输巷道等)设置的空气预热设施。 (10)地下高温矿山制冷降温设施,包括地表制冷站设施、地下制冷站设施、管路及分配设施等
排水系统	(1)监测与控制设施。 (2)水泵房及毗连的变电所(或中央变电所)入口的防水门及两者之间的防火门。 (3)水泵房及变电所内的盖板、安全护栏(门)
充填系统	(1)充填管路减压设施。 (2)充填管路压力监测装置。 (3)充填管路排气设施。 (4)充填搅拌站内及井下的安全护栏及其他防护措施(包括物料输送机和其他相关设备、砂浆池、砂仓等的安全护栏及其他防护措施)。 (5)充填系统事故池。 (6)采场充填挡墙
地压、岩体位移监测系统	(1)地表变形、塌陷监测系统。 (2)坑内应力、应变监测系统
安全避险“六大系统”	(1)监测监控系统。 (2)人员定位系统。 (3)紧急避险系统。 (4)压风自救系统。 (5)供水施救系统。 (6)通信联络系统
消防系统	(1)消防供水系统。 (2)消防水池。 (3)消防器材。 (4)火灾报警系统。 (5)防火门(除前面所述之外的防火门)。 (6)有自然发火倾向区域的防火隔离设施
防治水	(1)中段(分段)或采区的防水门。 (2)地下水头(水位)、水质、中段涌水量监测设施。 (3)探水孔、放水孔及探放水巷道,探、放水孔的孔口管和控制闸阀,探、放水设备。 (4)降雨量观测站。 (5)在有突水可能性的工作面设置的救生圈、安全绳等救生设施
崩落法、空场法开采时的地表塌陷或移动范围保护措施	—

（续表）

安全设施类型	主要内容
水溶性开采	(1)有毒有害气体积聚处(井口、卤池、取样阀等)采取的防毒措施。 (2)井口的防喷装置。 (3)排水和防止液体渗漏的设施。 (4)地面防滑措施。 (5)井盐矿山设立的地表水和地下水水质监测系统。 (6)地表沉降和位移的监测设施。 (7)不用的地质勘探井和生产报废井的封井措施
矿山应急救援设备及器材	—
个人安全防护用品	—
矿山、交通、电气安全标志	—
其他设施	(1)排土场(或废石场)安全设施参见露天矿山相关内容。 (2)放射性矿山的防护措施。 (3)地下原地浸出采矿:监测井(孔)、套管、气体站安全护栏、集液池、酸液池及二次缓冲池安全护栏、事故处理池和管路

三、露天矿山建设项目安全设施目录

1. 基本安全设施

露天矿山建设项目基本安全设施目录

安全设施类型	主要内容
露天采场	(1)安全平台、清扫平台、运输平台。 (2)运输道路的缓坡段。 (3)露天采场边坡、道路边坡、破碎站和工业场地边坡的安全加固及防护措施。 (4)溜井底放矿硐室的安全通道及井口的安全挡车设施、格筛。 (5)设计规定保留的矿(岩)体或矿段。 (6)边坡角。 (7)爆破安全距离界线
防排水	(1)河流改道工程(含导流堤、明沟、隧洞、桥涵等)及河床加固。 (2)地表截水沟、排洪沟(渠)、防洪堤、拦水坝、台阶排水沟、截排水隧洞、沉砂池、消能池(坝)。 (3)地下水疏/堵工程及设施(含疏干井、放水孔、疏干巷道、防水闸门、水仓、疏干设备、防水矿柱、防渗帷幕及截渗墙等)。 (4)露天采场排水设施,包括水泵和管路
铁路运输	(1)运输线路的安全线、避让线、制动检查所、线路两侧的界限架。 (2)护轮轨、防溜车措施、减速器、阻车器
带式输送机系统的各种闭锁和电气保护装置	—

（续表）

安全设施类型	主要内容
架空索道运输	(1)架空索道的承载钢丝绳和牵引钢丝绳。 (2)架空索道的制动系统。 (3)架空索道的控制系统
斜坡卷扬运输	(1)提升装置,包括制动系统、控制系统。 (2)提升钢丝绳及其连接装置。 (3)提升容器(包括箕斗、矿车和人车)
供、配电设施	(1)矿山供电电源、线路及总降压主变压器容量、向采矿场供电线路。 (2)各级配电电压等级。 (3)电气设备类型。 (4)高、低压供配电中性点接地方式。 (5)排水系统供配电设施。 (6)采矿场供电线路、电缆及保护、避雷设施。 (7)高压供配电系统继电保护装置。 (8)低压配电系统故障(间接接触)防护装置。 (9)直流牵引变电所的电气保护设施、直流牵引网络的安全措施。 (10)爆炸危险场所电机车轨道的电气安全措施。 (11)变、配电室的金属丝网门。 (12)采场及排土场(废石场)正常照明设施
排土场(废石场)	(1)安全平台。 (2)运输道路缓坡段。 (3)拦渣坝。 (4)阶段高度、总堆置高度、安全平台宽度、总边坡角
通信系统	(1)联络通信系统。 (2)信号系统。 (3)监视监控系统

2. 专用安全设施

露天矿山建设项目专用安全设施目录

安全设施类型	主要内容
露天采场	(1)露天采场所设的边界安全护栏。 (2)废弃巷道、采空区和溶洞的探测设备,充填、封堵措施或隔离设施。 (3)溜井口的安全护栏、挡车设施、格筛。 (4)爆破安全设施(含躲避设施、警示旗、报警器、警戒带等)。 (5)水力开采运矿沟槽上的盖板或金属网。 (6)挖掘船上的救护设备。 (7)挖掘船开采时,作业人员穿戴的救生器材
铁路运输	(1)运输线路的安全护栏、防护网、挡车设施、道口护栏。 (2)道路岔口交通警示报警设施。 (3)陡坡铁路运输时的线路防爬设施(含防爬器、抗滑桩等)。 (4)曲线轨道加固措施

（续表）

安全设施类型	主要内容
汽车运输	(1)运输线路的安全护栏、挡车设施、错车道、避让道、紧急避险道、声光报警装置。 (2)矿、岩卸载点的安全挡车设施
带式输送机运输	(1)设备的安全护罩。 (2)安全护栏。 (3)梯子、扶手
架空索道运输	(1)线路经过厂区、居民区、铁路、道路时的安全防护措施。 (2)线路与电力、通讯架空线交叉时的安全防护措施。 (3)站房安全护栏
斜坡卷扬运输	(1)阻车器、安全挡车设施。 (2)斜坡轨道两侧的堑沟、安全隔挡设施。 (3)防止跑车装置。 (4)防止钢轨及轨梁整体下滑的措施
破碎站	(1)卸矿安全挡车设施。 (2)设备运动部分的护罩、安全护栏。 (3)安全护栏、盖板、扶手、防滑钢板
排土场(废石场)	(1)排土场(废石场)道路的安全护栏、挡车设施。 (2)截(排)水设施(含截水沟、排水沟、排水隧洞、截洪坝等)。 (3)底部排渗设施。 (4)滚石或泥石流拦挡设施。 (5)滑坡治理措施。 (6)坍塌与沉陷防治措施。 (7)地基处理
供、配电设施	(1)裸带电体基本(直接接触)防护设施。 (2)保护接地设施。 (3)直流牵引变电所接地设施。 (4)采场变、配电室应急照明设施。 (5)地面建筑物防雷设施
监测设施	(1)采场边坡监测设施。 (2)排土场(废石场)边坡监测设施
为防治水而设的水位和流量监测系统	—
矿山应急救援器材及设备	—
个人安全防护用品	—
矿山、交通、电气安全标志	—
有井巷工程时其安全设施参见地下矿山相关内容	—

四、尾矿库建设项目安全设施目录

1. 基本安全设施

尾矿库建设项目基本安全设施目录

安全设施类型	主要内容
尾矿坝	(1)初期坝(含库尾排矿干式尾矿库的拦挡坝)。 (2)堆积坝。 (3)副坝。 (4)挡水坝。 (5)一次性建坝的尾矿坝
尾矿库库内排水设施	(1)排水井。 (2)排水斜槽。 (3)排水隧洞。 (4)排水管。 (5)溢洪道。 (6)消力池
尾矿库库周截排洪设施	(1)拦洪坝。 (2)截洪沟。 (3)排水井。 (4)排洪隧洞。 (5)溢洪道。 (6)消力池
堆积坝坝面防护设施	(1)堆积坝护坡。 (2)坝面排水沟。 (3)坝肩截水沟
辅助设施	(1)尾矿库交通道路。 (2)尾矿库照明设施。 (3)通信设施。

2. 专用安全设施

尾矿库建设项目基本安全设施目录

安全设施类型	主要内容
尾矿库安全监测设施	(1)库区气象监测设施。 (2)地质灾害监测设施。 (3)库水位监测设施。 (4)干滩监测设施。 (5)坝体表面位移监测设施。 (6)坝体内部位移监测设施。 (7)坝体渗流监测设施。 (8)视频监控设施。 (9)在线监测中心

（续表）

安全设施类型	主要内容
尾矿坝坝体排渗设施	(1)贴坡排渗。 (2)自流式排渗管。 (3)管井排渗。 (4)垂直－水平联合自流排渗。 (5)虹吸排渗。 (6)辐射井。 (7)排渗褥垫。 (8)排渗盲沟(管)
干式尾矿汽车运输	(1)运输线路的安全护栏、挡车设施。 (2)汽车避让道。 (3)卸料平台的安全挡车设施
干式尾矿带式输送机运输	(1)输送机系统的各种闭锁和电气保护装置。 (2)设备的安全护罩。 (3)安全护栏。 (4)梯子、扶手
库内回水浮船、运输船防护设施	(1)安全护栏。 (2)救生器材。 (3)浮船固定设施。 (4)电气设备接地措施
辅助设施	(1)尾矿库管理站。 (2)报警系统。 (3)库区安全护栏。 (4)矿山、交通、电气安全标志
应急救援器材及设备	—
个人安全防护用品	—

提示

此知识点涵盖内容较多，可以挑主要内容记忆，主要考查安全设施的识别，有时候也会在主观题中要求结合背景补充相关的安全设施。同时注意区分基本安全设施和专用安全设施。

典型例题

【单选题】尾矿库安全设施是指保证尾矿库安全运行的设施，分为基本安全设施和专用安全设施。专用安全设施是指相对独立于主体工程之外的形式而存在，不具备生产功能，专用于安全保护作用的安全设施。下列尾矿库安全设施中，不属于专用安全设施的是(　　)。

A. 尾矿库库周截排洪设施　　B. 尾矿坝坝体排渗设施

C. 尾矿库安全监测设施　　D. 尾矿库泥石流防护设施

A。【解析】安全设施分为基本安全设施和专用安全设施。尾矿库库周截排洪设施属于基本安全设施。

附录 2

金属非金属矿山重大事故隐患判定标准

一、金属非金属地下矿山重大事故隐患

担负提升人员的提升系统，存在下列情形之一的：

(1)提升机、防坠器、钢丝绳、连接装置、提升容器未按国家规定进行定期检测检验，或者提升设备的安全保护装置失效。

(2)竖井井口和井下各中段马头门设置的安全门或者摇台与提升机未实现联锁。

(3)竖井提升系统过卷段未按国家规定设置过卷缓冲装置、楔形罐道、过卷挡梁或者不能正常使用，或者提升人员的罐笼提升系统未按国家规定在井架或者井塔的过卷段内设置罐笼防坠装置。

(4)斜井串车提升系统未按国家规定设置常闭式防跑车装置、阻车器、挡车栏，或者连接链、连接插销不符合国家规定。

(5)斜井提升信号系统与提升机之间未实现闭锁。

工程地质或者水文地质类型复杂的矿山，井巷工程施工未进行施工组织设计，或者未按施工组织设计落实安全措施。

二、金属非金属露天矿山重大事故隐患

地下开采转露天开采前，未探明采空区和溶洞，或者未按设计处理对露天开采安全有威胁的采空区和溶洞。

边坡存在下列情形之一的：

(1)高度 200 米及以上的采场边坡未进行在线监测。

(2)高度 200 米及以上的排土场边坡未建立边坡稳定监测系统。

(3)关闭、破坏监测系统或者隐瞒、篡改、销毁其相关数据、信息。

边坡出现滑移现象，存在下列情形之一的：

(1)边坡出现横向及纵向放射状裂缝。

(2)坡体前缘坡脚处出现上隆(凸起)现象，后缘的裂缝急剧扩展。

(3)位移观测资料显示的水平位移量或者垂直位移量出现加速变化的趋势。

排土场存在下列情形之一的：

(1)在平均坡度大于 1:5 的地基上顺坡排土，未按设计采取安全措施。

(2)排土场总堆置高度 2 倍范围以内有人员密集场所，未按设计采取安全措施。

(3)山坡排土场周围未按设计修筑截、排水设施。

三、尾矿库重大事故隐患

浸润线埋深小于控制浸润线埋深。

汛前未按国家有关规定对尾矿库进行调洪演算，或者湿式尾矿库防洪高度和干滩长度小于设计值，或者干式尾矿库防洪高度和防洪宽度小于设计值。

排洪系统存在下列情形之一的：

（1）排水井、排水斜槽、排水管、排水隧洞、拱板、盖板等排洪建构筑物混凝土厚度、强度或者型式不满足设计要求。

（2）排洪设施部分堵塞或者坍塌、排水井有所倾斜，排水能力有所降低，达不到设计要求。

（3）排洪构筑物终止使用时，封堵措施不满足设计要求。

附录3

金属非金属矿山禁止使用的设备及工艺目录（第一批）

新建、改建、扩建的金属非金属地下矿山一律禁止使用下列设备及工艺，现有生产地下矿山在用的下列设备及工艺，按照规定时限予以强制淘汰。

（1）非定型竖井罐笼（自发布之日起一年后禁止使用）。

（2）ϕ1.2 m以下（不含ϕ1.2 m）用于升降人员的提升绞车（自发布之日起一年后禁止使用）。

（3）KJ型矿井提升机（自发布之日起一年后禁止使用）。

（4）JKA型矿井提升机（自发布之日起一年后禁止使用）。

（5）XKT型矿井提升机（自发布之日起一年后禁止使用）。

（6）JTK型矿用提升绞车（自发布之日起一年半后禁止用于主提升）。

（7）带式制动矿用提升绞车（自发布之日起立即禁止用于主提升）。

（8）单电机驱动、司机室周边敞开式的3吨及以下直流架线矿用电机车（自发布之日起一年后禁止使用）。

（9）油断路器（自发布之日起立即禁止使用）。

（10）非阻燃电缆（含强、弱电）（自发布之日起一年后禁止使用）。

（11）非阻燃风筒（自发布之日起半年后禁止使用）。

（12）非阻燃输送带（自发布之日起一年后禁止使用）。

（13）非矿用局部通风机（自发布之日起半年后禁止使用）。

（14）主要井巷木支护（新掘、维修井巷自发布之日起立即禁止使用）。

（15）火雷管、导火索（自发布之日起立即禁止使用）。

（16）ZH15隔绝式化学氧自救器（自发布之日起立即禁止使用）。

（17）一氧化碳过滤式自救器（自发布之日起半年后禁止使用）。

（18）空场法采矿（无底柱采矿法）采场内人工装运作业（自发布之日起一年后禁止使用）。

（19）横撑支柱采矿法（自发布之日起立即禁止使用）。

典型例题

【单选题】淘汰严重危及生产安全的工艺和设备，是提高金属非金属矿山安全保障能力、预防生产安全事故的重要技术手段。下列地下矿山提升运输设备中，禁止使用的是（　　）

A. 采用远程操控系统的井下电机车

B. KJ型矿井提升机

C. 直径1.6 m用于升降人员的提升绞车

D. 主要无轨运输巷道使用的柴油机车

B。【解析】KJ型矿井提升机已于2013年被列入《金属非金属矿山禁止使用的设备及工艺目录（第一批）》名单中，规定自文件发布之日起一年后禁止使用。

附录 4

金属非金属矿山禁止使用的设备及工艺目录（第二批）

新建、改建、扩建的矿山从本目录发布之日起，一律禁止使用下列设备及工艺。现有生产矿山在用下列设备及工艺的，按照本目录规定的时限予以强制淘汰。

(1)扩壶爆破(金属非金属露天矿山自发布之日起立即禁止使用)。

(2)掏底崩落、掏挖开采、不分层的"一面墙"开采(金属非金属露天矿山自发布之日起立即禁止使用)。

(3)使用爆破方式对大块矿岩进行二次破碎(金属非金属露天矿山自发布之日起立即禁止使用)。

(4)无稳压装置的中深孔凿岩设备(金属非金属露天矿山自发布之日起一年后禁止使用)。

(5)集中铲装作业时人工装卸矿岩(金属非金属露天矿山自发布之日起立即禁止使用，地下矿山自发布之日起一年半后禁止使用)。

(6)未安装捕尘装置的干式凿岩作业(金属非金属地下矿山自发布之日起立即禁止使用，露天矿山自发布之日起半年后禁止使用)。

(7)主要无轨运输巷道及露天采场采用人力或畜力运输矿岩(金属非金属地下矿山及露天矿山自发布之日起一年后禁止使用)。

(8)专门用于运输人员、炸药、油料的无轨胶轮车使用的干式制动器(金属非金属地下矿山自发布之日起一年后禁止使用)。

(9)TKD 型提升机电控装置及使用继电器结构原理的提升机电控装置(金属非金属地下矿山自发布之日起一年后禁止使用)。

提示

除上述金属非金属安全生产相关规定外，实际考试过程中还可能涉及《非煤矿山外包安全管理暂行办法》《金属非金属露天矿山高陡边坡安全监测技术规范》《金属非金属地下矿山监测监控系统建设规范》等的相关规定，可自行查阅了解即可。安全生产标准化近年考试频率较高，可着重了解。

附录 5

金属非金属矿山安全标准化

一、安全标准化建设内容

企业应依据本标准的要求，建立并保持安全标准化系统。

安全标准化系统的内容包括：安全生产方针与目标；安全生产法律法规与其他要求；安全生产组织保障；危险源辨识与风险评价；安全教育与培训；生产工艺系统安全管理；设备设施安全管理；作业现场安全管理；职业卫生管理；安全投入、安全科技与工伤保险；安全检查与隐患排查；应急管理；事故、事件报告、调查与分析；绩效测量与评价。

二、安全标准化等级评定

根据安全标准化评审得分，将安全标准化划分为三个等级，如下表所示，其中一级最高。

安全标准化等级

标准化等级	标准化得分
一级	≥90
二级	≥75
三级	≥60

提示

金属非金属矿山安全标准化具体内容详见《金属非金属矿山安全标准化规范导则》。

附录 6

金属非金属地下矿山紧急避险系统

紧急避险系统是指在矿山井下发生事故时，为避灾人员安全避险提供生命保障的由避灾路线，紧急避险设施、设备和措施组成的有机整体。

一、建设要求

(1)金属非金属地下矿山应建设完善紧急避险系统，并随井下生产系统的变化及时调整。紧急避险系统建设的内容包括合理设置避灾路线、建设紧急避险设施、为入井人员提供自救器、科学制定应急预案等。

(2)紧急避险应遵循“撤离优先，避险就近”的原则。

(3)紧急避险系统应进行设计，并按照设计要求进行建设。

(4)金属非金属地下矿山企业应按照规定，做好井下避灾路线的标识，并随井下生产系统进行及时调整，定期检查维护避灾路线，保持其通畅。

(5)金属非金属地下矿山应为入井人员配备额定防护时间不少于 30 min 的自救器，并按入井总人数的 10% 配备备用自救器。

(6)所有入井人员必须随身携带自救器。

(7)企业应根据井下生产作业实际，做好应急预案的培训和演练工作，确保井下作业人员熟练掌握紧急避险原则、路线和现场应急处置措施。

(8)紧急避险系统建设完成，经验收合格后方可投入使用。

二、紧急避险系统设置

(1)每个矿井至少要有 2 个独立的直达地面的安全出口，安全出口间距不小于 30 m；每个生产水平或中段至少应有 2 个便于行人的安全出口，并和通往地面的安全出口相通；每个采区至少应有 2 个便于行人的安全出口，并经上、下巷道与通往地面的安全出口相通。安全出口设置的其他要求应符合要求。

(2)金属非金属地下矿山应编制事故应急预案，根据矿山事故风险辨识评估结论，制定相应灾害的避灾路线，绘制井下避灾线路图，并按照规定，做好井下避灾路线的标识。井巷的所有分道口要有醒目的路标，注明其所在地点及通往地面出口的方向，并定期检查维护避灾路线，保持其通畅。

(3)生产中段在地面最低发全出口以下垂直距离超过 500 m 的矿山，宜在最低采矿生产中段设置普通型紧急避险设施；水文地质条件复杂或有透水风险的地下矿山，宜在最低采矿生产中段设置防水紧急避险设施。紧急避险设施宜优先选择避灾硐室。

(4)紧急避险设施的设置应满足本中段最多同时作业人员避灾需要，单个避灾硐室的额定人数不大于 100 人。

(5)紧急避险设施应设置在围岩稳固、支护良好、靠近人员相对集中的地方，高于巷道底板 0.5 m 以上，前后 20 m 范围内应采用非可燃性材料支护。

(6)井巷的所有分道口及紧急避险设施外应有清晰、醒目的标识牌，标识牌中应明确标注避灾硐室或救生舱的位置和规格。

(7)在井下通往紧急避险设施的入口处,应设有“紧急避险设施”的反光显示标志。

(8)矿山井下压风自救系统、供水施救系统、通信联络系统、供电系统的管道、线缆以及监测监控系统的视频监控设备应接入避灾硐室内。各种管线在接入避灾硐室时应采取密封等防护措施。

三、避灾硐室技术要求

普通型避灾硐室技术要求:

(1)净高应不低于 2.0 m,每人应有不低于 1.0 m^2 的有效使用面积。

(2)应有不少于额定人数休息的坐凳。

(3)进出口应至少有一道防火门,防火门应向外开启。

(4)应有与矿调度室直通的电话。

(5)应有持续时间不少于 8 h 的应急照明。

(6)应有额定人数生存不低于 8 h 所需要的应急食品和饮用水。

(7)应有急救箱、工具箱、人体排泄物收集处理装置等设施设备。

(8)应有使用操作说明。

防水避灾硐室技术要求:

(1)净高应不低于 2.0 m,每人应有不低于 1.0 m^2 的有效使用面积。

(2)具备 2 个安全出口。

(3)应有不少于额定人数休息的坐凳。

(4)进出口应至少有一道防水门,防水门的设防水头高度应在矿山设计中总体考虑。

(5)应具备对有毒有害气体的处理能力,室内环境参数应满足人员生存要求。

(6)应有可供额定人数使用时间不低于 72 h 的供呼吸用的瓶装氧气和满足额定人数使用的呼吸罩及将氧气瓶与呼吸罩相连的沿墙敷设的供氧管道。

(7)应有 CO、CO_2、O_2、温度、湿度和空气压力的监测仪器,相关监测数据能在地面监控室显示。

(8)应有控制硐室内空气压力、温度的措施。

(9)应有与矿调度室直通的电话。

(10)应有额定使用时间不少于 72 h 的备用电源。

(11)应有额定人数生存不低于 72 h 所需要的食品和饮用水。

(12)应有逃生用矿灯,数量不少于额定人数。

(13)应有空气净化及制氧或供氧装置。

(14)应有急救箱、工具箱、人体排泄物收集处理装置等设施设备。

四、救生舱技术要求

普通型救生舱的配备应满足以下要求:

(1)应具备过渡舱结构。净容积应不小于 1.2 m^3,生存舱提供的有效生存空间应不小于每人 0.8 m^3。

(2)应有持续时间不少于 8 h 的应急照明。

(3)应有额定人数不低于 8 h 所需的饮用水。

(4)应有急救箱、工具箱和人体排泄物收集装置或设备。

(5)在高温矿井、救生舱内应有降温措施。

防水救生舱的配备应满足以下要求:

(1)应具备过渡舱结构,净容积应不小于1.2 m^3,内设压缩空气幕、压气喷淋装置及单向排气阀,生存舱提供的有效生存空间应不小于每人0.8 m^3。

(2)强度应在矿山设计中总体考虑。

(3)应有 CO、CO_2、O_2、温度、湿度和空气压力的检测装置,并有生存参数监测装置。

(4)应有持续时间不少于72 h的应急照明。

(5)应有额定人数不低于72 h所需的饮用水。

(6)应有可供额定人数使用时间不低于72 h的供呼吸用的瓶装氧气和满足额定人数使用的呼吸罩及将氧气瓶与呼吸罩相连的沿墙敷设的供氧管道。

(7)应有压缩空气,并保证压气管中最迟5 min之内能供气。

(8)应有急救箱、工具箱和人体排泄物收集装置或设备。

(9)应有不少于额定人数休息的坐凳。

(10)应有不少于2个单向排气阀。

(11)在高温矿井,救生舱内应有降温措施。

(12)舱内具有动力供应系统。

五、维护与管理

(1)井下避灾路线图应结合事故类型根据矿井生产情况的变化及时进行修订。

(2)金属非金属地下矿山应定期对紧急避险系统进行巡视和检查,发现问题及时处理,并将结果记录存档。

(3)自救器应定期检查和维护,确保能正常使用。

(4)避灾硐室和救生舱配备的食品和急救药品,应保证在保存期或有效期内。

(5)避灾硐室应保持常开状态,确保灾变时人员可以及时进入。

(6)金属非金属地下矿山应对入井人员进行紧急避险设施使用和紧急情况下逃生避灾的培训,确保每位入井人员均能正确使用紧急避险设施和选择正确的避灾线路逃生。

(7)图纸、技术资料应归档保存。

附录 7

金属非金属地下矿山监控监测系统

监测监控系统是指由主机、传输接口、传输线缆、分站、传感器等设备及管理软件组成的系统，具有信息采集、传输、存储、处理、显示、打印和声光报警功能，用于监测金属非金属地下矿山有毒有害气体浓度，以及风速、风压、温度、烟雾、通风机开停状态、地压等。

一、建设原则

(1)金属非金属地下矿山应依据要求和矿山实际建设完善监测监控系统。

(2)监测监控系统应进行设计，并按设计要求进行建设。鼓励将监测监控系统与人员定位系统、通信联络系统进行总体设计、建设。

(3)监测监控系统应能实现以下管理功能：实时显示各个监测点的监测数据，并可以图表等形式显示历史监测数据；设置预警参数，并能实现声光预警；视频监控应支持按摄像机编号、时间、事件等信息对监控图像进行备份、查询和回放。

(4)监测监控中心设备应有可靠的防雷和接地保护装置。

(5)主机应安装在地面，并双机备份，且应在矿山生产调度室设置显示终端。

(6)井下分站应安装在便于人员观察、调试、检验，且围岩稳固、支护良好、无滴水、无杂物的进风巷道或硐室中，安装时应垫支架或吊挂在巷道中，使其距巷道底板不小于0.3 m。

(7)应配备分站、传感器等监测监控设备备件，备用数量应能满足日常监测监控需要。

(8)主机和分站的备用电源应能保证连续工作2 h以上。

(9)传感器的数据或状态应传输到主机。

(10)电缆和光缆敷设应符合相关规定。

(11)监测监控系统应具有矿用产品安全标志。

(12)监测监控系统安装完毕和大修后，应按产品使用说明书的要求进行测试、调校，经验收合格后方能使用。

二、有毒有害气体监(检)测

地下矿山应配置足够的便携式气体检测报警仪。便携式气体检测报警仪应能测量一氧化碳、氧气、二氧化氮浓度，并具有报警参数设置和声光报警功能。

人员进入独头掘进工作面和通风不良的采场之前，应开动局部通风设备通风，确保空气质量满足作业要求；人员进入采掘工作面时，应携带便携式气体检测报警仪从进风侧进入，一旦报警应立即撤离。

鼓励有条件的矿山企业采用传感器对炮烟中的一氧化碳或二氧化氮进行在线监测，一氧化碳或二氧化氮传感器的设置应符合以下要求：

(1)每个生产中段和分段的进、回风巷靠近采场位置应设置一氧化碳或二氧化氮传感器。

(2)压入式通风的独头掘进巷道，应在距离回风出口5～10 m回风流中设置一氧化碳或二氧化氮传感器;抽出式和混合式通风的独头掘进巷道,应在风筒出风口后 10 ~ 15 m 处设置一氧化碳或二氧化氮传感器。

(3)带式输送机滚筒下风侧 10 ~ 15 m 处应设置一氧化碳和烟雾传感器。

(4)传感器应垂直悬挂,距巷壁应不小于 0.2 m。一氧化碳传感器和烟雾传感器距顶板应不大于 0.3 m,二氧化氮传感器距底板应不高于 1.6 m。

一氧化碳报警浓度不应高于 24ppm,二氧化氮报警浓度不应高于 2.5ppm。

开采高含硫矿床的地下矿山,还应在每个生产中段和分段的进、回风巷靠近采场位置设置硫化氢和二氧化硫传感器。

开采有自然发火危险矿床的地下矿山,还应定期采用便携式温度检测仪进行检测。

硫化氢和二氧化硫传感器的安装位置距底板应不高于 1.6 m,温度和烟雾传感器距顶板应不大于 0.3 m。

硫化氢报警浓度不应高于 6.6ppm,二氧化硫报警浓度不应高于 5.3ppm。

开采含铀(钍)等放射性元素的地下矿山,应监测井下空气中氡(钍射气)及其子体浓度,氡及其子体的监测应符合规定。

三、通风系统监测

(1)井下总回风巷、各个生产中段和分段的回风巷应设置风速传感器。

(2)主要通风机应设置风压传感器,传感器的设置应符合规定中主要通风机风压的测点布置要求。

(3)风速传感器应设置在能准确计算风量的地点。

(4)风速传感器报警值应根据规定确定。

(5)主要通风机、辅助通风机、局部通风机应安装开停传感器。

四、视频监控

(1)提升人员的井口信号房、提升机房,以及井口、马头门(调车场)等人员进出场所,应设视频监控。

(2)紧急避险设施及井下爆破器材库、油库、中央变电所等主要硐室,应设视频监控。安装在井下爆破器材库和油库的视频设备应具备防爆功能。

(3)井口提升机房应设有视频监控显示终端,用于显示井口信号房、井口、马头门(调车场)等场所的视频监控图像。

(4)视频监控的功能 与性能设计、设备选型与设置、传输方式、供电等应符合规定。

(5)视频监控图像质量的性能指标应符合规定。

五、地压监测

(1)对于在需要保护的建筑物、构筑物、铁路、水体下面开采的地下矿山,应进行地压或变形监测,并应对地表沉降进行监测。

(2)存在大面积采空区、工程地质复杂、有严重地压活动的地下矿山,应进行地压监测。

(3)变形监测的等级和精度要求应满足有关要求。

六、维护与管理

(1)应制定监测监控系统运行维护管理制度及监测监控人员岗位责任制、操作规程、值班制度等规章制度。

(2)应指定人员负责监测监控系统的日常检查与维护工作。

(3)监测监控设备应定期进行调校,传感器经过调校检测误差仍超过规定值时,应立即更换。

(4)系统发出报警信息时,监测监控中心值班人员应按规定程序及时处置,处置结果应记录备案。

(5)应建立以下台账及报表:监测监控设备台账;监测监控设备故障登记表;监测监控检修记录表;监测监控巡检记录表;传感器调校记录表;报警记录月报表。

(6)报警记录月报表应包括打印日期和时间、传感器设置地点、所测物理量名称、报警次数、对应时间、解除时间、累计时间、每次报警的最大值、对应时刻及平均值、每次采取措施时间及采取措施内容等。

(7)应绘制监测监控系统布置图,并根据实际情况的变化及时更新。布置图应标明传感器、分站等设备的位置,以及信号线缆和供电电缆走向等。

(8)每3个月应对监测监控数据进行备份,备份的数据保存时间应不少于2年,视频监控的图像资料保存时间应不少于1个月。

(9)相关图纸、技术资料应归档保存。